LA ZORRA Y LAS UVAS

SEAN CARROLL

LA ZORRA Y LAS UVAS

Los mundos cuánticos y la realidad oculta del universo

Traducción de
MARC FIGUERAS

PASADO & PRESENTE
BARCELONA

A todos los pensadores de la historia
que se mantuvieron firmes en sus convicciones
por las razones correctas

PRÓLOGO

NO TENGAS MIEDO

No es necesario tener un doctorado en física teórica para que te asuste la mecánica cuántica, aunque tampoco viene mal.

Esta afirmación puede parecer algo peculiar. La mecánica cuántica es nuestra mejor teoría del mundo microscópico; describe cómo interaccionan los átomos y las partículas por medio de las fuerzas de la naturaleza y proporciona unas predicciones experimentales de exactitud asombrosa. Sin duda, la mecánica cuántica tiene una cierta reputación de ser difícil y misteriosa, casi rozando lo mágico. Pero los físicos profesionales, y especialmente ellos, deberían sentirse bastante cómodos con una teoría como esta; están todo el rato haciendo cálculos abstrusos sobre fenómenos cuánticos y construyendo enormes máquinas destinadas a comprobar las predicciones resultantes. ¿No estaremos acaso sugiriendo que los físicos nos han estado engañando todo este tiempo, verdad?

No nos han estado engañando. Pero a decir verdad, tampoco han sido del todo honestos con ellos mismos. Por un lado, la mecánica cuántica es el corazón y el alma de la física moderna. Los astrofísicos, los físicos de partículas, los físicos atómicos, los físicos del láser... todos usan la mecánica cuántica constantemente y son muy buenos en ello. No se trata solo de investigaciones esotéricas: la mecánica cuántica es omnipresente en la tecnología moderna: semiconductores, transistores, microchips, láseres, memorias informáticas... todo ello se basa en la mecánica cuántica para funcionar. Y, de hecho, la cuántica es necesaria para dar sentido a los rasgos más básicos del mundo que nos rodea; toda la química es, en el fondo, mecánica cuántica aplicada; para entender por qué brilla el Sol o por qué una mesa es sólida, necesitamos de la mecánica cuántica.

Imagínate que cierras los ojos. Todo estará oscuro (o eso espero). Puedes pensar que es lógico, puesto que no hay luz que llegue a los ojos. Pero esto no es del todo cierto; cualquier objeto mínimamente caliente emite luz infrarroja, con una longitud de onda una pizca más larga que la luz visible, y eso incluye a tu propio cuerpo. Si nuestros ojos fueran sensibles a la luz infrarroja tal como lo son a la luz visible, quedaríamos cegados incluso con los párpados cerrados, a causa de la luz emitida por nuestros propios globos oculares. Pero los conos y bastones que actúan como receptores de luz son sensibles a la luz visible, no a la infrarroja. ¿Cómo logran tal cosa? En el fondo, la respuesta viene de la mano de la mecánica cuántica.

No se trata de magia. La mecánica cuántica es la perspectiva más profunda y exhaustiva que tenemos de la naturaleza. Por lo que sabemos en estos momentos, la mecánica cuántica no es solo una aproximación a la verdad; es la verdad. Está claro que tal afirmación está sujeta a cambios a la luz de resultados experimentales inesperados, pero hasta la fecha no hemos observado indicios de sorpresas de este tipo. El desarrollo de la mecánica cuántica a principios del siglo XX, con personajes como Planck, Einstein, Bohr, Heisenberg, Schrödinger y Dirac, nos legó, en 1927, una comprensión meditada de la naturaleza que, sin duda, es uno de los mayores logros intelectuales de la historia humana. Está justificado sentirse orgulloso.

Sin embargo, por otro lado, y citando las célebres palabras de Richard Feynman, «creo que puedo decir con toda tranquilidad que nadie entiende la mecánica cuántica».[1] Utilizamos la mecánica cuántica para crear nuevas tecnologías y predecir los resultados de los experimentos, pero cualquier físico honesto admitirá que realmente no entendemos la mecánica cuántica. Disponemos de una receta que podemos aplicar con seguridad en determinadas situaciones prescritas y que nos proporciona predicciones de una exactitud alucinante que han sido confirmadas por los datos experimentales. Pero si uno quiere ir más al fondo y preguntarse qué es lo que en verdad está pasando, la respuesta es que no lo sabemos, así de simple. Los físicos tienden a tratar la mecánica cuántica como si fuera un robot mecánico en el que confían para llevar a cabo ciertas tareas, no como un amigo apreciado por el cual se preocupan personalmente.

Esta actitud entre los profesionales se filtra a la manera en que se explica la mecánica cuántica al público general. Nos gustaría presentar una imagen perfectamente definida de la naturaleza, pero somos incapaces de hacerlo, porque los físicos no se ponen de acuerdo en lo que realmente nos dice la mecánica cuántica. Así, las aproximaciones divulgativas tienden a hacer hincapié en que la teoría es misteriosa, desconcertante e incomprensible; es un mensaje que va en contra de los principios básicos que la ciencia representa, entre los cuales está la idea de que el mundo es inteligible. Cuando se trata de la mecánica cuántica sufrimos algo así *como un bloqueo mental y tal vez necesitemos un poco de terapia cuántica para superarlo.*

Cuando enseñamos mecánica cuántica a los estudiantes, les damos una lista de reglas. Algunas son ya familiares: tenemos una descripción matemática de los sistemas cuánticos más una explicación de cómo evolucionan estos sistemas a lo largo del tiempo. Pero luego hay una serie de reglas adicionales que no tienen ningún equivalente en cualquier otra teoría de la física. Estas reglas adicionales nos dicen lo que sucede cuando observamos *un sistema cuántico, y este comportamiento es por completo diferente al del sistema cuando no lo estamos observando. ¿Qué demonios significa todo esto?*

En el fondo, tenemos dos opciones. Una es asumir que la historia que hemos ido explicando a nuestros alumnos es penosamente incompleta y que para que la mecánica cuántica sea una teoría sensata tenemos que entender qué es una medición *o una* observación *y por qué parece tan diferente de lo que hace el sistema en cualquier otro caso. La otra opción es admitir que la mecánica cuántica representa una fractura radical respecto a la forma en que siempre hemos pensado acerca de la física, que nos obliga a pasar de un enfoque en que el mundo existe de manera objetiva e independiente de nuestra percepción de él a uno en que el acto de observación es, de algún modo, fundamental para la realidad.*

Sea como fuere, los libros de texto deberían dedicar un tiempo a explorar estas opciones y aceptar que, si bien la mecánica cuántica tiene un éxito espectacular, no podemos afirmar que hayamos completado su construcción. Pero los libros de texto no lo hacen. En su mayoría, pasan de puntillas sobre este tema y prefieren mantenerse en la zona de confort de los físicos, garabateando ecuaciones y retando a los estudiantes para que las resuelvan.

Es un poco bochornoso. Y la cosa aún va a peor.

Podrías pensar que, teniendo en cuenta esta situación, el objetivo de comprender la mecánica cuántica tendría que ser el mayor reto de toda la física, que lloverían millones de dólares en becas y proyectos para los investigadores que trabajan en la fundamentación de la cuántica, que las mentes más brillantes se agolparían ante el problema y que los avances más importantes serían recompensados con premios y prestigio. Las universidades competirían entre ellas para reclutar a las figuras más destacadas del campo, ofreciéndoles sueldos de lujo para alejarlas de las instituciones rivales.

Pues no. No solo esta búsqueda para dar sentido a la mecánica cuántica no se considera una especialidad prestigiosa dentro del campo de la física actual, sino que en muchos ambientes se considera como algo apenas respetable o incluso se denigra directamente. La mayoría de los departamentos de física no tienen a nadie trabajando en el problema, y a aquellos que deciden hacerlo se les mira con recelo (no hace mucho, mientras redactaba una solicitud para una beca, se me aconsejó concentrarme en mi trabajo en gravitación y cosmología, un campo que se considera «legítimo», y no decir nada de mis esfuerzos en el campo de la fundamentación de la mecánica cuántica, que me harían parecer menos serio). Se han logrado avances importantes a lo largo de estos últimos noventa años, pero por lo general han sido debidos a personas testarudas que pensaron que estos problemas eran cruciales, por mucho que sus colegas los miraran con suspicacia, o a jóvenes estudiantes que no supieron hacerlo mejor y luego abandonaron por completo este campo.

En una fábula de Esopo, una zorra ve un apetitoso racimo de uvas y se abalanza para agarrarlo, pero no puede saltar lo bastante alto; fruto de la desesperación, abandona el intento y afirma que seguramente esas uvas estaban muy verdes y que, en realidad no las quería. La zorra representa a «los físicos» y las uvas son «la comprensión de la mecánica cuántica». Muchos investigadores han decidido que, en el fondo, comprender cómo funciona la naturaleza no es tan importante; lo que de verdad importa es la capacidad de hacer predicciones particulares.

Los científicos están formados para dar valor a los resultados tangibles, ya sean fascinantes hallazgos experimentales o modelos teóricos cuantitativos. Puede resultar difícil vender la idea de trabajar para comprender una teoría de la que ya disponemos, un esfuerzo que, además, puede que no lleve a ninguna nueva tecnología ni predicción. Esta tensión queda ilustrada en la serie de televisión The Wire, *donde un grupo de esforzados detectives se afana con meticulosidad durante meses para acumular pruebas y así respaldar una acusación contra una red de narcotraficantes; sin embargo, sus superiores no tienen paciencia para tanto detallismo, solo quieren ver las drogas encima de la mesa para la próxima rueda de prensa y animan a la policía para que actúe y haga unas cuantas detenciones espectaculares. Los organismos financiadores y los comités de contratación son como estos superiores. En un mundo en que todos los incentivos nos empujan a resultados concretos y cuantificables, es fácil apartar del camino las preocupaciones más generalistas y menos apremiantes para dejar paso a los que se lanzan al siguiente objetivo inmediato.*

Este libro tiene tres mensajes relevantes. El primero es que la mecánica cuántica tiene que ser comprensible (aunque sea algo que no hayamos logrado, todavía) y lograr esta comprensión tendría que ser un objetivo prioritario de la ciencia actual. La mecánica cuántica es única entre las teorías físicas porque traza una aparente distinción entre lo que vemos *y* lo que es. *Esto plantea un reto a las mentes de los científicos (y de cualquiera), acostumbradas a pensar que lo que vemos es «lo real», sin más problemas, y a explicar las cosas de acuerdo con esta idea. Pero este reto no es insuperable, y si liberamos nuestras mentes de algunas maneras de pensar, intuitivas pero anticuadas, descubriremos que la mecánica cuántica no es irremediablemente esotérica o inexplicable. Es física, nada más.*

El segundo mensaje es que hemos conseguido avances reales hacia esta comprensión. En este aspecto, me centraré en el enfoque que creo que es la ruta más prometedora: la formulación de Everett de la mecánica cuántica, también llamada de universos paralelos *o* de múltiples mundos. *Esta formulación ha sido recibida con entusiasmo por muchos físicos, pero tiene una reputación algo dudosa entre muchas personas, que se sienten incómodas con la proliferación de otras realidades con copias de ellas mismas. Si eres una de estas personas, por lo menos me gustaría convencerte de que la formulación de los universos paralelos es la forma más* pura *para poder dar sentido a la mecánica cuántica; es el lugar al que vamos a parar si nos dejamos llevar por el camino que exige menos esfuerzo cuando nos tomamos en serio los fenómenos cuánticos. En concreto, los universos paralelos son predicciones del formalismo que ya se utiliza, no es algo añadido a mano. Ahora bien, la teoría de universos paralelos no es el único enfoque respetable, de modo que mencionaremos algunos de sus competidores más relevantes (intentaré ser justo, aunque no siempre temperado). Lo importante es que todos estos diversos enfoques son teorías científicas bien elaboradas, con diversas posibles ramificaciones experimentales, y no meras «interpretaciones» nebulosas que podemos debatir acompañados de un café, una copa y un puro después de haber acabado el trabajo de verdad.*

El tercer mensaje es que todo esto es importante, y no solo para la integridad de la ciencia. El éxito que ha tenido hasta la fecha el marco conceptual de la mecánica cuántica, suficiente pero no del todo coherente, no debería ocultarnos el hecho de que hay situaciones en las que este enfoque no está a la altura, así de simple. En particular, cuando queremos comprender la naturaleza del espacio-tiempo y el origen y el destino final de todo el universo, las bases sobre las que se sustenta la mecánica cuántica son esenciales. Presentaré algunas propuestas nuevas, fascinantes y, debo admitir-

lo, algo vacilantes que establecen provocadoras conexiones entre el entrelazamiento cuántico y la manera en que se pliega y se curva el espacio-tiempo (es decir, el fenómeno que tú y yo conocemos como gravedad*). Hace ya muchos años que se admite que la búsqueda de una teoría cuántica de la gravedad completa y convincente es un importante objetivo científico (prestigio, premios, intentar reclutar el profesorado de otros centros y todas esas cosas). Tal vez el secreto no sea partir de la gravedad e intentar «cuantizarla», sino escarbar a fondo en la propia mecánica cuántica y descubrir que la gravedad siempre había estado ahí, acechando.*

No lo sabemos con certeza. He aquí la emoción y el entusiasmo de la investigación de vanguardia. Pero ha llegado el momento de tomarse en serio la naturaleza fundamental de la realidad, y esto significa tener que abordar de frente la mecánica cuántica.

PRIMERA PARTE

ESPELUZNANTE

I

¿QUÉ ESTÁ PASANDO?

UNA MIRADA AL MUNDO CUÁNTICO

Albert Einstein, que era tan hábil con las palabras como con las ecuaciones, fue quien endosó a la mecánica cuántica el sambenito del que nunca se ha podido librar: *spukhaft*, que se suele traducir del alemán como 'espeluznante'.* Por lo menos esta es la impresión que uno se lleva en la mayoría de los debates públicos acerca de la mecánica cuántica; se nos dice que es una parte de la física inevitablemente rara, desconcertante, estrafalaria, incomprensible, pasmosa, turbadora... espeluznante.

Lo enigmático puede resultar atractivo. Como una desconocida misteriosa y seductora, la mecánica cuántica nos tienta para que proyectemos en ella todo tipo de atributos y capacidades, tanto si en realidad las tiene como si no. Una rápida búsqueda de libros con el epíteto *cuántico* en el título nos lleva a esta lista de presuntas aplicaciones:

Éxito cuántico
Liderazgo cuántico
Conciencia cuántica
Tacto cuántico
Yoga cuántico
Alimentación cuántica
Psicología cuántica
Mente cuántica
Gloria cuántica
Perdón cuántico

* Si bien la traducción al inglés está ya muy consolidada como *spooky*, en el caso del español, la ocurrencia de Einstein se ha traducido de mil maneras diferentes: *espeluznante*, *horripilante*, *fantasmagórica*, *fantasmal*, *escalofriante*... (*N. del t.*)

Teología cuántica
Felicidad cuántica
Poesía cuántica
Docencia cuántica
Fe cuántica
Amor cuántico

Para ser una rama de la física que a menudo se describe como relevante solo para los procesos microscópicos en que intervienen partículas subatómicas, parece un currículum en verdad impresionante.

Bueno, si queremos ser justos, la mecánica cuántica (o *la física cuántica*, o *la teoría cuántica*, las denominaciones son intercambiables) no solo es relevante en procesos microscópicos. De hecho, lo describe todo, desde tú y yo hasta las estrellas y las galaxias, desde los centros de los agujeros negros hasta el principio del universo. Pero solo cuando observamos el mundo con el zoom al máximo resulta evidente e inevitable la aparente rareza de los fenómenos cuánticos.

Uno de los ejes de este libro es que la mecánica cuántica no merece la connotación de espeluznante, en el sentido de algún misterio inenarrable que está más allá de la capacidad de la mente humana para aprehenderlo. La mecánica cuántica es alucinante; es novedosa, profunda, abrumadora, desafiante y es un punto de vista sobre la realidad muy diferente de aquel al que estamos acostumbrados. La ciencia es así, de vez en cuando. Pero si el tema parece difícil o desconcertante, la misión del científico es resolver el misterio, no hacer ver que no existe. Tenemos buenas razones para creer que, en el caso de la mecánica cuántica, podemos hacerlo, al igual que con cualquier otra teoría física.

Muchas presentaciones de la mecánica cuántica siguen un guion ya tradicional. En primer lugar, hacen hincapié en algún fenómeno cuántico poco intuitivo; luego, expresan perplejidad por el hecho de que el mundo pueda ser de esta manera y renuncian a darle sentido; finalmente (si tienes suerte), intentan ofrecer algún tipo de explicación.

Nuestro objetivo es dar prioridad a la claridad por encima del misterio, de modo que no quiero adoptar esta perspectiva. Quiero presentar la mecánica cuántica de un modo que la haga comprensible desde el principio. Continuará pareciendo extraña, pero así son las cosas; lo que espero que no parezca es inexplicable ni ininteligible.

No me esforzaré por presentar el discurso en orden cronológico. En este capítulo echaremos una ojeada a los hechos experimentales básicos que nos obligan a aceptar la física cuántica y, en el siguiente, esbozaremos el enfoque de los universos paralelos para dar sentido a todas esas observaciones experimentales. Solo en el capítulo posterior presentaré una descripción más o menos histórica de los descubrimientos que llevaron a los científicos a plantear un tipo de física radicalmente nuevo; luego, remarcaré y mostraré con más claridad cuán espectaculares son algunas de las implicaciones de la mecánica cuántica.

Teniendo todo esto en cuenta y bien afianzado, podremos dedicar el resto del libro a la divertida tarea de ver a dónde nos lleva el camino, desmitificando los rasgos más sorprendentes de la mecánica cuántica.

La física es una de las ciencias más básicas y, de hecho, una de las empresas humanas más fundamentales. Miramos el mundo a nuestro alrededor y lo vemos repleto de cosas; ¿qué son estas cosas? ¿Cómo se comportan?

Se trata de interrogantes que se han planteado desde el mismo momento en que la gente empezó a hacerse preguntas. En la antigua Grecia, la física se consideraba el estudio general del cambio y del movimiento, tanto de la materia viva como de la materia inanimada. Aristóteles hablaba en términos de tendencias, finalidades y causas. El cambio y el movimiento de un ente se podían explicar remitiendo a su naturaleza interna y a las potencias externas que actuaban sobre él. Por ejemplo, la naturaleza de los objetos cotidianos podía ser estar en reposo y, para moverlos, era necesario que algo fuera la causa de ese movimiento.

Todo esto cambió gracias a un tipo bastante inteligente llamado Isaac Newton. En 1687 publicó sus *Principia Mathematica*, la obra más importante de la historia de la física, en la que sentó las bases de lo que ahora denominamos *mecánica clásica*, o simplemente, *mecánica newtoniana*. Newton barrió de un plumazo toda la avejentada cháchara sobre naturalezas y finalidades y reveló lo que había debajo: un formalismo matemático riguroso y nítido con el cual los maestros siguen torturando a los estudiantes hasta la actualidad.

Sean cuales sean tus recuerdos de esos deberes del instituto o de la facultad sobre péndulos y planos inclinados, las ideas básicas de la mecánica clásica son muy simples. Consideremos un objeto cualquiera, como una piedra, e ignoremos todo aquello que a un geólogo le parecería interesante, como su color y su composición; dejemos de lado la posibilidad de que la estructura básica de la piedra pueda cambiar (por ejemplo, si la despedazamos a martillazos). Reduzcamos, en definitiva, nuestra imagen mental de la piedra a su forma más abstracta: la piedra es un objeto que tiene una *ubicación en el espacio* y esta ubicación *cambia a medida que pasa el tiempo.*

La mecánica clásica nos dice justamente cómo cambia esta ubicación en función del tiempo. Estamos tan acostumbrados a esto que vale la pena reflexionar un poco acerca de cuán impresionante es. Newton no nos espeta unas cuantas perogrulladas anodinas acerca de la tendencia general de las piedras a desplazarse más o menos de esta o aquella manera; nos ofrece unas reglas exactas e ineludibles que nos dicen cómo se mueve todo en el universo como respuesta a todo lo demás, unas reglas que nos sirven tanto para chutar un balón de fútbol como para hacer aterrizar un todoterreno en Marte.

La cosa funciona del siguiente modo. En un instante cualquiera, la piedra tendrá una posición y también una velocidad, que es el ritmo al que se está moviendo. Según Newton, si no hay ninguna fuerza actuando sobre la piedra, esta continuará moviéndose en línea recta y a velocidad constante, para siempre (esto ya es una desviación radical respecto de Aristóteles, que nos hubiera dicho que hay que estar empujando constantemente un objeto si queremos mantenerlo en movimiento). Si hay alguna fuerza que actúa sobre la piedra, le provocará una aceleración (es decir, un cambio en su velocidad, que le hará ir más deprisa o con más lentitud, o simplemente alterará su dirección) y esta aceleración será proporcional a la cantidad de fuerza aplicada.

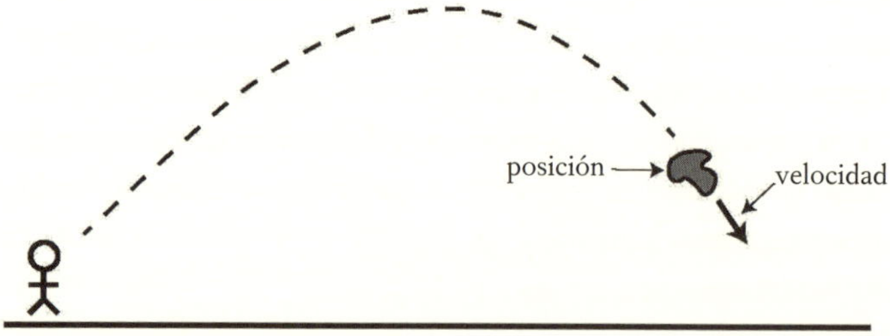

Y eso es todo. Para determinar toda la trayectoria de la piedra, debes especificar su posición, su velocidad y qué fuerzas actúan sobre ella; las leyes de Newton te dirán el resto. Estas fuerzas pueden ser la fuerza de la gravedad o la fuerza ejercida por tu mano si agarras la piedra y la lanzas, o la fuerza que hace el suelo cuando la piedra «aterriza». El proceso funciona igual de bien para bolas de billar, naves espaciales o planetas. El proyecto de la física, dentro de este paradigma clásico, consiste esencialmente en determinar de qué está hecho el universo (las piedras y todo lo demás) y qué fuerzas actúan sobre todo esto.

La física clásica proporciona una imagen clara del mundo, pero hemos tomado unas cuantas decisiones cruciales para establecerla. Fíjate que hemos tenido que ser muy específicos acerca de qué información necesitamos para determinar qué le pasará a la piedra: su posición, su velocidad y las fuerzas que actúan sobre ella. Podemos pensar en estas fuerzas como parte del mundo exterior y que la información relevante sobre la piedra es solo su posición y velocidad. La aceleración en cualquier instante de tiempo, en cambio, no es algo que necesitemos especificar; al contrario, es justo lo que las leyes de Newton nos permiten calcular a partir de la posición y de la velocidad.

Conjuntamente, la posición y la velocidad constituyen el *estado* de cualquier objeto en la mecánica clásica. Si tenemos un sistema con diversas partes móviles, el estado clásico de todo el sistema no es más que una lista de los estados de cada una de las partes individuales. El aire que hay en una habitación de tamaño medio contendrá alrededor de 10^{27} moléculas de varios tipos; el estado de ese aire, pues, sería una lista de las posiciones y velocidades de cada una de esas moléculas (si queremos ser estrictos, los físicos prefieren usar la cantidad de movimiento, o momento lineal, de cada partícula, en lugar de su velocidad, pero por lo que respecta a la mecánica newtoniana, la cantidad de movimiento no es más que la masa de la partícula multiplicada por su velocidad). El conjunto de todos los posibles estados que puede tener un sistema se conoce como *espacio de fases* del sistema.

El matemático francés Pierre-Simon Laplace subrayó una consecuencia muy trascendente de la forma de razonar de la mecánica clásica. En principio, una inteligencia tan vasta que pudiera saber el estado de todos y cada uno de los objetos del universo sería capaz de deducir todo lo que pasaría en el futuro, así como todo aquello que hubiera sucedido en el pasado. *El demonio de Laplace* es un experimento imaginario, no un proyecto realista de algún informático ambicioso, pero sus implicaciones son profundas. La mecánica newtoniana describe un universo determinista y mecánico.

La maquinaria de la mecánica clásica es tan hermosa y cautivadora que parece casi inevitable una vez la entiendes. Muchas mentes brillantes que llegaron después de Newton estaban convencidas de que ya se había resuelto la superestructura básica de la física y que cualquier progreso futuro quedaba reducido a desentrañar cuál era la correcta materialización de la física clásica (qué partículas, qué fuerzas) para describir el universo en su totalidad. Incluso la relatividad, que también fue revolucionaria a su modo, es una variante de la física clásica, más que su sustituta.

Luego llegó la mecánica cuántica y lo cambió todo.

Junto con la formulación de Newton de la mecánica clásica, la creación de la mecánica cuántica es la otra gran revolución en la historia de la física. A diferencia de cualquier otra formulación anterior, la teoría cuántica no proponía ningún modelo físico particular dentro del marco clásico, sino que desechaba por completo ese marco y lo sustituía por algo totalmente diferente.

El nuevo elemento fundamental de la mecánica cuántica, lo que la hace inequívocamente diferente respecto a su predecesora clásica, se centra en la cuestión de qué significa *medir* algo de un sistema cuántico. Qué es exactamente una medición, qué sucede cuando medimos algo y qué nos dice todo esto acerca de lo que realmente está pasando entre bambalinas; he aquí las cuestiones que constituyen lo que se denomina el *problema de la medición* de la mecánica cuántica. No hay ningún consenso en la física ni en la filosofía acerca de cómo resolver este problema, aunque hay unas cuantas ideas prometedoras.

Los intentos de abordar el problema de la medición han llevado a la aparición de un campo conocido como la *interpretación de la mecánica cuántica*, aunque esta denominación no es muy exacta, que digamos. Una interpretación es algo que podríamos aplicar a una obra literaria o artística, sobre la que las personas pueden tener formas diferentes de aproximarse a un mismo objeto. En el caso de la mecánica cuántica, estamos hablando de otra cosa: una competición entre teorías científicas en verdad diferentes, entre enfoques incompatibles para dar sentido al mundo físico. Por esta razón, los que trabajan hoy en día en este campo prefieren denominarlo *fundamentación de la mecánica cuántica*. El tema de la fundamentación entra de lleno en el campo de la ciencia, no se trata de crítica literaria.

Nadie ha sentido nunca la necesidad de hablar de «interpretaciones de la mecánica clásica», puesto que es un tema transparente al cien por cien. Hay un formalismo matemático que habla de posiciones, velocidades y trayectorias y ¡mira por dónde! hay una piedra cuyo movimiento real en el mundo obedece a las predicciones de ese formalismo. En concreto, no hay nada parecido a un «problema de la medición» en mecánica clásica. El estado del sistema queda definido por su posición y su velocidad, y si queremos medir estas magnitudes, lo hacemos y listos. Está claro que podemos ser descuidados o poco precisos al hacer la medición, con lo que obtendremos resultados inexactos o incluso podríamos alterar el propio sistema; pero nada nos impide ser cuidadosos y medir con exactitud todo lo que queremos saber sobre el sistema sin alterarlo de modo apreciable. La mecánica clásica nos presenta una relación clara e inequívoca entre lo que vemos y lo que describe la teoría.

La mecánica cuántica, a pesar de sus incontables éxitos, no ofrece tal cosa. El enigma que yace en el corazón de la realidad cuántica se puede resumir en un lema bien sencillo: lo que *vemos* cuando observamos el mundo parece ser esencialmente diferente de lo que *es*.

Pensemos en los electrones, las partículas elementales que orbitan alrededor de los núcleos atómicos y cuyas interacciones son las responsables de toda la química y, por consiguiente, de casi todo lo que hay interesante a tu alrededor ahora mismo. Tal como hicimos con la piedra, podemos ignorar algunas de las propiedades específicas del electrón, como su espín y el hecho de que tiene un campo eléctrico. (En realidad, podríamos seguir con la piedra como ejemplo, pues las piedras son tan sistemas cuánticos como los electrones, pero pasar a una partícula subatómica nos ayuda a recordar que los rasgos que caracterizan la mecánica cuántica solo resultan evidentes cuando consideramos objetos pequeñísimos.)

A diferencia de la mecánica clásica, donde el estado de un sistema queda descrito mediante su posición y velocidad, la naturaleza de un sistema cuántico es un poco menos concreta. Consideremos un electrón en su hábitat natural, orbitando alrededor de un núcleo atómico: a partir de la palabra *órbita* y de las numerosas ilustraciones de átomos que sin duda habrás visto en muchas partes, podrías pensar que la órbita de un electrón es más o menos como la órbita de un planeta en el sistema solar; así pues, podrías pensar que un electrón tiene una posición y una velocidad y, a medida que pasa el tiempo, va zumbando alrededor del núcleo en un círculo o tal vez una elipse. La mecánica cuántica sugiere una imagen diferente. Podemos *medir* los valores de la posición o de la velocidad (aunque no ambos al mismo tiempo) y, si somos unos experimentadores lo bastante cuidadosos y habilidosos, obtendremos una respuesta. Pero lo que obtenemos mediante una medición así no es el estado real, completo y prístino del electrón. De hecho, no podemos predecir con total confianza el resultado de una medición particular, lo que es un alejamiento radical de las ideas de la mecánica clásica; lo máximo que podemos hacer es predecir la probabilidad de observar el electrón en una posición determinada o con una cierta velocidad.

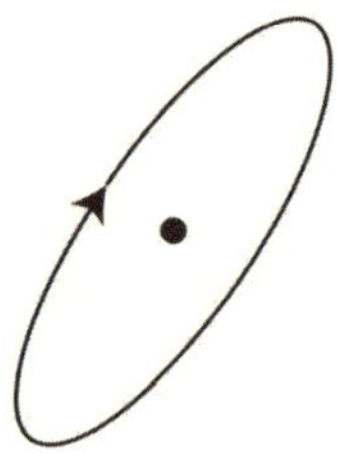

Órbita clásica de un electrón

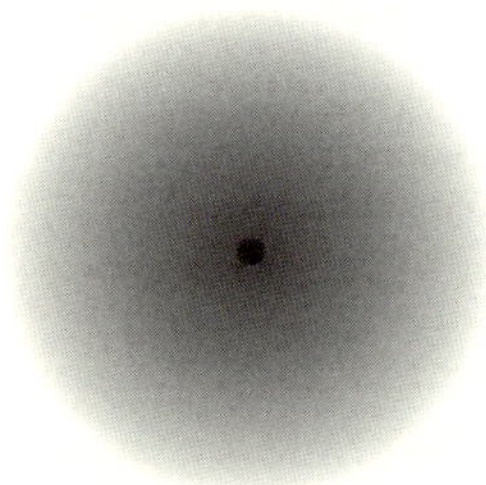

Función de onda cuántica de un electrón

Así pues, la noción clásica del estado de una partícula, «su posición y su velocidad», queda sustituida en mecánica cuántica por algo totalmente ajeno a nuestra experiencia cotidiana: una nube de probabilidades. Para un electrón en un átomo, esta nube es más densa cerca del centro y se va disipando a medida que nos alejamos. Allí donde la nube es más densa hay más probabilidades de encontrar el electrón; allí donde es tan tenue que casi ni se percibe, la probabilidad de hallar el electrón es pequeñísima.

Esta nube suele llamarse *función de onda*, porque puede oscilar como una onda, ya que el resultado más probable de una medición cambia a medida que pasa el tiempo. Es habitual denotar la función de onda con la letra griega psi mayúscula, Ψ. Para cada posible resultado de una medición, como la posición de una partícula, la función de onda nos da un valor específico, denominado *amplitud*, asociado con ese resultado. Así, por ejemplo, la amplitud de que una partícula esté en una cierta posición x_0 se escribiría $\Psi(x_0)$.

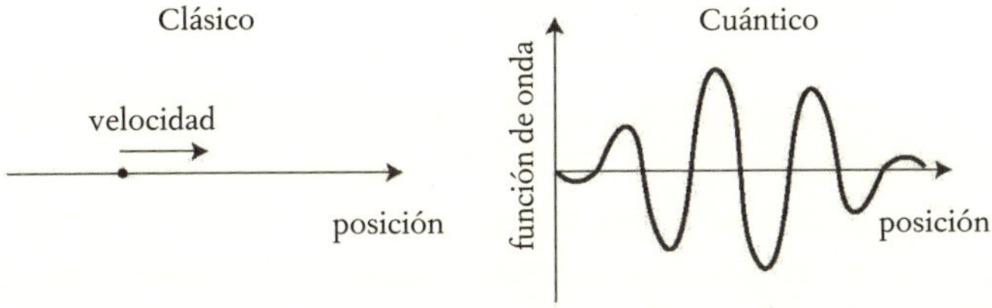

La probabilidad de obtener ese resultado al efectuar una medición viene dada por la amplitud elevada al cuadrado.

Probabilidad de un resultado particular = |Amplitud de ese resultado|²

Esta relación simple lleva el nombre de *regla de Born*, a partir del físico Max Born.* Parte de nuestro trabajo será descubrir de dónde demonios surgió esta regla.

Debe quedar bien claro que no estamos diciendo que haya un electrón con una determinada posición y velocidad pero que no sepamos cuáles son, de modo que la función de onda sintetice nuestra ignorancia sobre esas magnitudes. En este capítulo no decimos absolutamente nada acerca de lo que *es*, solo acerca de lo que *observamos*. En próximos capítulos, aseveraré e insistiré con vehemencia que la función de onda es toda la realidad y que ideas como la posición o la velocidad del electrón no son más que cosas que podemos medir. Ahora bien, no todo el

* Hay un pequeño detalle técnico que mencionaremos aquí y luego nos olvidaremos de él: la amplitud de cualquier resultado es, en realidad, un número complejo, no un número real. Los números reales son los que aparecen en cualquier escala, desde el infinito negativo hasta el infinito positivo. Al elevar al cuadrado cualquier número real obtenemos otro número real igual o superior a cero, de modo que, por lo que respecta a los números reales, no existe la raíz cuadrada de un número negativo. Pero hace ya mucho tiempo, los matemáticos se dieron cuenta de que las raíces cuadradas de números negativos serían muy útiles, de modo que definieron la «unidad imaginaria» i como la raíz cuadrada de -1. Un número imaginario solo es un número real (llamado *parte imaginaria*) multiplicado por i. Un número complejo es una combinación de un número real y de uno imaginario. Las pequeñas barras verticales en la notación |Amplitud|² de la regla de Born significan que, en realidad, sumamos los cuadrados de la parte real y de la parte imaginaria. Toda esta nota es solo para los lectores más tiquismiquis; en consecuencia, nos bastará siempre decir que «la probabilidad es la amplitud al cuadrado».

mundo ve las cosas de este modo, y de momento estamos asumiendo el papel de árbitros imparciales.

Presentemos las reglas de la mecánica clásica y de la mecánica cuántica, unas al lado de las otras, y comparémoslas. El estado de un sistema clásico viene determinado por la posición y la velocidad de cada una de sus partes en movimiento. Para seguir su evolución, podemos imaginarnos un procedimiento que vendría a ser algo así:

Reglas de la mecánica clásica

1. Determinar la situación inicial del sistema especificando la posición y la velocidad de cada parte.
2. Hacer evolucionar el sistema usando las leyes del movimiento de Newton.

Y ya está. Por supuesto, la clave está en la letra pequeña, y algunos sistemas clásicos pueden contener un montón de partes en movimiento.

En cambio, las reglas de la mecánica cuántica, tal como se presentan en cualquier libro de texto, aparecen separadas en dos partes. En la primera, tenemos una estructura que equivale, punto por punto, a la de la mecánica clásica. Los sistemas cuánticos se describen mediante funciones de onda, en lugar de posiciones y velocidades e, igual que las leyes de Newton del movimiento rigen la evolución del estado de un sistema en mecánica clásica, tenemos una ecuación que rige la evolución de la función de onda: es la ecuación de Schrödinger, que podemos expresarla en palabras del siguiente modo: «El ritmo de cambio de una función de onda es proporcional a la energía del sistema cuántico». Si queremos ser un poco más concretos, diremos que una función de onda puede representar una cierta cantidad de diferentes energías posibles y la ecuación de Schrödinger nos dice que las partes de alta energía de la función de onda evolucionan con rapidez, mientras que las de baja energía lo hacen más lentamente. Si lo pensamos, tiene bastante sentido.

Lo que es relevante para nuestro propósito es que existe esta ecuación, una ecuación que predice cómo evolucionan las funciones de onda a medida que pasa el tiempo. Esta evolución es continua y tan predecible e inevitable como la forma en que se mueven los objetos según las leyes de Newton en mecánica clásica. De momento no nos hemos topado con nada sorprendente o extraño.

El principio de la receta cuántica tiene el siguiente aspecto:

Reglas de la mecánica cuántica (primera parte)

1. Determinar la situación inicial del sistema especificando una función de onda, Ψ.
2. Hacer evolucionar el sistema usando la ecuación de Schrödinger.

Y ya está; esta parte de la mecánica cuántica es en todo equivalente a su predecesora clásica. Pero mientras que las reglas de la mecánica clásica se detienen aquí, las de la mecánica cuántica van un poco más lejos.

Todas las reglas adicionales hacen referencia a la medición. Al hacer una medición de alguna magnitud, como la posición o el espín de una partícula, la mecánica cuántica nos dice que hay solo una cantidad limitada de resultados que podemos obtener. No podemos predecir cuál de esos resultados permitidos obtendremos, pero sí la probabilidad de obtener cada uno. Y después de efectuar la medición, la función de onda *colapsa* a una función totalmente diferente, con toda la nueva probabilidad concentrada en el resultado obtenido, sea cual sea. Así, en general, si mides un sistema cuántico, lo máximo que puedes hacer es predecir probabilidades de diversos resultados, pero si inmediatamente después mides la misma magnitud, obtendrás siempre la misma respuesta; la función de onda ha colapsado en ese resultado.

Pongámoslo de un modo directo y cruento:

Reglas de la mecánica cuántica (segunda parte)

3. Hay ciertas magnitudes observables que podemos medir, como la posición, y cuando las medimos obtenemos resultados bien definidos.
4. La probabilidad de obtener un resultado concreto se puede calcular a partir de la función de onda. La función de onda asocia una amplitud a cada posible resultado de la medición y la probabilidad de cada uno de estos resultados es igual al cuadrado de la amplitud que tiene asociada.
5. Al efectuar la medición, la función de onda colapsa. Por muy dispersada que pueda estar antes de la medición, después se halla concentrada en el resultado obtenido.

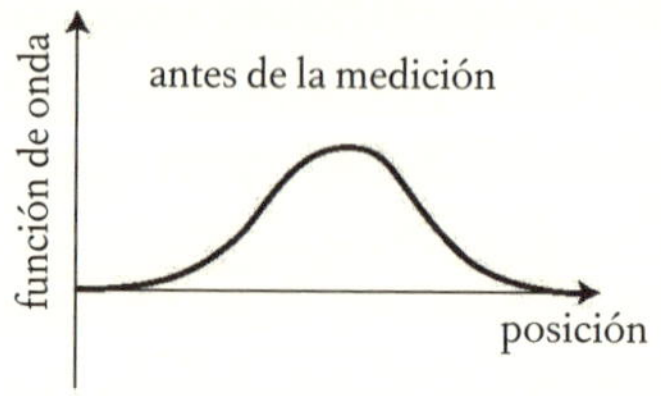

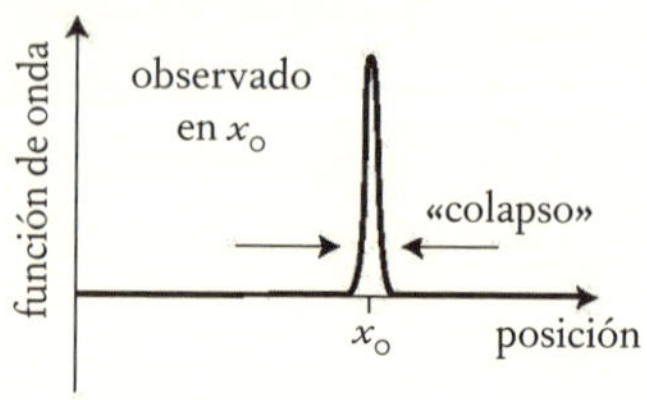

En un programa universitario de estudios moderno, cuando se presenta a los estudiantes por primera vez la mecánica cuántica, se les enseña alguna versión de estas cinco reglas. La ideología asociada a esta presentación (tratamos la medición como fundamental, las funciones de onda colapsan al observar, no hagáis preguntas acerca de lo que está pasando entre bambalinas) se suele denominar *interpretación de Copenhague* de la mecánica cuántica. Sin embargo, los científicos, incluyendo los físicos de Copenhague que supuestamente dieron forma a esta interpretación, no se ponen de acuerdo en qué etiqueta deberían usar; de hecho, podemos referirnos a ella como «el libro de texto estándar de la mecánica cuántica» o «la versión académica de la mecánica cuántica».

Sobra decir que la idea de que estas reglas representen cómo funciona realmente el mundo es escandalosa.

¿Qué significa *medición*, en realidad? ¿Cuán rápidamente sucede? ¿Qué constituye exactamente un aparato de medición? ¿Necesita ser humano o tener algún tipo de conciencia, o tal vez la capacidad de registrar información? ¿O quizá solo tiene que ser macroscópico? Y, en tal caso, ¿cuán macroscópico debe ser? ¿Cuándo se produce exactamente la medición? ¿Cómo se colapsa la función de onda de esa manera tan espectacular? Si la función de onda estaba muy dispersada ¿el colapso puede producirse a más velocidad que la de la luz? ¿Y qué sucede con todas las posibilidades aparentemente permitidas por la función de onda pero que no hemos observado? ¿Estaban ahí o no, en realidad? Tras la medición, ¿desaparecen sin más?

Para resumirlo sin tapujos, ¿por qué evolucionan los sistemas cuánticos de modo continuo y determinista siguiendo la ecuación de Schrödinger, *siempre que no los observemos*, pero colapsan drásticamente cuando los observamos? ¿Cómo lo saben? ¿Y por qué debería ser relevante para ellos? Muchas preguntas, sin duda, pero no te agobies, que vamos a responder a todas ellas.

Mucha gente considera que la ciencia busca entender el mundo natural. Vemos que pasan cosas y la ciencia espera proporcionar una explicación de lo que está pasando.

En su formulación actual de los libros de texto, la mecánica cuántica ha fracasado en este propósito. No sabemos lo que está pasando realmente o, por lo menos, la comunidad de físicos profesionales no se pone de acuerdo sobre el tema. Lo que tenemos, en cambio, es una *receta* que consagramos en los libros de texto y enseñamos a nuestros estudiantes. Partiendo de la posición y la velocidad de una piedra que has lanzado al aire en el campo gravitatorio de la Tierra, Isaac Newton te podía decir cuál iba a ser la trayectoria subsiguiente de ese pedrusco. De forma similar, partiendo de un sistema cuántico dispuesto de un modo determinado, las reglas de la mecánica cuántica te dicen cómo cambiará la función de onda a lo largo del tiempo y con qué probabilidad obtendrás los diversos resultados posibles de una medición si decides observar el sistema.

El hecho de que la receta cuántica nos proporcione probabilidades y no certezas puede resultar molesto, pero podríamos acostumbrarnos. Lo que nos fastidia de verdad (o debería hacerlo) es nuestra falta de comprensión de lo que está sucediendo.

Imaginemos que algún genio sagaz hubiese descubierto todas las leyes de la física, pero que en lugar de revelarlas al resto del mundo, hubiera programado un ordenador para responder a preguntas relativas a problemas específicos de física y hubiese creado una interfaz para interactuar con el programa en una página web. Cualquiera que estuviese interesado podría navegar por esa página, escribir una cuestión de física bien planteada y obtener la respuesta correcta.

No cabe duda de que un programa así sería utilísimo para científicos e ingenieros, pero acceder a esa web no se podría calificar como entender las leyes de la física. Tendríamos un oráculo que nos daría respuestas a preguntas concretas, pero careceríamos por completo de cualquier idea intuitiva de las reglas del juego. Ante un oráculo así presentado por ese genio perspicaz, todos los demás científicos del mundo serían muy reacios a proclamar ningún tipo de victoria; continuarían con su trabajo para desentrañar cuáles son realmente las leyes de la naturaleza.

La mecánica cuántica, en la forma en que se presenta hoy en día en los libros de texto de física, representa un oráculo, no una verdadera comprensión. Podemos plantear problemas específicos y resolverlos, pero si somos honestos, no podemos explicar lo que está sucediendo entre bastidores. Lo que tenemos es un conjunto de buenas ideas sobre lo que podría ser, y ya va siendo hora de que los físicos empiecen a tomárselas en serio.

2

UNA FORMULACIÓN ATREVIDA

La mecánica cuántica austera

La actitud que los actuales libros de texto de mecánica cuántica inculcan a los jóvenes estudiantes ha sido resumida de modo muy sucinto por el físico N. David Mermin como «¡Calla y calcula!»;[1] Mermin no es partidario de esta postura, pero otros sí. Cualquier físico que se precie pasa siempre un buen tiempo calculando cosas, sea cual sea su postura ante la fundamentación de la mecánica cuántica, de modo que acaso esa exhortación se podría acortar a nada más que «¡Calla!».*

Pero no siempre ha sido así. La mecánica cuántica tardó años en estructurarse y se afianzó en su forma moderna hacia 1927. Ese año, en el Quinto Congreso Solvay, en Bélgica, los más destacados físicos del mundo se reunieron para debatir la situación y el significado de la teoría cuántica. En ese momento, las pruebas experimentales eran bien claras y los físicos por fin disponían de una formulación cuantitativa de las reglas de la mecánica cuántica. Era hora de arremangarse y mirar de desentrañar qué significaba esta nueva y desquiciada visión del mundo.

Los debates que se sucedieron en este congreso ayudaron a allanar el camino que quedaba por recorrer, pero nuestro objetivo aquí no es esclarecer los pasos históricos. Lo que queremos es entender la física.

* Si buscas por Internet, encontrarás abundantes referencias de la exclamación «¡Calla y calcula!» atribuida a Richard Feynman, un físico célebre por hacer cálculos difíciles. Pero Feynman nunca dijo tal cosa, y tampoco se hubiera sentido a gusto con lo que representa; Feynman reflexionó a fondo sobre la mecánica cuántica y jamás se le acusó de hacer callar a nadie. No es nada raro que citas que logran cierta fama se atribuyan falsamente a personajes plausibles de más renombre que su autor original. El sociólogo Robert Merton ha bautizado esto como *efecto de Mateo*, a partir de una frase del evangelio de Mateo: «Porque a cualquiera que tiene, se le dará, y tendrá más; pero al que no tiene, aun lo que tiene le será quitado».

En consecuencia, esbozaremos una ruta lógica que nos llevará a una teoría científica completa de la mecánica cuántica, sin misticismos difusos ni reglas *ad hoc*; solo un conjunto sencillo de suposiciones que llevan a unas conclusiones remarcables. Con esta imagen en mente, muchas cosas que de otro modo podrían parecer misteriosas y amenazadoras de golpe empezarán a cobrar sentido.

El Congreso Solvay de 1927 ha pasado a la historia como el inicio de una serie de famosos debates entre Albert Einstein y Niels Bohr acerca de cómo hay que enfrentarse a la mecánica cuántica. Bohr, un físico danés instalado en Copenhague y al que, con justicia, se considera el padre de la teoría cuántica, propugnaba un enfoque similar a la receta de libro de texto que discutimos en el capítulo anterior: usemos la mecánica cuántica para calcular las probabilidades de los diversos resultados de una medición, pero no le pidamos nada más que esto; en concreto, no nos preocupemos demasiado acerca de lo que está sucediendo, realmente, entre bastidores. Con el apoyo de sus jóvenes colegas Werner Heisenberg y Wolfgang Pauli, Bohr recalcaba que la mecánica cuántica era una teoría perfectamente adecuada tal como estaba.

Einstein no estaba de acuerdo. Estaba convencidísimo de que la obligación de la física era, justamente, preguntar qué es lo que se cuece entre bambalinas, y que el estado de la mecánica cuántica en 1927 distaba mucho de ofrecer una descripción satisfactoria de la naturaleza. Con sus propios partidarios, como Erwin Schrödinger y Louis de Broglie, Einstein sostenía que tenemos que buscar más a fondo e intentar ampliar y generalizar la mecánica cuántica para lograr una teoría científica satisfactoria.

Einstein y sus colegas tenían buenas razones para sentirse prudentemente optimistas acerca de la posibilidad de que esa nueva y mejorada teoría estuviese ahí afuera, a punto de ser descubierta. Solo unas décadas antes, en los últimos años del siglo XIX, los físicos habían elaborado la teoría de la mecánica estadística, que describe el movimiento de grandes cantidades de átomos y moléculas. Un paso fundamental en el desarrollo de esta teoría (que tuvo lugar por completo bajo la égida de la mecánica clásica, antes de que apareciera la teoría cuántica) era la idea de que podemos hablar con rigor acerca del comportamiento de un gran conjunto de partículas aunque no sepamos con exactitud la posición y la velocidad de cada una de ellas. Todo lo que necesitamos

Participantes en el Congreso Solvay de 1927. Entre los más conocidos, podemos ver a: 1. Max Planck, 2. Marie Curie, 3. Paul Dirac, 4. Erwin Schrödinger, 5. Albert Einstein, 6. Louis de Broglie, 7. Wolfgang Pauli, 8. Max Born, 9. Werner Heisenberg y 10. Niels Bohr. (Gentileza de Wikipedia)

es una *distribución de probabilidades* que describa la probabilidad de que las partículas se estén comportando de diversas maneras.

Dicho de otro modo, en la mecánica estadística, aceptamos que en realidad hay algún estado clásico concreto de todas las partículas, pero no lo conocemos, sino que todo lo que tenemos es una distribución de probabilidades. Por fortuna, esta distribución es todo lo que necesitamos para obtener un buen montón de física útil, pues determina propiedades como la temperatura y la presión del sistema. Pero esa distribución no es una descripción completa del sistema, solo es un reflejo de lo que sabemos (o no sabemos) sobre él. Si queremos adornar esta distinción con términos rimbombantes de filosofía, diremos que en mecánica estadística la distribución de probabilidades es una noción *epistémica* (es decir, que describe el estado de nuestro conocimiento) en lugar de una noción *ontológica* (que describe algún rasgo objetivo de la realidad); la epistemología es el estudio del conocimiento y la ontología, de lo que es real.

En 1927, resultaba normal sospechar que la mecánica cuántica debería considerarse siguiendo una línea similar. Después de todo, para esas fechas ya habíamos descubierto que las funciones de onda sirven para calcular la probabilidad de cualquier resultado particular de una medición. Sin duda, parece lógico imaginar que la naturaleza sabe con precisión cuál va a ser el resultado, pero que el formalismo de la teoría cuántica no es capaz de aprehender por completo ese conocimiento y, por lo tanto, es necesario mejorarlo. Desde este punto de vista, la función de onda no es toda la verdad; hay unas «variables ocultas» adicionales que determinan cuáles serán los resultados concretos de las mediciones, aunque no sepamos sus valores (y quizá nunca podamos calcularlos antes de la medición).

Tal vez. Pero lo cierto es que en los años siguientes se fueron obteniendo diversos resultados (especialmente gracias al físico John Bell en la década de 1960) que implican que los intentos más simples y directos siguiendo esta línea de pensamiento están destinados al fracaso. Hubo varios intentos: el propio De Broglie planteó una teoría concreta, redescubierta y ampliada por David Bohm en los años cincuenta, y Einstein y Schrödinger, por su parte, discutieron diversas ideas. Pero el teorema de Bell implica que cualquier teoría de este tipo exige una «acción a distancia», es decir, que la medición en un lugar puede afectar de inmediato el estado del universo en un punto arbitrariamente lejano, lo que parece contradecir el espíritu, si no la letra, de la teoría de la relatividad, que afirma que los objetos y las influencias no se pueden propagar a una velocidad superior a la de la luz. El enfoque de variables ocultas se sigue estudiando de manera activa, pero todos los intentos conocidos en esta línea son poco elegantes y cuesta conciliarlos con teorías modernas como el modelo estándar de la física de partículas, por no hablar de las ideas más especulativas sobre gravedad cuántica, tal como veremos más adelante. Acaso es por esto por lo que Einstein, pionero de la relatividad, nunca consiguió hallar una teoría satisfactoria.

En la imaginación popular, Einstein perdió los debates Bohr-Einstein. Se nos dice que Einstein, un creativo revolucionario en sus años jóvenes, se volvió conservador y fue incapaz de aceptar, y ni tan siquiera comprender, las tremendas implicaciones de la nueva teoría cuántica (tenía 48 años cuando asistió al Congreso Solvay). A partir de ese momento, la física prosiguió sin él; el gran sabio se retiró a perseguir una teoría de campos unificada.

Nada más lejos de la verdad. Si bien Einstein fracasó en postular una generalización completa y convincente de la mecánica cuántica, su insistencia en que la física debería hacer algo más que limitarse a callar y calcular daba en el clavo. No tiene ningún tipo de fundamento pensar que no logró comprender la teoría cuántica; Einstein la entendía tan bien como cualquier otro, y siguió haciendo contribuciones básicas sobre el tema, entre las cuales mostrar la importancia del entrelazamiento cuántico, que tiene un papel protagonista en nuestra mejor imagen actual de cómo funciona el universo. Lo que no consiguió es convencer a sus colegas físicos de la insuficiencia del enfoque de Copenhague y de la importancia de esforzarse más en intentar comprender los fundamentos de la teoría cuántica.

Si queremos perseguir la misma ambición de Einstein de una teoría completa, inequívoca y realista del mundo natural, pero estamos desanimados por las dificultades de introducir nuevas variables ocultas en la mecánica cuántica, ¿nos queda alguna estrategia?

Un enfoque es dejar de lado el tema de nuevas variables, descartar todas las ideas problemáticas acerca del proceso de medición, desvestir la mecánica cuántica hasta quedarse solo con sus aspectos básicos esenciales y preguntar qué sucede. ¿Cuál es la versión más sencilla y elegante de la teoría cuántica que podemos crear y que permita seguir explicando los resultados experimentales?

Cada versión de la mecánica cuántica (y las hay de sobra) utiliza una función de onda o algo equivalente y plantea que esta función de onda sigue la ecuación de Schrödinger, por lo menos la mayor parte del tiempo. Se trata de unos ingredientes que tendrán que estar en casi cualquier teoría que podamos tomarnos en serio. Veamos si podemos ser tercos en nuestro minimalismo y apañárnoslas sin añadir nada (o muy poco) al formalismo.

Este enfoque minimalista tiene dos aspectos. En primer lugar, consideramos seriamente la función de onda como una representación directa de la realidad, no solo una mera herramienta de cálculo que nos ayuda a organizar el mundo; la tratamos como algo ontológico, no epistémico. Estamos ante la estrategia más austera que podamos imaginar, pues cualquier otra cosa obligaría a plantear estructuras adicionales a la función de onda. Ahora bien, estamos también ante un paso radical, puesto que las funciones de onda son muy diferentes de lo que observamos cuando echamos una mirada al mundo. No *vemos* funciones de onda; vemos resultados de mediciones, como la posición de una partícula. Pero la teoría parece exigir que las funciones de onda tengan un papel central, de modo que aceptémoslo y veamos hasta dónde podemos llegar suponiendo que la realidad está descrita de manera exacta por una función de onda cuántica.

En segundo lugar, si la función de onda suele evolucionar de modo continuo, «suave», de acuerdo con la ecuación de Schrödinger, supongamos que es lo que siempre hace. Dicho de otro modo, eliminemos por completo de la receta cuántica todas esas reglas adicionales sobre la medición y regresemos a la cruda simplicidad del paradigma clásico: hay una función de onda y evoluciona según una regla determinista, nada más. Podemos denominar esta propuesta *mecánica cuántica austera*, o MCA, si queremos abreviar. Contrasta fuertemente con la mecánica cuántica de los libros de texto, en los que se apela al colapso de la función de onda y se intenta evitar toda referencia a la naturaleza fundamental de la realidad.

Es una estrategia atrevida, pero en seguida nos topamos con un problema: sin duda *parece* como si las funciones de onda colapsaran. Cuando efectuamos mediciones de un sistema cuántico con una función de onda dispersa, obtenemos una respuesta específica. Aunque pensemos que la función de onda de un electrón es una nube difusa centrada en el núcleo atómico, cuando la observamos no vemos tal nube, sino una partícula puntual en una ubicación determinada. Y si, inmediatamente después, volvemos a observar, veremos al electrón en la misma posición, o casi. Hay una buena razón por la que los pioneros de la mecánica cuántica crearon la idea del colapso de las funciones de onda: es lo que parece suceder.

Pero tal vez vayamos demasiado rápido. Demos la vuelta a la pregunta. En lugar de partir de lo que vemos e intentar inventar una teoría para explicarlo, empecemos con la mecánica cuántica austera (es decir, funciones de onda que evolucionan de forma continua) y preguntemos qué experimentarían realmente unos observadores en un mundo descrito por esa teoría.

Pensemos en lo que puede significar todo esto. En el anterior capítulo fuimos cuidadosos y hablábamos de la función de onda como una especie de caja negra matemática de la cual podemos extraer predicciones para los resultados de las mediciones. Para cada resultado concreto, la función de onda asigna una amplitud y la probabilidad de obtener ese resultado es igual a la amplitud elevada al cuadrado. Max Born, quien propuso la regla que lleva su nombre, fue uno de los asistentes al Congreso Solvay de 1927.

Ahora lo que decimos es algo más profundo y directo. La función de onda no es ya un mero instrumento de cálculo, sino que es una representación exacta del sistema cuántico, del mismo modo que un conjunto de posiciones y velocidades es una representación de un sistema clásico. El mundo *es* una función de onda; nada más, y nada menos. Podemos usar la denominación *estado cuántico* como sinónimo de *función de onda*, del mismo modo que denominamos *estado clásico* a un conjunto de posiciones y velocidades.

Es una afirmación drástica sobre la naturaleza de la realidad. En las conversaciones informales, incluso entre los más curtidos veteranos de la mecánica cuántica, siempre se habla de conceptos como «la posición del electrón». Pero esta postura de «la función de onda es todo lo que hay» implica que esas charlas van desencaminadas, y de un modo muy relevante. No hay nada como «la posición del electrón», solo la función de onda del electrón. La mecánica cuántica implica una distinción profunda entre «lo que podemos observar» y «lo que existe realmente». Nuestras observaciones no nos revelan hechos preexistentes de los cuales no sabíamos nada; como máximo, revelan una fina capa de una realidad mucho más grande y básicamente elusiva.

Consideremos una idea que se oye a menudo: «Los átomos son espacio vacío casi en su totalidad». Eso es algo totalmente erróneo, según el modo de pensar de la MCA. La afirmación proviene de la tozuda insistencia en pensar en un electrón como un diminuto punto clásico que va zumbando arriba y abajo por la función de onda, en lugar de considerar que el electrón *es* la función de onda. En la MCA, no hay nada que vaya zumbando por ahí, solo hay el estado cuántico. Los átomos no son espacio vacío en su mayor parte; se describen mediante funciones de onda que se esparcen por toda la extensión del átomo.

La forma de romper nuestras intuiciones clásicas es abandonar por completo la idea de que el electrón tiene alguna ubicación particular. Un electrón está en una *superposición* de cada posible ubicación en el que podríamos verlo, y no aparece en ninguna de ellas hasta que observamos que realmente está ahí. *Superposición* es la palabra que usan los físicos para remarcar que el electrón existe en una combinación de todas las ubicaciones, cada una con una amplitud determinada. La realidad cuántica es una función de onda; las posiciones y las velocidades clásicas no son más que lo que podemos observar cuando sondeamos esa función de onda.

Así pues, la realidad de un sistema cuántico, según la mecánica cuántica austera, queda descrita por una función de onda o estado cuántico, que se pueden pensar como una superposición de todos los posibles resultados de alguna observación que pudiéramos hacer. ¿Cómo pasamos de esto a la molesta realidad en que las funciones de onda parecen colapsar al hacer esas observaciones?

Podemos empezar analizando con un poco más de cuidado la afirmación «medimos la posición del electrón». ¿Qué implica exactamente este proceso de medición? Es muy probable que necesite de algún equipo de laboratorio y un poco de destreza experimental, pero no es necesario que nos preocupemos de los detalles; todo lo que necesitamos saber es que hay algún tipo de aparato de medición (una cámara o lo que sea) que, de algún modo, interacciona con el electrón y luego nos proporciona una lectura sobre la posición observada de aquel.

En la receta cuántica de los libros de texto, esto es lo máximo que podemos lograr. Algunos de los pioneros de este enfoque, como Niels Bohr y Werner Heisenberg, irían un poco más lejos y explicitarían la idea de que el aparato de medición tiene que considerarse como un objeto clásico, aunque el electrón que observa sea mecánico-cuántico. Esta delimitación entre partes del mundo que deben tratarse con una descripción clásica y partes que deben analizarse con una descripción cuántica se denomina, a veces, el *corte de Heisenberg*. En lugar de aceptar que la mecánica cuántica es fundamental y que la mecánica clásica solo es una buena aproximación en las circunstancias adecuadas, la mecánica cuántica académica de los libros de texto coloca el mundo clásico en el centro, como la forma correcta de hablar acerca de personas y cámaras y otras cosas macroscópicas que interactúan con los sistemas cuánticos microscópicos.

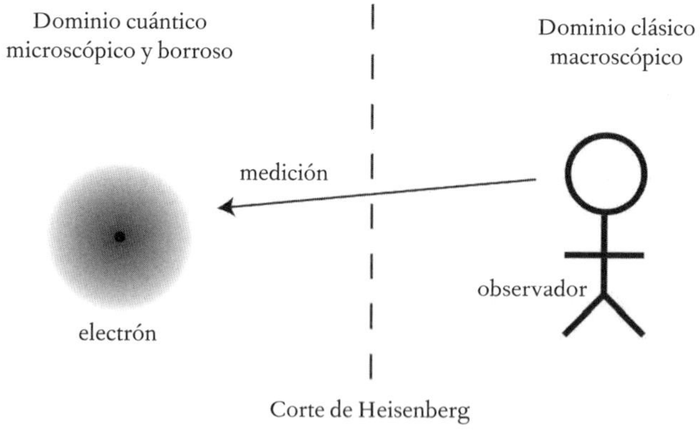

Todo esto no tiene muy buena pinta. La primera suposición que uno debería hacer es que la separación entre lo cuántico y lo clásico es un asunto de nuestra conveniencia personal, no un aspecto fundamental de la naturaleza. Si los átomos obedecen a las leyes de la mecánica cuántica y las cámaras están hechas de átomos, es de suponer que las cámaras también obedecerán a las leyes de la mecánica cuántica. El hecho de que seamos unos objetos macroscópicos, gordos y pesados, puede hacer que la física clásica sea una buena aproximación a lo que somos, pero nuestra primera opción debería ser que somos cuánticos de pies a cabeza. Si esto es cierto, no solo el electrón tiene una función de onda. La cámara debería tener su propia función de onda. Y el experimentador también. Todo es cuántico.

Este sencillo cambio de perspectiva sugiere una nueva dirección de ataque para el problema de la medición. El enfoque de la MCA implica que no deberíamos tratar el proceso de medición como algo místico, ni tan solo con necesidad de sus propias reglas; la cámara y el electrón interactúan entre ellos de acuerdo con las leyes de la física, tal como lo hacen una piedra y la Tierra.

Un estado cuántico describe sistemas a modo de superposiciones de diferentes resultados de medición. En general, el electrón empezará en una superposición de diversas ubicaciones, de todos los lugares en que podríamos verlo si miráramos. La cámara empieza con una función de onda que tal vez sea muy complicada, pero que se resume en «Esto es una cámara y aún no ha observado el electrón». Pero luego observa ese electrón, un proceso que es una interacción física regida por la ecuación de Schrödinger. Después de la interacción podríamos esperar que la cámara esté en una superposición de todos los posibles resultados de la medición que puede haber observado: la cámara ha visto el electrón en *este* lugar o la cámara ha visto el electrón en *ese* lugar o..., etc.

Si la cosa se acabara aquí, la MCA sería un barullo indefendible. Electrones en superposiciones, cámaras en superposiciones, nada que se asemejara al mundo clásico, aproximado pero consistente, de nuestra experiencia.

Por suerte, podemos apelar a otro rasgo sorprendente de la mecánica cuántica: si tenemos dos objetos diferentes (como un electrón y una cámara), no se describen mediante funciones de onda individuales e independientes, sino que *solo hay una función de onda*, que describe todo el sistema que estamos considerando (lo que puede llegar a ser todo el universo si el sistema en cuestión es el tinglado completo).

En el caso que tenemos entre manos, hay una función de onda que describe el sistema combinado electrón + cámara. Así, lo que tenemos en realidad es una superposición de todas las posibles combinaciones de dónde podría haber estado el electrón y de dónde lo ha observado la cámara realmente.

Aunque, en principio, una superposición así incluye todas las posibilidades, la mayoría de los resultados posibles tienen un peso nulo en el estado cuántico. La nube de probabilidades se desvanece en nada para la mayor parte de las posibles combinaciones de ubicación del electrón e imagen tomada por la cámara. En concreto, no hay ninguna probabilidad de que el electrón estuviera en una ubicación pero la cámara lo detectara en otra parte (siempre que nuestra cámara funcione más o menos bien, claro).

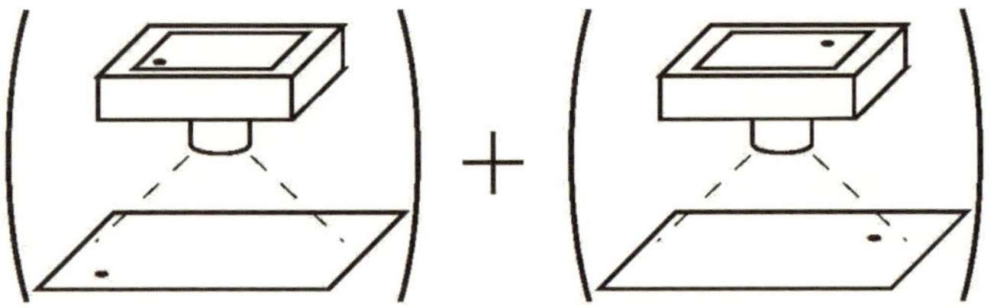

Este es el fenómeno cuántico que conocemos como *entrelazamiento*. Hay una única función de onda para el sistema combinado cámara + electrón, formada por una superposición de diversas posibilidades del tipo «el electrón estaba en este lugar y la cámara lo ha observado en ese mismo lugar». En lugar de electrón y cámara yendo cada uno por su lado, hay una conexión entre los dos sistemas.

Ahora, sustituyamos, en todo lo que hemos dicho hasta ahora, «cámara» por «tú». En lugar de tomar una imagen con un aparato mecánico, nos imaginamos que tienes una vista de lince y puedes ver los electrones solo con mirarlos. No cambia nada. Según la ecuación de Schrödinger, una situación inicialmente no entrelazada (el electrón se halla en una superposición de varias ubicaciones posibles y tú todavía no has mirado el electrón) evoluciona de forma continua hacia una situación entrelazada (una superposición de cada ubicación en que el electrón puede haber sido observado y tú habiendo visto el electrón justo en esa ubicación).

Esto es lo que dirían las reglas de la mecánica cuántica si no hubiéramos sumado todas esas molestas añadiduras sobre el problema de la medición. Quizá todas esas reglas extra solo eran una pérdida de tiempo. En la MCA, la historia que acabamos de contar, sobre ti y el electrón entrelazándose y evolucionando en una superposición, es todo lo que hay; no hay nada especial acerca de la medición, no es más que lo que sucede cuando dos sistemas interaccionan de un modo adecuado. Y después, *tú y el sistema con el que has interactuado estáis en una superposición*, en cada parte de la cual has visto el electrón en un lugar ligeramente diferente.

El problema es que toda esta historia sigue sin coincidir con lo que realmente experimentas al observar un sistema cuántico. Nunca te sientes como si hubieras evolucionado en una superposición de diversos resultados posibles de una medición; piensas que has visto un resultado concreto, que se puede predecir con una probabilidad bien definida, y ya está. Es por esta razón por la que se añadieron todas esas cosas. Si no lo hacemos así, tendrás un formalismo hermoso y elegantísimo (estados cuánticos, evolución continua) pero que no coincide con la realidad.

Es momento de ponernos un poco filosóficos y preguntarnos qué significa exactamente ese «tú» en los párrafos anteriores. Elaborar una teoría científica no se limita a escribir unas cuantas ecuaciones; también tenemos que indicar cómo representan el mundo esas ecuaciones. Cuando se trata de ti o de mí, tendemos a pensar que el proceso de hacernos coincidir con alguna parte de un formalismo científico es bastante directo. Desde luego, en la historia anterior, donde un observador mide la posición de un electrón, sin duda parece como si ese observador evolucionara a una superposición entrelazada de los diferentes resultados posibles de la medición.

Sin embargo, hay una posible alternativa. Antes de la medición había un electrón y un observador (o una cámara, si lo prefieres; no importa lo que sea lo que interaccione con el electrón mientras sea un objeto grande, macroscópico). Sin embargo, después de la interacción, en lugar de pensar que ese observador ha evolucionado a una superposición de posibles estados, podemos considerar que ha evolucionado en *múltiples observadores posibles*. Según este punto de vista, la manera correcta de describir las cosas tras la medición no es como una persona con múltiples ideas sobre el lugar en que se ha observado el electrón, sino como *múltiples mundos*, cada uno de los cuales contiene una única persona con una idea muy bien definida acerca de dónde ha observado el electrón.

Ahora ya lo podemos decir: lo que hemos descrito como mecánica cuántica austera se conoce más habitualmente como *formulación de Everett*, o *de los múltiples mundos* o *de los universos paralelos*, de la mecánica cuántica, propuesta por primera vez por Hugh Everett en 1957. El punto de vista de Everett surge a partir de una incomodidad manifiesta con todas las reglas especiales acerca de mediciones que se presentan como parte de la receta cuántica estándar en los libros de texto y, en su lugar, sugiere que solo hay un tipo de evolución del sistema cuántico. El precio que hay que pagar por esta mayor elegancia del formalismo teórico es que la teoría describe muchas copias de lo que nosotros consideramos como «el universo», cada una ligeramente diferente, pero todas en verdad reales en algún sentido. Si las ventajas compensan los inconvenientes es un tema sobre el que hay discrepancias (pero sí, compensan).

Al toparnos con la formulación de los universos paralelos, en ningún momento hemos tomado la mecánica cuántica ordinaria y le hemos añadido una pila de universos. El potencial para esos universos siempre estuvo ahí; el universo tiene una función de onda, que puede describir de manera natural superposiciones de las muchas formas en que podrían ser las cosas, incluyendo superposiciones de todo el universo. Todo lo que hemos hecho es señalar que este potencial se realiza de modo natural en el curso de la evolución cuántica ordinaria de un sistema. Una vez admites que un electrón puede hallarse en una superposición de diferentes ubicaciones, también puedes aceptar que una persona puede estar en una superposición de haber visto el electrón en lugares diferentes y, de hecho, que la realidad como un todo puede encontrarse en una superposición. Así, resulta natural tratar cada término de esa superposición como un «mundo» independiente. No hemos añadido nada de nada a la mecánica cuántica, solo hemos mirado de frente algo que siempre había estado ante nosotros.

Sin duda, podemos calificar el enfoque de Everett de *formulación atrevida* de la mecánica cuántica. Encarna la filosofía según la cual deberíamos tomarnos en serio la versión más simple de la realidad subyacente que pueda explicar lo que vemos, aunque esa realidad difiera muchísimo de nuestra experiencia cotidiana. ¿Tenemos el valor para aceptarla?

Esta breve introducción a los universos paralelos deja muchas cuestiones en el aire. ¿En qué momento exacto la función de onda se desdobla en varios mundos? ¿Qué separa estos mundos? ¿Cuántos hay? ¿Son estos otros mundos verdaderamente «reales»? ¿Cómo podemos saber que es cierto, si no los podemos observar? ¿O sí que podemos? ¿Cómo explica todo esto la probabilidad de que estemos en uno de los mundos y no en otro? Todas estas preguntas tienen sus respuestas adecuadas (o, al menos, plausibles) y buena parte de este libro estará dedicada a responderlas, pero también debemos admitir que podría ser que toda esta imagen sea errónea y que se necesite algo muy diferente.

Todas las versiones de la mecánica cuántica contienen dos aspectos: 1) una función de onda, y 2) la ecuación de Schrödinger, que rige la evolución de esas funciones de onda. Toda la formulación de Everett se basa en la insistencia de *que no hay nada más*, de que estos ingredientes bastan para ofrecer una descripción del mundo completa y empíricamente suficiente (*empíricamente suficiente* es una forma filosóficamente elegante de decir que concuerda con los datos). Cualquier otra aproximación a la mecánica cuántica consiste en añadir algo a este formalismo básico o en modificar de algún modo lo que hay.

La implicación más llamativa e inmediata de la mecánica cuántica everettiana pura es la existencia de muchos mundos, por lo que tiene sentido denominarla *de múltiples mundos* o *de universos paralelos*. Sin embargo, la esencia de la teoría es que la realidad está descrita mediante una función de onda que evoluciona de forma continua. Esta filosofía plantea algunos desafíos adicionales, sobre todo cuando se trata de hacer corresponder la extraordinaria simplicidad del formalismo con la enorme diversidad del mundo que observamos, pero, a la vez, nos proporciona varias ventajas en términos de claridad y comprensión. Tal como veremos cuando nos enfrentemos a la teoría cuántica de campos y a la gravedad cuántica, considerar la función de onda como el elemento básico por derecho propio, sin cargas heredadas de nuestra experiencia clásica, es tremendamente útil al abordar los problemas más profundos de la física actual.

Teniendo en cuenta la necesidad de estos dos ingredientes (funciones de onda y ecuación de Schrödinger), hay unas pocas alternativas a la formulación de universos paralelos que podríamos considerar. Una es imaginar nuevas entidades físicas además de la función de onda; este enfoque lleva a los modelos de variables ocultas, que eran los que desde el inicio tenían en mente personas como Einstein. Hoy en día, el más popular de estos enfoques es la llamada *teoría de De Broglie-Bohm*, o *mecánica bohmiana*. Otra opción es dejar la función de onda tal cual pero cambiar la ecuación de Schrödinger, por ejemplo, para introducir colapsos reales y aleatorios. Finalmente, podríamos imaginar que la función de onda no es ningún elemento físico, sino solo una manera de caracterizar lo que sabemos acerca de la realidad. Estos enfoques se conocen en general como *modelos epistémicos* y una versión ahora muy en boga es el *bayesianismo cuántico*.*

Todas estas opciones (y hay muchas más que no hemos mencionado) representan teorías físicas en verdad distintas, no son solo «interpretaciones» de una misma idea subyacente. La existencia de varias teorías incompatibles, todas las cuales llevan (al menos hasta la fecha) a las mismas predicciones observables de la mecánica cuántica, plantea un misterio a cualquiera que quiera hablar de lo que realmente significa la teoría cuántica. Si bien los científicos y filósofos aceptan y se ponen de acuerdo en la receta cuántica, la realidad subyacente (lo que significa cualquier fenómeno concreto) no está clara en absoluto.

Yo soy un firme partidario de uno de estos puntos de vista acerca de la realidad, la versión de universos paralelos de la mecánica cuántica, de modo que durante la mayor parte de este libro explicaré las cosas en términos de esta versión. Esto no debe tomarse como una afirmación de que el enfoque everettiano sea indudablemente cierto; solo espero poder explicar lo que dice la teoría y por qué parece razonable otorgarle un buen crédito para ser la mejor visión de la realidad que tenemos. Lo que tú acabes considerando que es la mejor opción ya es cosa tuya.

* En inglés es habitual denominar al bayesianismo cuántico con el juego de palabras *QBism*, síncopa de *Quantum Bayesianism* que se pronuncia igual que *cubism*, «cubismo» y que, si queremos, podríamos adaptar al español como *qbismo*, sin más. *(N. del t.)*

3

¿A QUIÉN SE LE OCURRIÓ ESTO?

Cómo surgió la mecánica cuántica

«A veces hasta llegué a creer en seis cosas imposibles antes del desayuno»,[1] señala la Reina Blanca a Alicia en *A través del espejo*. Se me antoja una habilidad bastante útil cuando se trata de pillar el sentido a la mecánica cuántica en general, y a la versión de universos paralelos en particular. Por suerte, las cosas en apariencia imposibles en las que se nos pide creer no son elucubraciones caprichosas ni *koan* zen que desafían la lógica; son rasgos del mundo que se nos alienta a aceptar porque los experimentos reales nos han arrastrado, aun pataleando y berreando, en esa dirección. No podemos escoger la mecánica cuántica, solo podemos escoger cómo afrontarla.

La física aspira a determinar de qué cosas está hecho el mundo, cómo cambian esas cosas a medida que pasa el tiempo y cómo interactúan las cosas entre ellas. A mi alrededor puedo ver sin esfuerzo muchos tipos de cosas: papeles y libros, una mesa y un ordenador, una taza de café, una papelera y dos gatos (uno de los cuales está interesadísimo por el contenido de esa papelera), por no mencionar cosas menos tangibles como el aire, la luz y el sonido.

Hacia finales del siglo XIX, los científicos habían logrado destilar cada una de estas cosas hasta llegar a dos tipos fundamentales de sustancias: *partículas* y *campos*. Las partículas son objetos puntuales situados en un lugar determinado del espacio, mientras que los campos (como el campo gravitatorio) están esparcidos por todo el espacio, asumiendo un valor concreto en cada punto. Cuando un campo oscila a través del espacio y del tiempo, lo denominamos *onda*. La gente a menudo contrapone partículas y ondas, pero en realidad lo que están haciendo es contraponer partículas y campos.

La mecánica cuántica consiguió unificar las partículas y los campos en una sola entidad: la función de onda. El impulso para hacerlo provino de dos direcciones. En primer lugar, los físicos descubrieron que cosas que creían que eran ondas, como los campos eléctrico y magnético, tenían propiedades corpusculares. Luego, se dieron cuenta de que cosas que pensaban que eran partículas, como los electrones, manifestaban propiedades ondulatorias. La reconciliación de estos enigmas se logra afirmando que el mundo es básicamente como un campo (es una función de onda cuántica) pero que cuando lo observamos realizando medidas cuidadosas, se nos muestra con un aspecto corpuscular. No fue fácil llegar a esta conclusión.

Las partículas son algo que no parece muy misterioso: son objetos situados en puntos concretos del espacio. La idea se remonta a la antigua Grecia, donde un pequeño grupo de filósofos propuso que la materia estaba formada por «átomos» puntuales, término que en griego significa 'indivisible'. En palabras de Demócrito, el primer atomista, «por convención es lo dulce, por convención lo amargo; por convención lo caliente, por convención lo frío, por convención el color, pero, en realidad, hay solo átomos y vacío».[2]

En aquella época no es que hubiera muchas pruebas para respaldar esta propuesta, de modo que quedó bastante olvidada hasta principios del siglo XIX, cuando los experimentadores empezaron a estudiar las reacciones químicas de un modo cuantitativo. En este proceso tuvo un papel crucial el óxido de estaño, un compuesto formado por estaño y oxígeno, que se descubrió que se daba en dos formas diferentes; el científico inglés John Dalton observó que para una cantidad fija de estaño, la cantidad de oxígeno en una de las formas del óxido de estaño era exactamente el doble que la cantidad que había en la otra forma. En 1803, Dalton sugirió que se podía explicar este fenómeno si ambos elementos se daban en la naturaleza en forma de partículas discretas, para las cuales tomó prestado el término *átomo* de los antiguos griegos. Todo lo que tenemos que hacer es imaginar que una forma de óxido de estaño estaba formada por átomos únicos de estaño combinados con átomos únicos de oxígeno, mientras que la otra forma consistía en átomos únicos de estaño combinados, cada uno, con dos átomos de oxígeno.* Dalton propuso que cada elemento químico es-

* En la nomenclatura química actual, estos dos compuestos son el óxido de

taba asociado con un tipo concreto de átomo y que la tendencia de los átomos a combinarse de diversas maneras era la responsable de toda la química. Era una síntesis sencilla, pero que tenía implicaciones trascendentales.

Dalton se precipitó un poco con su nomenclatura. Para los griegos, la idea de los átomos era su indivisibilidad, el hecho de ser los ladrillos básicos a partir de los que está formado todo lo demás. Pero los átomos de Dalton no son indivisibles en absoluto, sino que están formados por un núcleo compacto rodeado de electrones que orbitan a su alrededor. Ahora bien, transcurrieron cien años antes de descubrir esto. En primer lugar, el físico británico J. J. Thomson descubrió los electrones en 1897. Estos parecían ser un tipo de partícula totalmente nueva, eléctricamente cargada y con apenas 1/800 de la masa del hidrógeno, el átomo más ligero. En 1909, un antiguo estudiante de Thomson, Ernest Rutherford, un físico neozelandés que se había instalado en el Reino Unido para proseguir sus investigaciones, demostró que la mayor parte de la masa del átomo estaba concentrada en un núcleo central, mientras que el tamaño global del átomo quedaba determinado por las órbitas de los electrones, muchísimo más ligeros, que daban vueltas alrededor de ese núcleo. La imagen simplista habitual de un átomo, con electrones girando en torno al núcleo de modo parecido a como los planetas orbitan alrededor del Sol en nuestro sistema solar, representa este modelo de Rutherford de la estructura atómica (Rutherford no sabía nada acerca de la mecánica cuántica, de modo que esta imagen casi caricaturesca del átomo se aleja de la realidad de manera importante, tal como veremos).

Átomo de Rutherford

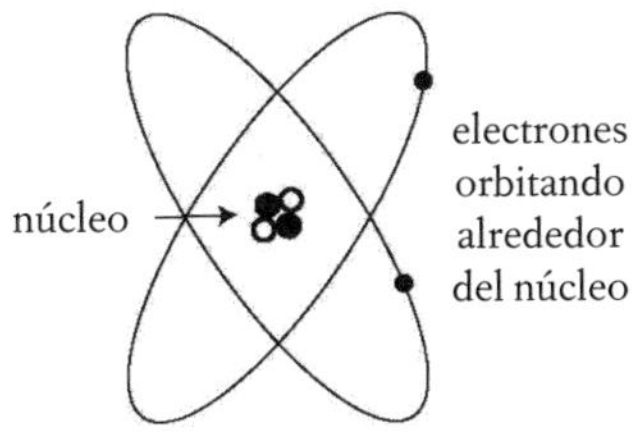

estaño (II), o monóxido de estaño, de fórmula SnO, y el óxido de estaño (IV), o dióxido de estaño, de fórmula SnO_2. *(N. del t.)*

Trabajos posteriores, iniciados por Rutherford y proseguidos por otros, revelaron que los núcleos tampoco son elementales, sino que están constituidos por protones cargados y neutrones neutros. Las cargas eléctricas de los electrones y de los protones son de la misma magnitud pero de signos opuestos, de modo que un átomo con la misma cantidad de cada una de estas partículas (y con los neutrones que uno quiera) será eléctricamente neutro. No fue hasta los años sesenta y setenta del pasado siglo que los físicos determinaron que también los protones y los neutrones están formados por partículas más pequeñas, los *quarks*, unidos por unas nuevas partículas transmisoras de fuerza llamadas *gluones*.

En términos químicos, los electrones son los que llevan la voz cantante. Los núcleos aportan su peso al átomo, pero dejando de lado las poco frecuentes desintegraciones radiactivas y las reacciones de fisión y de fusión, apenas participan en las interacciones atómicas. Los electrones, en cambio, son ligeros y frenéticos y su tendencia a moverse por todas partes es lo que hace que nuestras vidas sean interesantes. Dos o más átomos pueden compartir electrones, lo que da lugar a los enlaces químicos; en las condiciones adecuadas, los electrones pueden «cambiar de opinión» acerca de con qué átomos quieren asociarse, lo que nos da las reacciones químicas; incluso pueden escapar por completo de su cautividad atómica y moverse con libertad a través de una sustancia, un fenómeno que denominamos *electricidad*. Y si sacudimos un electrón, crea una vibración en los campos eléctrico y magnético que hay a su alrededor, lo que lleva a la luz y demás formas de radiación electromagnética.

Para hacer hincapié en su auténtica naturaleza puntual, en lugar de ser un objeto pequeñísimo pero con un determinado tamaño no nulo, a veces distinguimos entre partículas «elementales», que definen literalmente un punto en el espacio, y partículas «compuestas», formadas por constituyentes aún más pequeños. Por lo que sabemos, los electrones son verdaderamente elementales. Por ello las discusiones acerca de la mecánica cuántica hacen siempre referencia a los electrones cuando se necesitan ejemplos: son la partícula elemental más fácil de crear y de manipular, y tienen un papel importantísimo en el comportamiento de la materia de la cual está hecho todo lo que nos rodea y también nosotros mismos.

Para desgracia de Demócrito y sus amigos, la física del siglo XIX no explicó el mundo exclusivamente en términos de las partículas. Por el contrario, lo que sugirió es que se requerían dos tipos fundamentales de cosas: partículas y campos.

Podemos pensar en los campos como algo opuesto a las partículas, al menos en el contexto de la mecánica clásica. El rasgo definitorio de una partícula es que está situada en un punto del espacio y en ningún otro sitio; el rasgo definitorio de un campo, por su parte, es que está por todos lados. Un campo es algo que tiene un valor en todos y cada uno de los puntos del espacio. Las partículas tienen que interactuar entre ellas de alguna manera, y esta manera es por medio de la influencia de los campos.

Pensemos en el campo magnético, que es un *campo vectorial*, lo que significa que a cada punto del espacio asigna lo que podemos imaginar como una pequeña flecha, con una cierta magnitud (el campo puede ser intenso o débil, o incluso nulo) y una determinada dirección (apunta hacia un determinado lugar). Podemos medir la dirección en la que «apunta» el campo magnético colocando ahí una brújula y observando en qué dirección señala la aguja (en casi todas partes de la Tierra, y si no estás muy cerca de algún imán, apuntará hacia el norte). Lo importante es que el campo magnético existe en todo el espacio, invisible, aunque no lo estemos detectando; esto es lo que hacen los campos.

También tenemos el campo eléctrico, que es asimismo un vector con magnitud y dirección en cada punto del espacio. Del mismo modo que podemos detectar un campo magnético con una brújula, podemos detectar un campo eléctrico situando ahí un electrón en reposo y viendo si acelera; cuanto mayor sea la aceleración, más intenso será el campo eléctrico.* Uno de los grandes triunfos de la física del siglo XIX llegó cuando James Clerk Maxwell unificó la electricidad y el magnetismo y mostró que estos dos campos se pueden considerar como manifestaciones diferentes de un único «campo electromagnético».

* Para complicar las cosas, el electrón acelera justo en la dirección opuesta a la que señala el campo eléctrico, porque por meras cuestiones de convención, hemos decidido que la carga del electrón sea «negativa» y la del protón, «positiva». Podemos echarle la culpa a Benjamin Franklin, en el siglo XVIII; no sabía nada sobre electrones y protones, pero sí determinó que existía un concepto unificado que se llama *carga eléctrica*. Cuando tuvo que asignar, arbitrariamente, qué sustancias estaban cargadas positivamente y cuáles negativamente, se vio obligado a escoger algo y decidió asignar la etiqueta «positivo» a lo que ahora describiríamos como «con menos electrones que los que debería tener».

El otro campo que era bien conocido en el siglo XIX es el campo gravitatorio. Tal como nos enseñó Isaac Newton, la gravedad se extiende a distancias astronómicas. Los planetas del sistema solar están sometidos a una atracción gravitatoria hacia el Sol, proporcional a la masa de este e inversamente proporcional al cuadrado de la distancia hasta él. En 1783, Pierre-Simon Laplace mostró que podemos considerar que la gravedad newtoniana surge de un «campo de potencial gravitatorio» que tiene un valor en cada punto del espacio, tal como sucede con los campos eléctrico y magnético.

A finales del siglo XIX, los físicos ya podían empezar a atisbar las líneas maestras de una teoría completa del mundo. La materia estaba formada por átomos, a su vez constituidos por partículas más pequeñas, que interactuaban por medio de diversas fuerzas transmitidas por los campos, y todo bajo la égida de la mecánica clásica.

De qué está hecho el mundo (versión siglo XIX)

- Partículas (puntuales, forman la materia)
- Campos (esparcidos por todo el espacio, dan lugar a las fuerzas)

A lo largo del siglo XX se descubrirían nuevas partículas y nuevos campos, pero en 1899 no hubiera sido descabellado pensar que la imagen básica del mundo estaba más o menos clara. Y sin embargo, escondida tras una esquina, acechaba la revolución cuántica, algo que nadie esperaba.

Si ya has leído algo sobre mecánica cuántica, tal vez te hayas topado con la pregunta «¿Qué es el electrón, una onda o una partícula?». La respuesta es: «Es una onda, pero cuando observamos (es decir, medimos) esa onda, parece una partícula». Esta es la novedad fundamental de la mecánica cuántica. Solo hay un tipo de cosa, la función de onda cuántica, pero cuando la observamos en las circunstancias adecuadas, se nos presenta con un aspecto corpuscular.

De qué está hecho el mundo (versión siglo XX y más allá)

- Una función de onda cuántica

Se necesitaron unos cuantos avances conceptuales para pasar de la imagen del mundo decimonónica (partículas clásicas y campos clásicos) a la síntesis del siglo veinte (una única función de onda cuántica). La historia de cómo es que las partículas y los campos pueden ser aspectos diferentes de un mismo algo subyacente es uno de los éxitos menos valorados en la búsqueda de una unificación de la física.

Para llegar a este resultado, los físicos de principios del siglo XX tuvieron que darse cuenta de dos cosas: los campos (como el electromagnetismo) pueden comportarse de modo corpuscular y las partículas (como los electrones) pueden comportarse de modo ondulatorio.

Lo primero en apreciarse fue el comportamiento corpuscular de los campos. Cualquier partícula con una carga eléctrica, como el electrón, crea un campo eléctrico a su alrededor, que se extiende a todas partes y va disminuyendo de intensidad cuanto más lejos estamos de la carga. Si sacudimos un electrón, haciéndolo oscilar arriba y abajo, el campo que crea oscila junto con él, creando ondas que se propagan a partir de su origen. Esto es la radiación electromagnética, o luz, si lo prefieres. Cada vez que calentamos un material a temperatura suficiente, los electrones de sus átomos empiezan a vibrar y el material comienza a brillar; es lo que se conoce como *radiación de cuerpo negro*, y todo objeto con una temperatura uniforme emite una forma característica de radiación de cuerpo negro.

La luz roja corresponde a ondas de baja frecuencia, que oscilan con lentitud, mientras que la luz azul corresponde a ondas de alta frecuencia, que oscilan más rápidamente. Con lo que los físicos sabían acerca de los átomos y los electrones hacia el cambio de siglo, podían calcular cuánta radiación debería emitir un cuerpo negro en cada frecuencia, es decir, podían determinar el llamado *espectro del cuerpo negro*. Sus cálculos funcionaban bien para bajas frecuencias, pero se hacían más y más inexactos al llegar a frecuencias más altas, y llegaban a predecir que cualquier cuerpo material debería emitir una cantidad infinita de radiación. Este problema se bautizó luego como *catástrofe del ultravioleta*, en referencia a las frecuencias, invisibles para el ojo humano, aún más altas que la luz azul o violeta.

Finalmente, en 1900, el físico alemán Max Planck consiguió derivar una fórmula que encajaba a la perfección con los datos. El truco se basaba en proponer una idea radical: cada vez que se emitía luz, se hacía en forma de una cantidad particular (un *cuanto*) de energía, relacionada con la frecuencia de la luz. Cuanto más rápido oscile el campo electromagnético, más energía contendrá cada emisión.

En su derivación, Planck se vio obligado a postular la existencia de un nuevo parámetro fundamental de la naturaleza, ahora conocido como *constante de Planck* y simbolizado mediante la letra h. La cantidad de energía contenida en un cuanto de luz es proporcional a su frecuencia y la constante de Planck es la constante de proporcionalidad; es decir, la energía es igual a la frecuencia multiplicada por h. En muchos casos resulta más conveniente usar una versión modificada, $\hbar$ o «hache barra», que no es más que la constante de Planck original h dividida por 2π.* La aparición de la constante de Planck en una fórmula es un indicio de que estamos trabajando con la mecánica cuántica.

El descubrimiento de Planck de esta constante sugirió una nueva forma de pensar acerca de las magnitudes físicas, como la energía, la masa, la longitud o el tiempo. La energía se mide en unidades como ergios, julios o kilovatios-hora, mientras que la frecuencia se mide en unidades de inversa del tiempo (1/tiempo), puesto que la frecuencia nos dice cuántas veces sucede una cosa en un intervalo de tiempo determinado. Para hacer que la energía sea proporcional a la frecuencia, la constante de Planck debe tener, en consecuencia, unidades de energía multiplicada por tiempo. Planck se dio cuenta de que esta nueva cantidad se podía combinar con las demás constantes fundamentales (G, la constante gravitatoria de Newton, y c, la velocidad de la luz) para crear unidades de longitud, tiempo, etc. definidas universalmente. La longitud de Planck es de unos 10^{-33} centímetros y el tiempo de Planck, de unos 10^{-43} segundos. La longitud de Planck es, sin duda, una distancia muy corta, pero es posible que tenga relevancia física como escala en la que la mecánica cuántica (h), la gravedad (G) y la relatividad (c) son importantes simultáneamente.

No deja de ser divertido que la mente de Planck saltara de inmediato a la posibilidad de comunicarse con civilizaciones alienígenas. Si algún día empezamos a charlar con seres extraterrestres mediante señales de radio interestelares, no tendrán ni idea de qué queremos decir si les informamos de que los seres humanos «tienen una altura de unos dos metros»; en cambio, como supuestamente sabrán tanto de física como nosotros, si no más, deberían conocer las unidades de Planck. Esta sugerencia todavía no se ha utilizado, pero lo cierto es que la constante de Planck ha tenido un impacto enorme en todos los demás campos.

* $\hbar$ también recibe el nombre de *constante de Planck reducida*. *(N. del t.)*

La idea de que la luz se emite en cuantos discretos de energía, cuya cantidad está relacionada con la frecuencia, es desconcertante, si lo piensas con detenimiento. A partir de lo que sabemos intuitivamente sobre la luz, parecería lógico que alguien sugiriera que la cantidad de energía que transporta depende de lo *brillante* que es, pero no del *color* que es. Sin embargo, la suposición de Planck le llevó a obtener la fórmula correcta, de modo que algo de esa idea desconcertante parecía funcionar.

Fue Albert Einstein quien, a su peculiar manera, se ocupó de barrer la sabiduría convencional y dar el paso decisivo hacia una nueva manera de considerar la física. En 1905, Einstein planteó que la luz solo se emitía a determinadas energías porque realmente estaba formada por paquetes discretos, no por una onda continua. Dicho de otro modo, la luz eran partículas, o *fotones*, tal como las conocemos hoy en día. Esta idea, que la luz existe en cuantos corpusculares y discretos de energía, fue el verdadero nacimiento de la mecánica cuántica y le valió el premio Nobel en 1921 (lo cierto es que mereció recibir al menos otro Nobel, por la teoría de la relatividad, pero nunca se le concedió). Einstein no era ingenuo y se dio cuenta de que esto eran palabras mayores; tal como dijo a su amigo Conrad Habicht, su propuesta de los cuantos de luz era «muy revolucionaria».[3]

Nótese la sutil diferencia entre la sugerencia de Planck y la de Einstein. Planck afirma que la luz de una determinada frecuencia se *emite* en cantidades discretas de energía, mientras que Einstein dice que esto es así porque la luz *es* un conjunto de partículas discretas. Es la diferencia entre decir que una cafetera siempre hace una única taza de café a la vez y decir que el café solo existe en forma de cantidades equivalentes a una taza. Todo esto tiene sentido si hablamos de partículas materiales, como los electrones y los protones, pero solo unas décadas antes, Maxwell había triunfado con su elegante explicación de la luz como onda, no como partícula; ahora, la propuesta de Einstein amenazaba ese triunfo. El propio Planck era reacio a aceptar aquella alocada idea que sin embargo explicaba los datos observados, y para cualquier idea alocada en busca de aceptación, esto es una ventaja considerable.

Mientras tanto, había otro problema que acechaba en el dominio de las partículas, donde el modelo de Rutherford explicaba los átomos en términos de electrones orbitando alrededor de núcleos.

Recordemos que, si agitamos un electrón, emite luz; y con *agitar* queremos decir acelerarlo de algún modo. Un electrón que se mueva de cualquier otra manera que no sea en línea recta a velocidad constante emitirá luz. Ahora bien, con la imagen del átomo de Rutherford, con electrones que orbitan en torno al núcleo, parece claro que esos electrones no se mueven en línea recta, sino en círculos, o tal vez elipses. En un mundo clásico, eso implica, sin ninguna duda, que los electrones están sometidos a una cierta aceleración y, en consecuencia, que deberían estar emitiendo luz. Cada átomo de tu cuerpo y de tu entorno debería estar brillando, si la mecánica clásica fuera cierta. Además, como los electrones estarían perdiendo energía al emitir radiación, deberían precipitarse en espiral hacia el núcleo central. En definitiva, pues, según la mecánica clásica, los átomos no pueden ser estables.

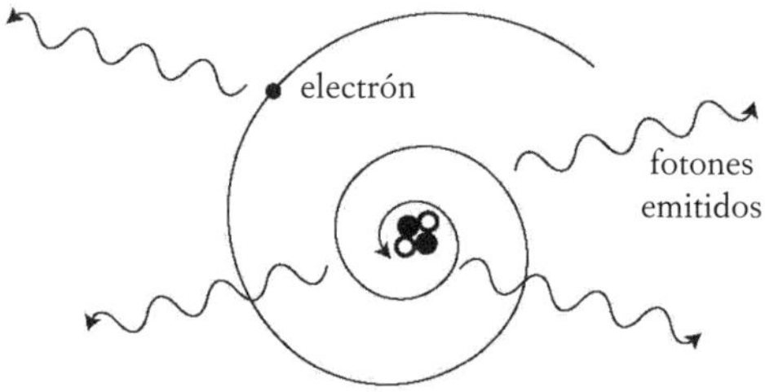

Inestabilidad del átomo clásico de Rutherford

Bueno, hay una posibilidad: que todos tus átomos sí que estén emitiendo luz pero que sea demasiado débil para observarla. Al fin y al cabo, el mismo razonamiento es aplicable a los planetas del sistema solar: deberían estar emitiendo ondas gravitatorias, pues una masa con cierta aceleración provoca ondulaciones en el campo gravitatorio, tal como una carga con aceleración provoca ondulaciones en el campo electromagnético. Y lo cierto es que sí lo hacen. Si había alguna duda de que fuera así, esta quedó eliminada en 2016, cuando investigadores de los observatorios de ondas gravitatorias LIGO y Virgo anunciaron la primera detección directa de estas ondas, en este caso creadas cuando dos agujeros negros situados a más de mil millones de años-luz de nosotros se precipitaron uno sobre el otro.

Los planetas del sistema solar son mucho más pequeños y se mueven mucho más lentamente que esos dos agujeros negros, que tenían más de 30 veces la masa del Sol. Como resultado, las ondas gravitatorias emitidas por nuestros vecinos planetarios son en verdad muy débiles. La potencia emitida en ondas gravitatorias por la Tierra mientras orbita alrededor del Sol es de apenas unos 200 vatios, equivalente a la de unas pocas bombillas y totalmente insignificante en comparación con otros efectos, como la radiación solar o las fuerzas mareales. Si la emisión de ondas gravitatorias fuera lo único que afectara a la órbita de la Tierra, esta tardaría más de 10^{23} años en caer sobre el Sol. Quizá pasa lo mismo con los átomos; tal vez las órbitas de los electrones no son realmente estables, pero sí lo bastante estables.

Esta cuestión es cuantitativa, y no es difícil hacer unos cuantos números y ver qué pasa. El resultado es catastrófico, porque los electrones se mueven mucho más rápidamente que los planetas y el electromagnetismo es una fuerza mucho más intensa que la gravedad. El tiempo que tardaría un electrón en estrellarse contra el núcleo de su átomo resulta ser de unos 10 picosegundos, es decir una cienmilmillonésima de segundo. Si la materia ordinaria formada por átomos solo pudiera durar este tiempo, alguien ya lo habría notado.

Esta situación era muy incómoda para muchas personas, sobre todo para Niels Bohr, que había trabajado con Rutherford en 1912. En 1913, Bohr publicó tres artículos, conocidos después simplemente como *la trilogía*, en los que planteaba otra de esas ideas audaces e inesperadas que caracterizaron los primeros años de la teoría cuántica. Bohr se preguntó qué sucedería si los electrones no pudieran caer en espiral hacia los núcleos atómicos porque, simplemente, no pueden estar en la órbita que quieren sino que se ven obligados a mantenerse en ciertas órbitas concretas. Así, habría una órbita de energía mínima, luego otra con un poco más de energía y así sucesivamente; pero los electrones no podrían acercarse más al núcleo de lo que permite esa órbita de energía mínima, ni tampoco podrían situarse entre dos órbitas cualesquiera. Dicho de otro modo, habría una cuantización de las órbitas permitidas.

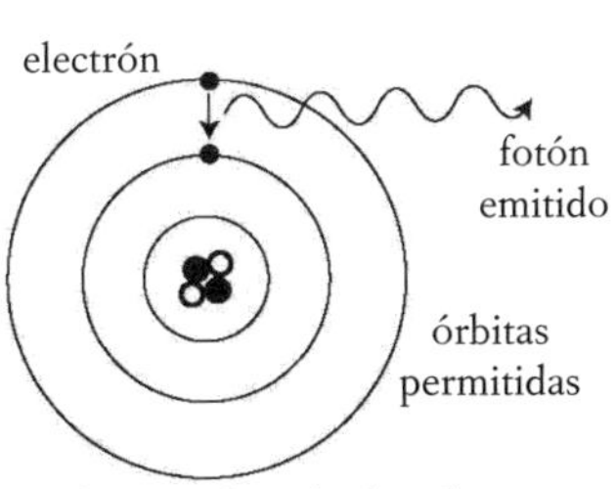

En el átomo de Bohr, los electrones pueden saltar entre las órbitas permitidas.

La propuesta de Bohr no era tan extravagante como podría parecer a primera vista. Los físicos habían estudiado cómo interaccionaba la luz con los diversos elementos en su forma gaseosa (hidrógeno, nitrógeno, oxígeno, etc.) y habían hallado que si haces pasar luz por un gas frío, parte de esa luz será absorbida; de modo equivalente, si haces pasar una corriente eléctrica a través de un tubo lleno de gas, este empieza a brillar (es decir, a emitir luz, y este es el principio que hay detrás de los tubos fluorescentes actuales). Pero lo destacable es que esos gases solo emitían y absorbían luz de frecuencias muy determinadas, mientras que los demás colores atravesaban el gas sin problema. En concreto, el hidrógeno, el elemento más simple, con un único protón y un único electrón, mostraba un patrón muy regular de frecuencias de emisión y de absorción.

Para un átomo clásico de Rutherford, esto no tenía mucho sentido. Pero en el modelo de Bohr, donde solo estaban permitidas ciertas órbitas de los electrones, todo encajaba y llevaba a una explicación inmediata. Aunque los electrones no pueden estar en ninguna órbita que no sea una de las permitidas, sí que pueden *saltar* de una a otra. Un electrón puede caer de una órbita de alta energía a una de menor energía emitiendo luz con la energía justa para compensar esa pérdida; o, al revés, puede aumentar de energía absorbiendo la cantidad justa de la luz de su entorno, para saltar a una órbita superior. Como las órbitas están cuantizadas, solo podemos ver energías concretas de la luz interaccionando con los electrones. Junto con la idea de Planck de que la frecuencia de la luz está relacionada con su energía, esto explicaba por qué los físicos observaban la emisión o la absorción de solo unas frecuencias determinadas.

Comparando sus predicciones con la emisión de luz observada para el hidrógeno, Bohr no solo pudo postular que únicamente estaban permitidas algunas órbitas electrónicas, sino que también pudo calcular cuáles eran. Cualquier partícula en una órbita tiene una cantidad llamada *momento angular*, que es muy fácil de calcular (es la masa de la partícula multiplicada por su velocidad y multiplicada por su distancia al centro de la órbita); Bohr propuso que las órbitas electrónicas permitidas son aquellas cuyo momento angular es un múltiplo de una constante fundamental determinada. Y cuando comparó la energía que los electrones deberían emitir al saltar entre órbitas con lo que se veía realmente en la luz emitida por el hidrógeno gaseoso, pudo determinar la constante que necesitaba para que encajaran ambas cosas. La respuesta fue la constante de Planck, h, o más bien su versión modificada, $\hbar = h/2\pi$.

Este es el tipo de cosa que te hace pensar que vas por el buen camino. Bohr estaba intentando describir el comportamiento de los electrones en los átomos y planteó una regla *ad hoc* según la cual solo se pueden mover en determinadas órbitas cuantizadas; luego, para hacer coincidir los datos con su regla, necesitó una nueva constante de la naturaleza, y resultó que esa nueva constante era la misma que la nueva constante que Planck se había visto obligado a crear cuando intentaba explicar el comportamiento de los fotones. Todo esto puede parecer una estructura algo frágil y sujetada con pinzas, pero cuando se consideraba globalmente parecía indicar que estaba pasando algo profundo en el dominio de los átomos y las partículas, algo que no acababa de encajar con las reglas sagradas de la mecánica clásica. Las ideas de este período se suelen agrupar bajo la etiqueta de *teoría cuántica antigua*, en oposición a la *nueva teoría cuántica* de Heisenberg y Schrödinger que llegó a finales de la década de 1920.

Por muy provocadora y provisionalmente exitosa que fuera, nadie estaba muy contento con la teoría cuántica antigua. La idea de Planck y Einstein de los cuantos de luz permitió explicar diversos resultados experimentales, pero no era fácil conciliarla con el tremendo éxito de la teoría de Maxwell de la luz como onda electromagnética. La idea de Bohr de órbitas electrónicas cuantizadas permitió explicar la luz emitida y absorbida por el hidrógeno, pero parecía un conejo sacado de una chistera y, en realidad, no acababa de funcionar para elementos que no fueran el hidrógeno. Incluso antes de que la teoría cuántica antigua recibiera tal nombre, estaba claro que todo esto no eran más que pistas de que se estaba cociendo algo mucho más sabroso.

Uno de los rasgos menos satisfactorios del modelo de Bohr era la sugerencia de que los electrones podían «saltar» de una órbita a otra. Si un electrón de baja energía absorbía luz de una cierta energía, parecía lógico que tenía que saltar hacia arriba a otra órbita que tuviera justamente esa cantidad adicional de energía. Pero cuando un electrón de alta energía emitía luz y caía, parecía que debería tener una elección sobre cuán bajo caer, sobre la órbita inferior a la que caer. ¿Cómo se producía esa elección? El mismo Rutherford estaba intranquilo por este tema, tal como expresó en una carta a Bohr:

> Creo que hay una grave dificultad en su hipótesis, que no dudo que usted mismo habrá apreciado, a saber: ¿cómo decide un electrón a qué frecuencia vibrará cuando pasa de un estado estacionario a otro? Parece que tendría que asumir que el electrón sabe de antemano dónde va a detenerse.[4]

Todo este tema de los electrones «decidiendo» dónde ir auguró una fractura mucho más drástica con el paradigma de la física clásica de lo que los físicos de 1913 estaban preparados para asimilar. En la mecánica newtoniana, uno puede imaginar un demonio de Laplace que predice, al menos en principio, todo el futuro del mundo a partir de su estado presente, y en ese momento del desarrollo de la mecánica cuántica, nadie estaba afrontando la perspectiva de que tal vez se tendría que desechar por completo esta imagen del mundo.

Llevó más de diez años que apareciera un marco más completo, la «nueva teoría cuántica». De hecho, en ese momento se propusieron dos ideas competidoras, la mecánica matricial y la mecánica ondulatoria, antes de que se demostrara que eran versiones matemáticamente equivalentes de lo mismo, que podemos denominar *mecánica cuántica*.

La mecánica matricial fue formulada inicialmente por Werner Heisenberg, que había trabajado con Niels Bohr en Copenhague. Estos dos hombres, junto con su colaborador Wolfgang Pauli, son responsables de la interpretación de Copenhague de la mecánica cuántica, si bien qué es lo que creía exactamente cada uno es aún tema de discusión histórica y filosófica.

El enfoque de Heisenberg de 1926, reflejo del atrevimiento de una nueva y joven generación de físicos que estaba entrando en escena, se basaba en dejar de lado todas las cuestiones acerca de qué es lo que pasa realmente en un sistema cuántico y centrarse solo en explicar lo que observan los experimentadores. Bohr había postulado órbitas electrónicas cuantizadas sin explicar por qué algunas órbitas estaban permitidas y otras no; Heisenberg prescindió por completo de las órbitas. Olvídate de lo que está haciendo el electrón y pregunta solo qué es lo que puedes observar de él. En mecánica clásica, un electrón se caracterizaría mediante su posición y cantidad de movimiento; Heisenberg mantuvo estas magnitudes, pero en lugar de considerarlas como unas cantidades que existen tanto si estamos mirando como si no, las consideró como resultados posibles de una medición. Para Heisenberg, los saltos impredecibles que habían inquietado a Rutherford y a otros eran una parte fundamental de la manera más adecuada de hablar acerca del mundo cuántico.

Heisenberg solo tenía veinticuatro años cuando formuló por primera vez la mecánica matricial. Sin duda, era un genio, pero aún estaba lejos de ser una figura reconocida en este campo y no obtendría un puesto académico permanente hasta un año después. En una carta a Max Born, otro de sus mentores, Heisenberg se mortificaba porque «he escrito un artículo disparatado y no me he atrevido a enviarlo para su publicación».[5] Pero en colaboración con Born y con Pascual Jordan, un físico aún más joven, consiguió asentar la mecánica matricial sobre unas bases claras y matemáticamente adecuadas.

Lo normal hubiera sido que Heisenberg, Born y Jordan compartieran el premio Nobel por el desarrollo de la mecánica matricial y, de hecho, Einstein los propuso para el premio. Pero solo Heisenberg fue premiado por el comité Nobel en 1932. Se ha especulado que la inclusión de Jordan hubiera resultado problemática, pues se hizo famoso por su agresiva postura política de derechas, que culminó con su entrada en las *Sturmabteilung*.* Sin embargo, al mismo tiempo era considerado poco de fiar por sus colegas nazis, a causa de su apoyo a Einstein y otros científicos judíos. Al final, Jordan nunca recibió el premio, y Born también quedó fuera del galardón por la mecánica matricial, pero esta última omisión fue subsanada cuando se le concedió el premio Nobel en 1954 por su formulación de la regla de probabilidad que lleva su nombre. Esta fue la última vez que se concedió un Nobel por trabajos sobre la fundamentación de la mecánica cuántica.

Tras el inicio de la Segunda Guerra Mundial, Heisenberg dirigió un programa alemán para el desarrollo de armas atómicas. Lo que Heisenberg realmente pensaba de los nazis y si hizo todo lo que pudo para sacar adelante el programa nuclear alemán o no son tema de debate histórico. Parece que, como muchos otros alemanes, Heisenberg no tenía mucho aprecio por el partido nazi, pero prefería una victoria alemana en la guerra a la perspectiva de ser gobernado por los soviéticos. No hay pruebas de que saboteara activamente el programa de armas nucleares, pero sí es evidente que su equipo hizo progresos muy limitados. En parte esto puede deberse al hecho de que muchos brillantes físicos judíos huyeron de Alemania cuando los nazis asumieron el poder.

* Las *Sturmabteilung* (SA), literalmente 'destacamentos de asalto' y también conocidas como *camisas pardas*, eran la rama paramilitar original del Partido Nacionalsocialista alemán. *(N. del t.)*

Por muy impresionante que fuera la mecánica matricial, tenía un grave fallo publicitario: su formalismo matemático era tremendamente abstracto y difícil de entender. La reacción de Einstein es un claro ejemplo: «Es un cálculo digno de un brujo. Es lo bastante ingenioso y está tan protegido por su gran complejidad como para ser inmune a cualquier prueba de su falsedad» (un comentario así de un tipo que había propuesto describir el espacio-tiempo en términos de geometría no euclidiana tiene su mérito).[6] La mecánica ondulatoria, desarrollada justo después por Erwin Schrödinger, era una versión de la teoría cuántica que usaba conceptos con los que los físicos ya estaban familiarizados y de este modo ayudó notablemente a acelerar la aceptación del nuevo paradigma.

Ya hacía muchísimo tiempo que los físicos estudiaban las ondas, y con la formulación de Maxwell del electromagnetismo como una teoría de campos, estaban muy acostumbrados a pensar en ellas. Los primeros pasos de la mecánica cuántica, emprendidos por Planck y Einstein, estaban bastante alejados de las ondas y más inclinados hacia las partículas. Pero el átomo de Bohr sugirió que incluso las partículas no eran lo que parecían.

En 1924, el joven físico francés Louis de Broglie estaba enfrascado en pensar acerca de los cuantos de luz de Einstein. En ese momento, la relación entre los fotones y las ondas electromagnéticas clásicas todavía era bastante nebulosa. Una idea que parecía evidente tener en cuenta era la posibilidad de que la luz estuviera formada tanto por partículas como por ondas: las bien conocidas ondas electromagnéticas podrían transportar fotones corpusculares. Y si eso fuera cierto, no había razón alguna que nos impidiera imaginar lo mismo para los electrones: tal vez hubiera algo ondulatorio que transportaría los electrones corpusculares. Esto es justamente lo que propuso De Broglie en su tesis doctoral de 1924, planteando una relación entre la cantidad de movimiento y la longitud de onda de estas «ondas de materia» que era análoga a la fórmula de Planck para la luz, con cantidades de movimiento más grandes que corresponderían a longitudes de onda más cortas.

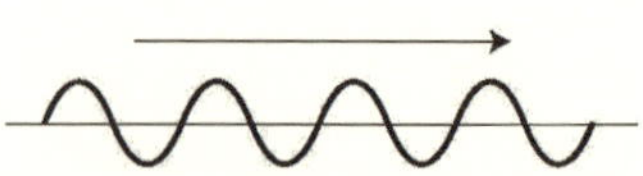

longitud de onda corta = alta energía, gran cantidad de movimiento

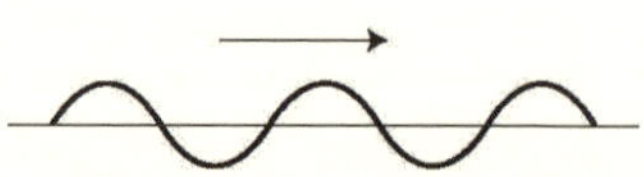

longitud de onda larga = baja energía, poca cantidad de movimiento

Como tantas hipótesis de ese momento, la de De Broglie debió de haber parecido un poco *ad hoc*, pero sus implicaciones eran de gran envergadura. En concreto, era natural preguntarse qué implicaciones podrían tener las ondas de materia para los electrones que orbitan alrededor de los núcleos atómicos. Una respuesta remarcable apareció por sí misma: para que la onda quede asentada en una configuración estacionaria, su longitud de onda tenía que ser un múltiplo exacto de la longitud de circunferencia de la órbita correspondiente. Así, las órbitas de Bohr se pueden derivar, en lugar de postular sin más, asociando ondas a los electrones que rodean el núcleo.

Para aclarar esta idea, imaginemos una cuerda con sus extremos fijados, como la de una guitarra o un violín. Aunque un punto cualquiera de la cuerda se puede mover arriba y abajo como quiera, el comportamiento global de la cuerda queda restringido por el hecho de estar fijada por ambos extremos. Como resultado, la cuerda solo vibra a unas longitudes de onda muy determinadas, o a combinaciones de ellas (es por esto por lo que las cuerdas de los instrumentos musicales emiten notas claras en lugar de un ruido confuso). Estas vibraciones especiales se denominan *modos* de la cuerda. En esta imagen, la naturaleza connaturalmente «cuántica» del mundo subatómico no se debe al hecho de que la realidad esté realmente subdividida en pedazos diferenciados, sino a la existencia de modos de vibración naturales de las ondas a partir de las cuales están hechos los sistemas físicos.

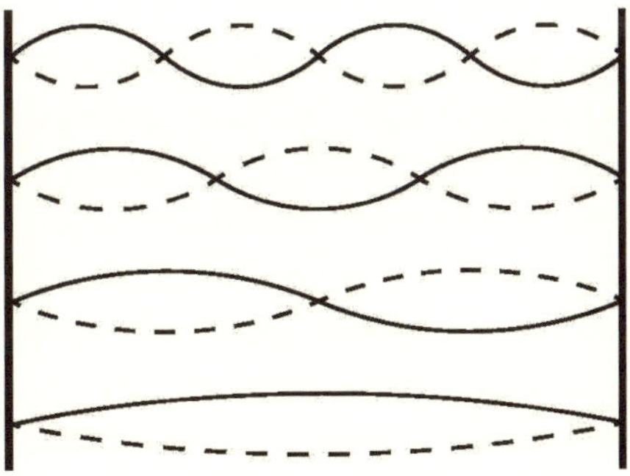

Longitudes de onda permitidas (modos)
de una cuerda con ambos extremos fijados.

El término *cuántico*, en referencia a una cantidad definida de lo que sea, puede dar la impresión de que la mecánica cuántica describe un mundo que es esencialmente discreto y pixelado, como cuando amplias mucho un monitor o una pantalla de un televisor. En realidad es justo lo contrario; la mecánica cuántica describe el mundo como una función de onda suave y continua. Ahora bien, en determinadas circunstancias, cuando hay partes de la función de onda que quedan ligadas de algún modo, la onda asume la forma de una combinación de los posibles modos de vibración; así, cuando observamos un sistema de este tipo, lo que vemos es este conjunto discreto de posibilidades. Esto es cierto para las órbitas de los electrones, y también explica por qué los campos cuánticos parecen conjuntos de partículas individuales. En la mecánica cuántica, el mundo es, en esencia, ondulatorio; su aparente discontinuidad procede de la forma particular en que pueden vibrar esas ondas.

Las ideas de De Broglie eran fascinantes, pero no llegaron a proporcionar una teoría exhaustiva. Esta tarea quedó en manos de Erwin Schrödinger, quien en 1926 presentó una explicación dinámica de las funciones de onda, incluyendo la ecuación a la que obedecen y que luego recibió su nombre. En física, las revoluciones suelen ser cosa de gente joven, y la mecánica cuántica no fue diferente en este aspecto, pero Schrödinger rompió la tendencia. Entre los líderes de los debates en el Congreso Solvay de 1927, Einstein con 48 años, Bohr con 42 y Born con 44 eran los grandes veteranos, mientras que Heisenberg tenía 25 años, Pauli, 27 y Dirac, 25; Schrödinger, a la «avanzada edad» de 38, era visto como alguien sospechosamente viejo para entrar en escena con nuevas y radicales ideas como las suyas.

Remarquemos el cambio de las «ondas de materia» de De Broglie a la «función de onda» de Schrödinger. Aunque Schrödinger estaba muy influido por la obra de De Broglie, su concepto llegó un poco más lejos y merece otro nombre. La diferencia más evidente es que, mientras que el valor de una onda de materia en un punto cualquiera es un número real, las amplitudes descritas por la función de onda son números complejos (la suma de un número real y uno imaginario). Otra diferencia aún más sustancial es que la idea original de De Broglie era que cada tipo de partícula estaba asociada a una onda de materia, pero no es así como trabaja la función de onda de Schrödinger: tenemos una sola función de onda que depende de todas las partículas del universo. Esta sencilla diferencia es lo que da lugar al fenómeno radicalmente nuevo del entrelazamiento cuántico.

Lo que hizo que las ideas de Schrödinger supusieran un bombazo fue la ecuación que propuso, que determina cómo cambia la función de onda a medida que transcurre el tiempo. Para un físico, una buena ecuación marca la diferencia; eleva una idea atractiva («las partículas tienen propiedades ondulatorias») a una estructura rigurosa e implacable. Esto de *implacable* puede sonar a una cualidad poco deseable en una persona, pero es justo lo que uno desea en una teoría científica; es el rasgo que permite hacer predicciones exactas. Cuando decimos que los libros de texto de mecánica cuántica dedican mucho tiempo a hacer que los estudiantes resuelvan ecuaciones, nos estamos refiriendo básicamente a la ecuación de Schrödinger.

La ecuación de Schrödinger es lo que se dedicaría a resolver un equivalente cuántico del demonio de Laplace para predecir el futuro del universo. Y si bien la forma original en la que Schrödinger escribió su ecuación estaba destinada a sistemas de partículas individuales, en realidad es una idea muy general que se aplica asimismo a espines, campos, supercuerdas o cualquier otro sistema que uno quiera describir mediante la mecánica cuántica.

A diferencia de la mecánica matricial, que estaba expresada en términos de conceptos matemáticos con los que los físicos de la época estaban muy poco familiarizados, la ecuación de onda de Schrödinger no era muy diferente de las ecuaciones de Maxwell del electromagnetismo (que siguen decorando las camisetas de los estudiantes de física hasta hoy). Puedes visualizar una función de onda o, por lo menos, convencerte de que puedes visualizarla. La comunidad científica no sabía muy bien qué hacer con Heisenberg, pero en cambio estaban preparados para Schrödinger. El grupo de Copenhague (sobre todo los más jóvenes, Heisenberg y Pauli) no reaccionaron con cortesía a las ideas competidoras de un tipo ya mayor y poco destacado de Zúrich, pero no pasó mucho tiempo hasta que ellos también empezaron a pensar, como todos los demás, en términos de funciones de onda.

En la ecuación de Schrödinger aparecen símbolos poco familiares, pero cuesta muy poco entender su mensaje básico. De Broglie había sugerido que la cantidad de movimiento de una onda aumenta cuando su longitud de onda disminuye. Schrödinger propuso algo parecido, pero para la energía y el tiempo: la velocidad con que cambia la función de onda es proporcional a la energía que tiene. He aquí la famosa ecuación en su forma más general:

$$\frac{\partial \Psi}{\partial t} = \frac{1}{i\hbar} H\Psi$$

No es necesario entrar en detalles, pero es bonito ver la manera en que los físicos piensan acerca de una ecuación como esta. Sin duda, hay matemáticas de por medio, pero no deja de ser una traducción en símbolos de la idea que hemos expresado con palabras.

Ψ (la letra griega psi mayúscula) es la función de onda. El miembro de la izquierda representa la velocidad a la que cambia la función de onda a medida que pasa el tiempo. En el miembro de la derecha tenemos una constante de proporcionalidad con la constante de Planck $\hbar$, la unidad fundamental de la mecánica cuántica, e i, la raíz cuadrada de menos uno. Sobre la función de onda Ψ actúa algo llamado *hamiltoniano*, simbolizado por H. Podemos imaginar al hamiltoniano como un interrogador que siempre está preguntando «¿Cuánta energía tienes?». El concepto de *hamiltoniano* fue creado en 1833 por el matemático irlandés William Rowan Hamilton, como una manera de reformular las leyes del movimiento de un sistema clásico, mucho antes de que lograra un papel protagonista en la mecánica cuántica.

Cuando los físicos plantean modelos de diversos sistemas físicos, lo primero que hacen es intentar hallar una expresión matemática para el hamiltoniano de ese sistema. La forma habitual de proceder para determinar el hamiltoniano de algo como un conjunto de partículas es empezar por las energías de las propias partículas y luego añadir las contribuciones adicionales que describen cómo interactúan esas partículas entre ellas. Quizá chocan como bolas de billar, o tal vez se ejercen una atracción gravitatoria mutua, y cada una de estas (y otras) posibilidades lleva a un tipo concreto de hamiltoniano. Y una vez sabes el hamiltoniano, lo sabes todo; es una manera compacta de capturar toda la dinámica de un sistema físico.

Si una función de onda cuántica describe un sistema con un valor concreto de la energía, el hamiltoniano no hace más que igualarse a ese valor, y la ecuación de Schrödinger implica que el sistema sigue haciendo lo mismo, manteniendo una energía determinada. Más a menudo, dado que las funciones de onda son superposiciones de diferentes posibilidades, el sistema será una combinación de varias energías; en este caso, el hamiltoniano captura un poco de todas. La conclusión es que el miembro de la derecha de la ecuación de Schrödinger es una manera de caracterizar cuánta energía tiene cada una de las contribuciones a la función de onda en una superposición cuántica; los componentes de alta energía evolucionan rápidamente, mientras que los de baja energía lo hacen con más lentitud.

Lo que realmente importa es que existe una ecuación específica y es determinista. Con esto, tienes todo el mundo para ti.

La mecánica cuántica causó sensación y no pasó mucho tiempo hasta que Schrödinger, el físico inglés Paul Dirac y otros demostraron que, en el fondo, era equivalente a la mecánica matricial, lo que nos dejaba con una teoría unificada del mundo cuántico. Sin embargo, no es oro todo lo que reluce, y los físicos aún tenían una pregunta por responder, una pregunta que los ha atormentado hasta la actualidad: ¿qué es, en realidad, la función de onda? ¿Qué representa físicamente, si es que representa algo?

En el enfoque de De Broglie, sus ondas de materia servían para guiar a las partículas, no las sustituían por completo (De Broglie luego desarrolló esta idea en la teoría de la onda piloto, que sigue siendo una aproximación válida a la fundamentación de la mecánica cuántica, aunque no es muy popular entre los físicos actuales). Schrödinger, en cambio, quería deshacerse por completo de las partículas elementales; su expectativa original era que su ecuación describiría paquetes localizados de vibraciones, confinados en una zona comparativamente pequeña del espacio, de modo que cada paquete parecería corpuscular a cualquier observador macroscópico. Se podía pensar, así, que la función de onda representaba la densidad de masa en el espacio.

Por desgracia, las expectativas de Schrödinger quedaron truncadas por su propia ecuación. Si empezamos con una función de onda que describe una sola partícula más o menos localizada en alguna región vacía del espacio, la ecuación de Schrödinger deja muy claro lo que sucede después: se esparce por todo el espacio. Dejadas a su antojo, las funciones de onda de Schrödinger no parecen en absoluto corpusculares.*

* He remarcado mucho que solo hay una función de onda, la función de onda de todo el universo, pero el lector atento habrá notado que a menudo hablo de «la función de onda de una partícula». Esto último es perfectamente válido si (y solo si) la partícula no está entrelazada con el resto del universo. Por suerte, es una situación muy habitual, pero en general tenemos que ser conscientes de este hecho.

Fue Max Born, uno de los colaboradores de Heisenberg en la mecánica matricial, quien aportó el eslabón que faltaba. Su propuesta es que tenemos que considerar la función de onda como un método para calcular la probabilidad de observar una partícula en una posición determinada cuando miramos en esa posición. En concreto, tenemos que elevar al cuadrado, por separado, la parte real y la parte imaginaria de la amplitud compleja y sumar los dos números. El valor final es la probabilidad de observar el resultado correspondiente de la observación (la sugerencia de que tiene que ser la amplitud elevada al cuadrado y no la amplitud tal cual aparece en una nota al pie añadida en el último momento al artículo de Born de 1926). Tras observar la partícula, la función de onda colapsa para localizarse en el lugar en el que hemos visto la partícula.

Hubo alguien a quien no le gustó nada la interpretación probabilística de la ecuación de Schrödinger. ¿Sabes a quién? Pues al propio Schrödinger. Su objetivo, como Einstein, era conseguir un apuntalamiento mecanicista definitivo de los fenómenos cuánticos, no crear una simple herramienta para calcular probabilidades. Más adelante se quejó en estos términos: «No me gusta, y me apena haber tenido nada que ver con esto».[7] El objetivo del famoso experimento imaginario del gato de Schrödinger, en que la función de onda de un gato evoluciona (por medio de la ecuación de Schrödinger) en una superposición de «vivo» y «muerto», no era que la gente exclamara «¡Guau! ¡La mecánica cuántica es tope misteriosa!», sino que dijera «Vaya, ¡esto no puede ser correcto de ninguna manera!». Aunque por todo lo que sabemos, sí que es correcto.

Durante las primeras tres décadas del siglo XX la actividad intelectual fue frenética. A lo largo del siglo XIX, los físicos habían construido una imagen prometedora de la naturaleza de la materia y las fuerzas; la materia estaba formada por partículas y las fuerzas eran transmitidas por campos, todo bajo la égida de la mecánica clásica. Pero la confrontación con los datos experimentales les obligó a superar este paradigma. Para explicar la radiación emitida por objetos calientes, Planck sugirió que la luz se emitía en paquetes discretos de energía y Einstein fue aún más lejos planteando que la luz estaba formada en verdad por cuantos corpusculares. Por otro lado, el hecho de que los átomos sean estables y la observación de la luz emitida por gases llevó a Bohr a postular que los electrones solo se podían desplazar en determinadas órbitas permitidas, con saltos ocasionales entre ellas. Heisenberg, Born y Jordan desarrollaron esta idea de saltos probabilísticos para convertirla en una teoría completa, la mecánica matricial. Desde otro frente, De Broglie señaló que si consideramos las partículas materiales, como los electrones, como si realmente fueran ondas, podemos derivar las órbitas cuantizadas de Bohr, en lugar de tener que postularlas sin más. Schrödinger transformó esta sugerencia en una teoría cuántica completa y al final se demostró que la mecánica ondulatoria de Schrödinger y la mecánica matricial de Heisenberg eran formas equivalentes de decir lo mismo. A pesar de las esperanzas iniciales de que la mecánica ondulatoria pudiera disculpar la aparente necesidad de probabilidades como una parte fundamental de la teoría, Born demostró que la manera correcta de tratar con la función de onda de Schrödinger era considerarla una herramienta que, cuando la elevas al cuadrado, indica la probabilidad de un determinado resultado de medición.

¡No está nada mal! Un recorrido impresionante, que se logró en un período sorprendentemente breve, de la observación inicial de Planck en 1900 al Congreso Solvay de 1927, cuando la nueva mecánica cuántica quedó asentada de una vez por todas. Tenemos que reconocer el enorme mérito de los físicos de inicios del siglo XX que, dispuestos a enfrentarse a las exigencias de los datos experimentales, no dudaron en poner patas arriba la tremendamente exitosa visión newtoniana del mundo.

No obstante, no tuvieron tanto éxito al lidiar con las implicaciones de todo lo que habían puesto sobre la mesa.

4

LO QUE NO SE PUEDE SABER PORQUE NO EXISTE

INCERTIDUMBRE Y COMPLEMENTARIEDAD

Un agente de tráfico para a Heisenberg por la carretera por exceso de velocidad. «¿Sabe usted lo rápido que iba, caballero?», le pregunta el agente; Heisenberg replica: «Ni idea, ¡pero sé exactamente dónde estoy!».

Estaremos de acuerdo en que los chistes de físicos son la monda, pero no son tan buenos para transmitir los conceptos de la física. Esta ocurrencia en particular se basa en la familiaridad con el famoso principio de incertidumbre de Heisenberg, que a menudo se explica diciendo que no podemos saber, a la vez, la posición y la velocidad de cualquier objeto. La realidad, sin embargo, es algo más profunda. No es que no podamos saber la posición y la cantidad de movimiento, es que ni tan siquiera existen al mismo tiempo. Solo en circunstancias especialísimas podemos decir que un objeto tiene una ubicación bien definida (cuando su función de onda está por completo concentrada en un punto del espacio y es nula en cualquier otra parte), y lo mismo para la velocidad; y cuando una de las dos está definida con exactitud, la otra puede tener cualquier valor, si lo midiéramos. En la mayoría de los casos, la función de onda contiene un abanico de posibilidades para ambas magnitudes, de modo que ninguna de las dos tiene un valor bien definido.

En los años veinte todo esto resultaba mucho menos evidente. Aún era normal pensar que la naturaleza probabilística de la mecánica cuántica solo indicaba que era una teoría incompleta y que faltaba por desarrollar una imagen más determinista y de corte clásico. Dicho de otro modo, las funciones de onda eran una manera de caracterizar nuestra ignorancia sobre lo que estaba pasando, más que representar la verdad definitiva, tal como estamos planteando aquí. Una de las primeras cosas que hizo la gente al tener noticias del principio de incertidumbre fue buscarle resquicios; nadie lo consiguió, pero en esos intentos aprendimos muchas cosas acerca de la diferencia radical que separa la realidad cuántica del mundo clásico al cual estábamos acostumbrados.

La ausencia de magnitudes bien definidas en el mismísimo corazón de la realidad, que se corresponden de modo más o menos directo con lo que llegamos a observar, es uno de los rasgos básicos de la mecánica cuántica que más cuesta aceptar al entrar en contacto con ella. Hay magnitudes que no es que no conozcamos, sino que ni tan solo existen, a pesar de que parece que las podemos medir.

La mecánica cuántica nos obliga a enfrentarnos a esta profunda brecha entre lo que vemos y lo que es. En este capítulo veremos cómo se manifiesta esta brecha en el principio de incertidumbre y en el siguiente capítulo la veremos otra vez, con más contundencia si cabe, en el fenómeno del entrelazamiento.

El principio de incertidumbre debe su existencia al hecho de que la relación entre la posición y la cantidad de movimiento (la masa multiplicada por la velocidad) es diferente, de un modo fundamental, en mecánica cuántica y en mecánica clásica. En términos clásicos, podemos imaginar que medimos la cantidad de movimiento de una partícula registrando su posición a medida que pasa el tiempo y viendo luego cuán rápido se desplaza; pero si solo tenemos acceso a un único instante de tiempo, la posición y la cantidad de movimiento son por completo independientes entre sí. Si te digo que una partícula está situada en tal posición en un determinado instante, y no te digo nada más, no tendrás ni idea de cuál es su velocidad, y viceversa.

Los físicos se refieren a las diversas magnitudes que usamos para especificar algo como *grados de libertad* de ese sistema. En mecánica newtoniana, para determinar el estado completo de un montón de partículas, necesitamos la posición y la cantidad de movimiento de cada una de ellas, de modo que los grados de libertad son las posiciones y las cantidades de movimiento. La aceleración no es un grado de libertad porque puede calcularse una vez sabemos las fuerzas que actúan sobre el sistema. La esencia de un grado de libertad es que no depende de ninguna otra cosa.

Cuando pasamos a la mecánica cuántica y empezamos a trastear con las funciones de onda de Schrödinger, las cosas cambian un poco. Para saber la función de onda de una única partícula, tenemos que considerar primero todos los lugares en que se podría encontrar, si la observáramos; luego, tenemos que asignar una amplitud a cada uno de estos lugares, un número complejo con la propiedad de que su cuadrado es la probabilidad de hallar ahí la partícula. Para estas amplitudes hay una restricción: la suma de los cuadrados de todas ellas tiene que ser igual a uno, puesto que la probabilidad de hallar la partícula en algún sitio es igual a uno (en lenguaje coloquial se acostumbran a expresar las probabilidades en porcentajes, que son igual a 100 veces el valor de la probabilidad; así, una probabilidad del 20% es lo mismo que una probabilidad de 0,2).

Nótese que no hemos mencionado la velocidad ni la cantidad de movimiento en ningún momento. La razón es que en mecánica cuántica no tenemos que especificar separadamente la cantidad de movimiento, tal como hacíamos en mecánica clásica. La probabilidad de medir una velocidad cualquiera queda determinada por completo por la función de onda, para todas las posiciones posibles. La velocidad no es un grado de libertad independiente de la posición, y la razón es que la función de onda es precisamente eso, una onda. A diferencia de una partícula clásica, no tenemos una única posición y una única cantidad de movimiento, sino que tenemos una función de todas las posibles posiciones, y esa función suele oscilar arriba y abajo. La rapidez con que se producen estas oscilaciones determina lo que es más probable que veamos si decidimos medir la posición o la cantidad de movimiento.

Consideremos una onda sinusoidal simple, que oscila arriba y abajo siguiendo un patrón regular en todo el espacio. Podemos introducir esta función de onda en la ecuación de Schrödinger y ver cómo evoluciona. Descubriremos que una onda sinusoidal tiene una cantidad de movimiento bien definida, con longitudes de onda cortas que corresponden a velocidades altas; pero una onda sinusoidal no tiene una posición definida, al contrario, está esparcida por todas partes. Una forma más habitual, que no esté ni localizada en un punto bien definido ni esparcida por todas partes como una onda sinusoidal de longitud de onda definida, no corresponderá ni a una posición bien definida ni a una cantidad de movimiento bien definida, sino a una situación intermedia.

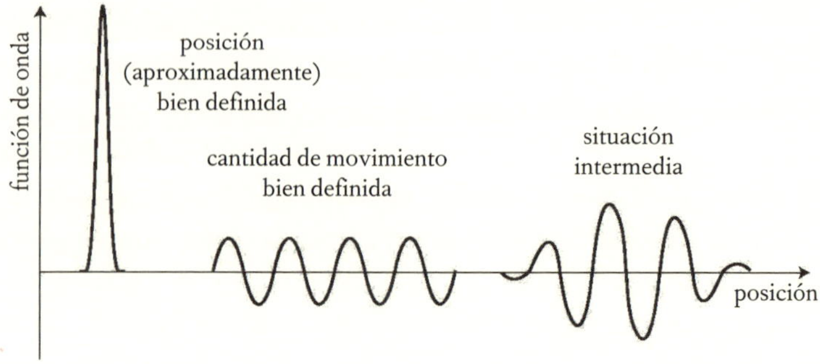

Ya podemos apreciar el dilema fundamental. Si intentamos localizar una función de onda en el espacio, su cantidad de movimiento queda más y más difusa, y si intentamos limitarla a una longitud de onda (y, por lo tanto, una cantidad de movimiento) bien definida, es su posición la que queda dispersa. He aquí el principio de incertidumbre. No es que no podamos saber ambas magnitudes al mismo tiempo; es un hecho del modo de funcionar de las funciones de onda que si la posición está concentrada en algún lugar concreto, la cantidad de movimiento queda totalmente indeterminada, y viceversa. Las viejas propiedades clásicas llamadas *posición* y *cantidad de movimiento* no son magnitudes con valores reales, son posibles resultados de una medición.

A veces la gente hace referencia al principio de incertidumbre en contextos cotidianos, alejados del lenguaje repleto de ecuaciones de los textos de física. Por ello es importante remarcar qué es lo que no afirma este principio. No es ninguna aseveración de que «todo es incierto». La posición o la cantidad de movimiento pueden estar bien determinados en algún estado cuántico apropiado, pero no pueden estar bien determinados al mismo tiempo.

El principio de incertidumbre tampoco dice que siempre que medimos un sistema lo perturbamos. Si una partícula tiene una cantidad de movimiento bien definida, podemos medirlo tranquilamente sin cambiarlo en absoluto. El punto clave es que no existe ningún estado en el cual la posición y la cantidad de movimiento estén simultáneamente bien definidas. El principio de incertidumbre es una aserción sobre la naturaleza de los sistemas cuánticos y sobre su relación con magnitudes observables, no una afirmación sobre el proceso físico de medición.

Por último, el principio tampoco es ninguna aseveración sobre los límites de nuestro conocimiento de un sistema. Podemos conocer con exactitud el estado cuántico del sistema y eso es todo lo que podemos saber, pues seguimos sin poder predecir los resultados de todas las posibles observaciones futuras con certeza absoluta. La idea de que «hay algo que no sabemos», dada una cierta función de onda, es una rémora de nuestra persistente intuición de que lo que vemos es lo que en verdad existe. La mecánica cuántica nos dice otra cosa.

Tal vez habrás oído alguna vez, a tenor del principio de incertidumbre, que la mecánica cuántica «viola la lógica». Tonterías. La lógica deduce teoremas a partir de axiomas, y los teoremas resultantes son evidentemente ciertos, y los axiomas pueden ser aplicables a una situación física determinada o no. El teorema de Pitágoras (que nos dice que el cuadrado de la hipotenusa de un triángulo rectángulo es igual a la suma de los cuadrados de los dos catetos) es correcto en tanto que es una deducción formal a partir de los axiomas de la geometría euclidiana, incluso aunque estos axiomas no sean aplicables si estamos hablando de superficies curvas en lugar de una superficie plana.

La idea de que la mecánica cuántica viola la lógica es vecina de la idea de que los átomos están vacíos en su mayor parte (sin duda, se trata de un vecindario poco recomendable). Estas dos nociones surgen de la profunda convicción (a pesar de todo lo que hemos aprendido) de que las partículas son realmente puntos con una posición y cantidad de movimiento bien determinadas, en lugar de funciones de onda esparcidas por todas partes.

Pensemos en una partícula dentro de una caja, en la cual hemos trazado una línea que la divide en una mitad derecha y una mitad izquierda. Esta partícula tiene una función de onda que está esparcida por toda la caja. Ahora llamemos *P* al enunciado «la partícula está en la mitad izquierda de la caja» y *Q* a «la partícula está en la mitad derecha de la caja». Podríamos estar tentados de afirmar que estas dos proposiciones son falsas, pues la función de onda se extiende a ambas mitades; por otro lado, la proposición «*P* o *Q*» tiene que ser verdadera, pues la partícula está dentro de la caja. En la lógica clásica, no puede ser que *P* y *Q* sean falsas y «*P* o *Q*», verdadera. Aquí hay algo sospechoso.

Y lo que es sospechoso no es la lógica ni la mecánica cuántica, sino nuestro relajado desprecio por la naturaleza de los estados cuánticos cuando asignamos valores de certeza a las afirmaciones P y Q. Estas afirmaciones no son ni ciertas ni falsas, están mal definidas. No existe tal cosa como «la mitad de la caja en que se halla la partícula». Si la función de onda estuviera concentrada solo en una mitad de la caja y fuera exactamente cero en la otra podríamos zafarnos de tener que asignar valores de certeza a P y Q; pero en ese caso una sería cierta y la otra falsa, de modo que la lógica clásica no nos daría problemas.

A pesar del hecho de que la lógica clásica es bien válida, siempre que se aplique adecuadamente, la mecánica cuántica ha inspirado enfoques más generales conocidos como *lógica cuántica*, liderada por John von Neumann y su colaborador Garrett Birkhoff. Al partir de unos axiomas lógicos algo diferentes de los habituales, podemos derivar un conjunto de reglas que son obedecidas por las probabilidades implícitas en la regla de Born de la mecánica cuántica. En este sentido, la lógica cuántica es interesante y útil, pero su existencia no invalida la exactitud de la lógica clásica en las circunstancias adecuadas.

Niels Bohr, en un intento de aprehender lo que hace de la mecánica cuántica una teoría tan única, propuso el concepto de *complementariedad*. La idea es que puede haber más de dos modos de considerar un sistema cuántico, cada uno igualmente válido pero con la propiedad de que no puedes emplearlos simultáneamente. Podemos describir la función de onda de una partícula en términos de la posición o de la cantidad de movimiento, pero no de ambas magnitudes al mismo tiempo. De modo similar, podemos pensar que los electrones exhiben propiedades corpusculares u ondulatorias, pero no ambas a la vez.

No hay ningún ejemplo en que esto sea más evidente que en el famoso experimento de la doble rendija. Este experimento no se llevó a cabo realmente hasta la década de 1970, mucho después de haberse propuesto.* No fue uno de esos resultados experimentales sorprendentes que obligan a los teóricos a crear nuevas formas de pensar para comprenderlo, sino más bien un experimento imaginario (que en su forma original sugirió Einstein durante sus discusiones con Bohr y luego popularizado por Richard Feynman en sus clases a los estudian-

* La versión original del experimento, solo con luz, fue realizada por Thomas Young en 1801. En su momento, en un entorno totalmente clásico, demostró que la luz se comportaba como una onda. *(N. del t.)*

tes de Caltech) destinado a mostrar las drásticas implicaciones de la teoría cuántica.

La idea del experimento es perfilar la distinción entre ondas y partículas. Empezamos con una fuente de partículas clásicas (podría ser una escopeta de perdigones, que tienden a dispersarse en direcciones impredecibles), que lanzamos hacia una estrecha rendija vertical y luego las detectamos en una pantalla al otro lado de la rendija. La mayoría de las partículas atravesarán la rendija, algunas quizá con pequeñas desviaciones si chocan con sus bordes. Así, lo que vemos en el detector es un patrón de puntos individuales allí donde detectamos una partícula y que, conjuntamente, quedan dispuestos en una forma parecida a la propia rendija.

Podemos hacer lo mismo pero con ondas, situando la rendija, por ejemplo, en una bañera llena de agua y creando ondas que la atravesarán. Cuando las ondas la atraviesan, se esparcen en un patrón semicircular antes de llegar, finalmente, a la pantalla. Por supuesto, cuando el agua llega a la pantalla no observamos puntos correspondientes a partículas, pero imaginemos que disponemos de un detector especial que se ilumina con una intensidad proporcional a la amplitud de la onda que llega a cada punto determinado de la pantalla. Veremos que es más brillante en la zona más cercana a la rendija y que se va debilitando a medida que nos alejamos.

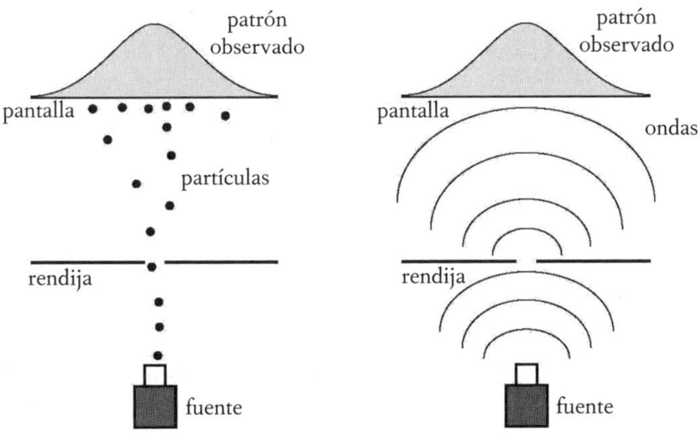

Ahora repitamos el experimento pero con dos rendijas en lugar de una. La versión con partículas no es muy diferente; mientras nuestra fuente de partículas sea lo bastante aleatoria para que las partículas vayan pasando por las dos rendijas, lo que veremos sobre la pantalla es dos líneas de puntos, una para cada rendija (o solo una línea muy gruesa, si las rendijas están muy cercanas entre sí). La versión con ondas, sin embargo, se modifica de un modo muy interesante. Las ondas oscilan arriba y abajo y, así, dos ondas que oscilan en sentidos opuestos se cancelan mutuamente (un fenómeno que se denomina *interferencia*). Las ondas pasan por ambas rendijas a la vez y se propagan desde cada una en forma de semicírculos, como antes, pero ahora crean un patrón de interferencias al otro lado de las rendijas. Como resultado, si observamos la amplitud de la onda resultante en la pantalla final, no vemos solo dos líneas brillantes, sino que veremos una línea brillante en el medio (lo más cerca posible de ambas rendijas) y luego regiones alternadas claras y oscuras que se van debilitando hacia cada lado de la línea brillante central.

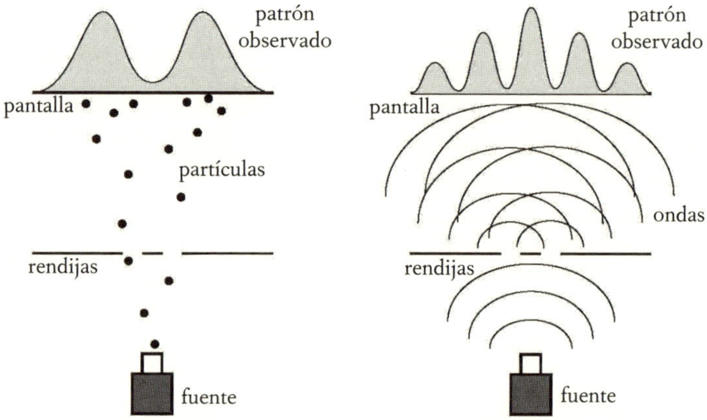

Hasta el momento, estamos en el mundo clásico que conocemos y apreciamos, donde las partículas y las ondas son cosas distintas y todo el mundo puede diferenciarlas. Ahora, sustituyamos nuestra escopeta de perdigones o nuestra máquina de hacer ondas por una fuente de electrones, magníficamente cuántica. Con esta disposición experimental nos encontraremos con varias sorpresas provocadoras.

En primer lugar, consideremos una única rendija. En este caso, los electrones se comportan como si fueran partículas clásicas. Atraviesan la rendija y luego son detectados por la pantalla del otro lado, donde cada electrón deja una sola marca. Si lanzamos muchos electrones, sus marcas se reparten por la pantalla alrededor de una línea central que, más o menos, reproduce la imagen de la rendija. Nada nuevo ni espectacular, de momento.

Pasemos ahora a las dos rendijas (para que el experimento funcione, las dos rendijas tienen que estar muy y muy juntas, una de las razones por las que se tardó tanto en hacer el experimento). Nuevamente, los electrones pasan por las rendijas y dejan marcas individuales en la pantalla del otro lado. Sin embargo, sus marcas no se acumulan en dos líneas tal como hacían los perdigones. Lo que hacen, en cambio, es formar un patrón de líneas: una más densa en el centro y luego líneas paralelas que tienen vez menos marcas a medida que nos alejamos de la línea central, separadas por zonas vacías sin apenas marcas.

En definitiva, pues, los electrones que pasan por dos rendijas nos dan un patrón de interferencia, tal como lo hacen las ondas, si bien inciden sobre la pantalla dejando marcas individuales, tal como lo hacen las partículas. Este fenómeno ha provocado miles de discusiones inútiles acerca de si los electrones son «realmente» partículas u ondas, o de si a veces son corpusculares y otras veces son ondulatorios. Sea como sea, no cabe duda de que hay algo que ha pasado a través de *ambas* rendijas cuando los electrones iban hacia la pantalla.

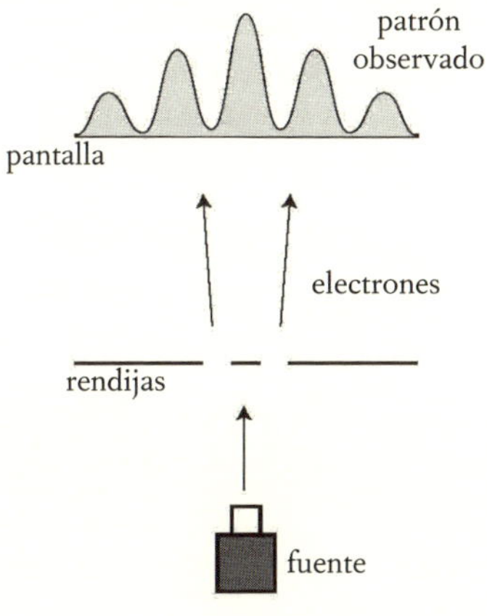

Esto ya no debería sorprendernos. Los electrones que pasan por las rendijas están descritos por una función de onda que, del mismo modo que nuestra onda clásica, atravesará ambas rendijas y oscilará arriba y abajo, por lo que tiene todo el sentido del mundo que veamos patrones de interferencia. Luego, cuando los electrones chocan con la pantalla los estamos observando y, por tanto, en ese momento se nos muestran como partículas.

Introduzcamos ahora otra vuelta de tuerca. Imaginemos que colocamos unos pequeños detectores en cada rendija, de modo que podamos determinar si cada electrón individual pasa por una rendija o por la otra. Esto resolverá de una vez por todas la alocada idea de que un electrón pueda pasar por las dos rendijas a la vez.

Quizá ya puedas saber lo que veremos. Los detectores no miden medio electrón pasando por cada una de las rendijas; lo que detectan es un electrón completo que pasa por una o por la otra, cada vez. El detector actúa como un dispositivo de medición y cuando medimos electrones vemos partículas. Pero esta no es la única consecuencia de observar los electrones a medida que van atravesando las rendijas. En la pantalla, al otro lado, el patrón de interferencia desaparece por completo y volvemos al patrón de dos líneas de marcas dejadas por los electrones detectados, una correspondiente a cada rendija. Como los pequeños detectores que hemos colocado hacen su trabajo, la función de onda colapsa en cuanto los electrones atraviesan las rendijas, de modo que no vemos la interferencia de una onda que pasa por ambas rendijas a la vez. Cuando los miramos, los electrones se comportan como partículas.

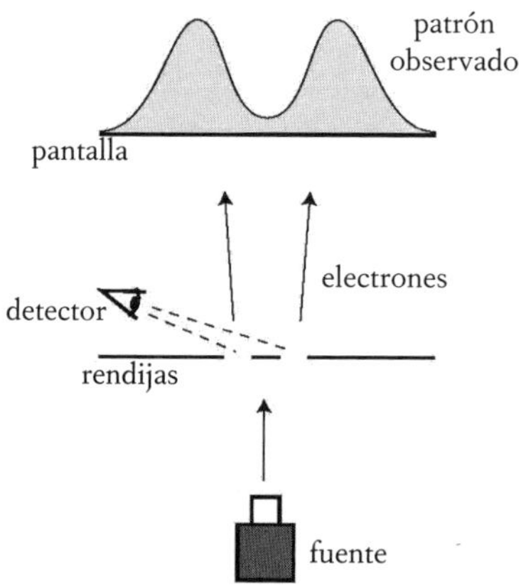

El experimento de la doble rendija hace difícil aferrarse a la convicción de que el electrón es solo un punto clásico y de que la función de onda no hace más que representar nuestra ignorancia sobre la localización de ese punto. La ignorancia no provoca patrones de interferencia; hay algo real en la función de onda.

Las funciones de onda pueden ser reales, pero sin duda son muy abstractas, y cuando empezamos a considerar más de una partícula a la vez cuestan mucho de visualizar. A medida que avanzamos con casos más y más sutiles de fenómenos cuánticos, resulta muy útil disponer de un ejemplo fácil de comprender al cual podamos referirnos una y otra vez. El *espín* de una partícula (un grado de libertad que se añade a la posición o la cantidad de movimiento) es justo lo que estamos buscando. Antes de seguir, tendremos que dar unas cuantas vueltas a lo que significa el espín en mecánica cuántica, pero al terminar nos habrá facilitado bastante nuestra vida.

No cuesta mucho comprender la idea de *espín*: no es más que una rotación alrededor de un eje, tal como la Tierra hace cada día o como un bailarín de ballet hace al girar de puntillas. Ahora bien, tal como sucede con las energías de un electrón alrededor de un núcleo atómico, en mecánica cuántica hay solamente unos cuantos resultados posibles que podemos obtener cuando medimos el espín de una partícula.

Por ejemplo, para un electrón, hay dos posibles resultados de la medición del espín. Si escogemos un eje respecto al cual medimos el espín, siempre hallamos que el electrón está girando en sentido horario o antihorario respecto a ese eje, y siempre a la misma velocidad. Estas dos posibilidades se suelen denominar convencionalmente como «espín arriba» y «espín abajo». La «regla de la mano derecha» nos viene muy bien para identificar los dos espines: si cerramos los dedos de la mano derecha siguiendo la dirección de rotación, el pulgar señalará hacia el eje adecuado, arriba o abajo.

Un electrón en rotación es un imán en miniatura, con polos magnéticos norte y sur, de modo parecido a la Tierra; el eje del espín apunta hacia el polo norte. Una manera de medir el espín de un electrón es hacerlo atravesar un campo magnético, que lo desviará un poco en función de cómo esté orientado su espín (como detalle técnico, para que esto funcione, el campo magnético tiene que estar focalizado de modo correcto: abierto hacia un lado y más concentrado hacia el otro).

Si yo te dijera que el electrón tiene un cierto espín total, podrías hacer la siguiente predicción para este tipo de experimento: el electrón se desviará hacia arriba si su espín está alineado en la misma dirección y sentido que el campo externo, se desviará hacia abajo si está alineado en sentido opuesto y se desviará en alguna cantidad intermedia si el espín está orientado en algún ángulo cualquiera respecto al campo externo. Pues resulta que no es esto lo que se observa.

El experimento fue realizado por primera vez en 1922 por los físicos alemanes Otto Stern (un ayudante de Max Born) y Walter Gerlach, antes de que se hubiera concebido la idea del espín. Lo que observaron fue asombroso. Los electrones son desviados, en efecto, al atravesar un campo magnético, pero o se desvían hacia arriba o se desvían hacia abajo, en ningún caso se desvían una cantidad intermedia. Si rotamos el campo magnético, los electrones se siguen desviando en la dirección del campo que atraviesan, en su mismo sentido o en el opuesto, pero nunca a valores intermedios. El espín medido, como la energía de un electrón alrededor de un núcleo, parece estar cuantizado.

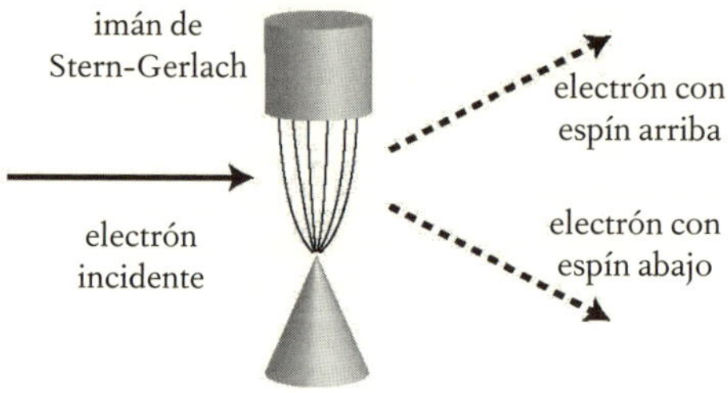

Todo esto se antoja bastante sorprendente. Incluso si al final nos hemos acostumbrado a la idea de que la energía de un electrón que orbita alrededor de un núcleo solo puede tener ciertos valores cuantizados, al menos la energía parece una propiedad objetiva del electrón. Pero esto que llamamos *espín* del electrón nos da respuestas diferentes según como lo observemos: independientemente de la dirección particular a lo largo de la cual midamos el espín, siempre hay solo dos posibles resultados que podemos obtener.

Para asegurarnos de que no nos estamos volviendo locos, seamos ingeniosos y hagamos pasar el electrón por dos imanes, uno después del otro. Recordemos también que las reglas de los libros de texto de mecánica cuántica nos dicen que si obtenemos un determinado resultado de una medición y luego volvemos a medir de inmediato el mismo sistema, siempre obtendremos la misma respuesta. Y, en efecto, es esto lo que sucede; si un electrón se desvía hacia arriba a causa de un imán (y, por lo tanto, tiene espín arriba), cualquier imán posterior orientado de la misma manera siempre lo desviará hacia arriba.

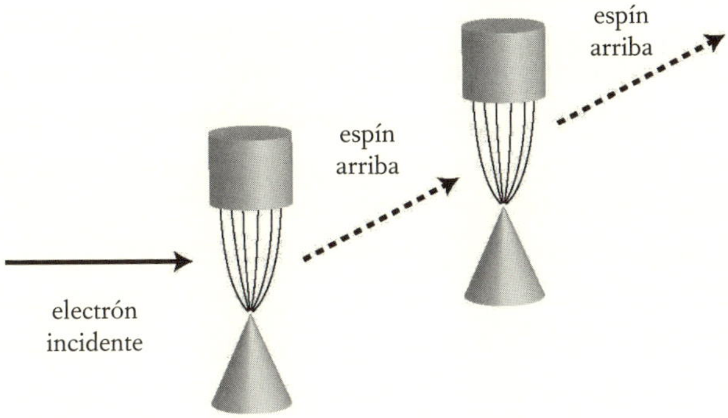

Pero ¿qué sucede si giramos 90 grados uno de los imanes? Al hacer esto, estamos dividiendo un haz inicial de electrones en un haz con espín hacia arriba y otro haz con espín hacia abajo, según la medición de un imán orientado verticalmente, y luego hacemos pasar los electrones con espín hacia arriba por un imán orientado horizontalmente. ¿Qué pasa en este caso? ¿Se mantienen firmes y rechazan atravesarlo, porque son electrones con espín hacia arriba orientados verticalmente y los estamos obligando a ser medidos a lo largo de un eje horizontal?

Pues no. El segundo imán divide los electrones con espín hacia arriba en dos nuevos haces. La mitad de los electrones se desvían a la derecha (según la dirección del segundo imán) y la otra mitad, a la izquierda.

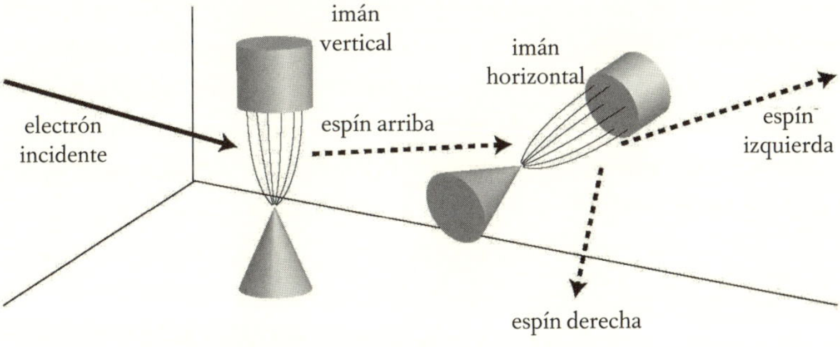

De locos. Nuestra intuición clásica nos lleva a pensar que hay algo como «el eje alrededor del cual está girando el electrón» y que tiene sentido (tal vez) que el espín respecto a ese eje esté cuantizado. Pero los experimentos muestran que el eje respecto al cual está cuantizado el espín no queda predeterminado por la propia partícula; puedes escoger el eje que quieras girando el imán y el espín siempre estará cuantizado respecto a ese eje.

A lo que nos enfrentamos aquí es a otra manifestación del principio de incertidumbre. Lo que aprendimos antes es que la posición y la cantidad de movimiento no son propiedades que tenga el electrón, sino que son solo cosas que medimos sobre él. En concreto, ninguna partícula puede tener un valor bien definido de ambas al mismo tiempo. En cuanto especificamos la función de onda exacta para la posición, la probabilidad de observar una cantidad de movimiento cualquiera queda fijada por completo, y viceversa.

Esto mismo es cierto para el «espín vertical» y el «espín horizontal».* No se trata de propiedades independientes que pueda tener un electrón; tan solo son diferentes cantidades que podemos medir. Si expresamos el estado cuántico en términos del espín vertical, la probabilidad de observar un espín horizontal hacia la derecha o hacia la izquierda queda fijada por completo. Los resultados de la medición que podemos obtener están determinados por el estado cuántico subyacente, que se puede expresar de formas diferentes pero equivalentes. El principio de incertidumbre expresa el hecho de que hay diversas mediciones incompatibles que podemos hacer de cualquier estado cuántico concreto.

Los sistemas con dos posibles resultados de una medición son tan habituales y útiles en mecánica cuántica que han recibido un nombre adorable: *cúbits*.** La idea es que un bit clásico solo tiene dos posibles valores, como 0 y 1. Un cúbit, o bit cuántico, es un sistema que tiene dos posibles resultados de una medición, como por ejemplo espín arriba o espín abajo respecto a algún eje concreto. El estado de un cúbit genérico es una superposición de ambas posibilidades, cada una ponderada

* Y también para la tercera dirección perpendicular a esas dos, lo que podríamos denominar «espín longitudinal» (hacia adelante y hacia atrás), aunque este no lo hemos medido.

** En español, no hay una grafía bien asentada para el término inglés *qubit*, o *qbit*, y tanto se puede ver escrito directamente como *qubit* o adaptado a *cúbit* o *cubit*. Claro que, en caso de duda, siempre se puede escribir *bit cuántico*. *(N. del t.)*

por un número complejo que es la amplitud de cada alternativa. Los ordenadores cuánticos manipulan cúbits del mismo modo que los ordenadores electrónicos habituales manipulan bits clásicos.

Podemos escribir la función de onda de un cúbit como sigue:

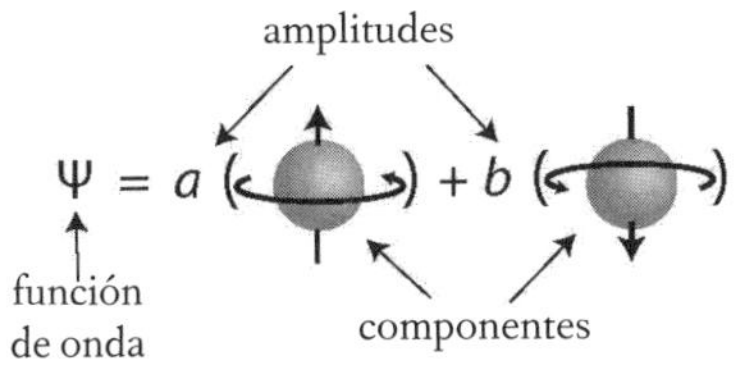

Los símbolos *a* y *b* son números complejos que representan las amplitudes del espín hacia arriba y del espín hacia abajo, respectivamente. Las partes de la función de onda que representan los diferentes resultados posibles de una medición (en este caso espín arriba o abajo) son las «componentes». En este estado, la probabilidad de observar que la partícula tiene espín arriba es igual a $|a|^2$ y la de que tiene espín abajo es igual a $|b|^2$. Si, por ejemplo, *a* y *b* fueran ambos igual a la raíz cuadrada de ½, la probabilidad de observar espín arriba o espín abajo sería, en ambos casos, igual a ½.

Los cúbits pueden ayudarnos a entender una característica básica de las funciones de onda: son como la hipotenusa de un triángulo rectángulo, en el cual los catetos son las amplitudes de cada posible resultado de la medición. Dicho de otro modo, la función de onda es como un *vector*, una flecha con una longitud y una dirección.

El vector del que estamos hablando no apunta en ninguna dirección del espacio real, como «hacia arriba» o «hacia el norte», sino que apunta en un espacio definido por todos los posibles resultados de la medición. Para un cúbit de un único espín, esto implica o bien espín hacia arriba o bien espín hacia abajo (una vez hayamos escogido algún eje respecto al cual medimos). Cuando decimos «el cúbit está en una superposición de espín arriba y espín abajo», lo que realmente queremos decir es «el vector que representa el estado cuántico tiene una componente en la dirección de espín hacia arriba y una componente en la dirección de espín hacia abajo».

Es natural pensar que el espín hacia arriba y el espín hacia abajo apuntan en direcciones opuestas; basta con mirar las flechas. Pero en tanto que estados cuánticos, son mutuamente perpendiculares: un cúbit que es totalmente espín arriba no tiene componente de espín abajo,

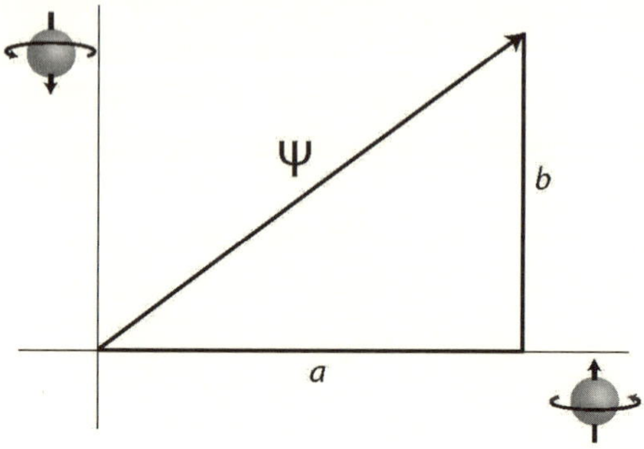

y viceversa. Incluso la función de onda de la posición de una partícula es un vector, aunque solemos visualizarla como una función continua por todo el espacio. El truco es considerar que cada punto del espacio define una componente diferente y que la función de onda es una superposición de todas ellas. Hay infinitos vectores así, de modo que el espacio de todos los posibles estados cuánticos, llamado *espacio de Hilbert*, tiene infinitas dimensiones para la posición de una sola partícula. Por eso es mucho más fácil pensar en términos de cúbits; es más sencillo visualizar dos dimensiones que infinitas dimensiones.

Cuando nuestro estado cuántico solo tiene dos componentes, en lugar de infinitas, puede resultar difícil pensar en el estado como una función de onda; no se ve muy ondulatoria, ni tampoco parece una función muy uniforme y suave en el espacio. De hecho, la forma adecuada de considerarla es justo la contraria. El estado cuántico no es una función del espacio ordinario, sino del espacio abstracto de los resultados de las mediciones, que, para un cúbit, solo incluye dos posibilidades. Cuando lo que observamos es la posición de una única partícula, el estado cuántico asigna una amplitud a cada posible posición, lo que en el espacio ordinario se ve como una onda. De todos modos, se trata de un caso inusual; la función de onda es algo más abstracto y cuando hay más de una partícula implicada, resulta difícil de visualizar. Pero estamos apegados a la terminología de la función de onda; los cúbits van muy bien porque al menos la función de onda solo tiene dos componentes.

Todo esto puede parecer una innecesaria divagación matemática, pero hay ventajas muy claras al pensar en las funciones de onda como vectores. Una es la de explicar la regla de Born, que afirma que la probabilidad de cualquier resultado particular de una medición viene dada por la amplitud elevada al cuadrado. Ya nos sumergiremos en los detalles más adelante, pero es fácil ver por qué esta idea tiene sentido. En tanto que vector, la función de onda tiene una longitud, y podríamos esperar que esta longitud aumentara o disminuyera a medida que pasa el tiempo, pero no lo hace. Según la ecuación de Schrödinger, la función de onda solo cambia su «dirección» y mantiene constante su longitud. Y esta longitud es algo que podemos calcular usando, sin más, el teorema de Pitágoras que aprendimos en la escuela.

El valor numérico de la longitud del vector es irrelevante; podemos escoger cualquier número que nos convenga, sabiendo que permanecerá constante. Así, digamos que es igual a uno: todas las funciones de onda son un vector de longitud igual a uno. El vector es simplemente como la hipotenusa de un triángulo rectángulo y sus componentes son los dos catetos. Así, a partir del teorema de Pitágoras, tenemos una relación bien simple: los cuadrados de las amplitudes suman uno: $|a|^2 + |b|^2 = 1$.

Este es el resultado geométrico básico que hay detrás de la regla de Born de las probabilidades cuánticas. Las amplitudes no suman uno, pero sus cuadrados sí. Y esto es igual que un resultado importante de la teoría de probabilidades: la suma de probabilidades de diferentes resultados tiene que ser igual a uno, es decir, al 100% (algo tiene que suceder, y la probabilidad total de todos esos algos excluyentes es igual a uno). Otra regla es que las probabilidades tienen que ser números no negativos; y nuevamente, las amplitudes elevadas al cuadrado encajan con lo que necesitamos; las amplitudes pueden ser negativas (o complejas), pero sus cuadrados son números reales no negativos.

Así pues, antes de rompernos demasiado la cabeza, ya podemos afirmar que las amplitudes elevadas al cuadrado tienen las propiedades correctas para ser probabilidades de sucesos: son un conjunto de números reales no negativos cuya suma es igual a uno, porque esta es la longitud de la función de onda. Y este es el quid de la cuestión: la regla de Born es básicamente el teorema de Pitágoras aplicado a las amplitudes de diferentes ramas; es por eso por lo que tratamos con amplitudes elevadas al cuadrado y no con las amplitudes tal cual, o la raíz cuadrada de las amplitudes, o cualquier otra cosa rara que pudiéramos imaginar.

La imagen vectorial también permite explicar el principio de incertidumbre de una manera elegante. Recordemos que los electrones con espín hacia arriba se dividen a partes iguales entre electrones con espín a la derecha y electrones con espín a la izquierda cuando pasan por un imán posterior orientado horizontalmente. Esto sugiere que un electrón con espín hacia arriba es equivalente a una superposición de estados del electrón con espín a la derecha y con espín a la izquierda, y lo mismo para un electrón con espín hacia abajo.

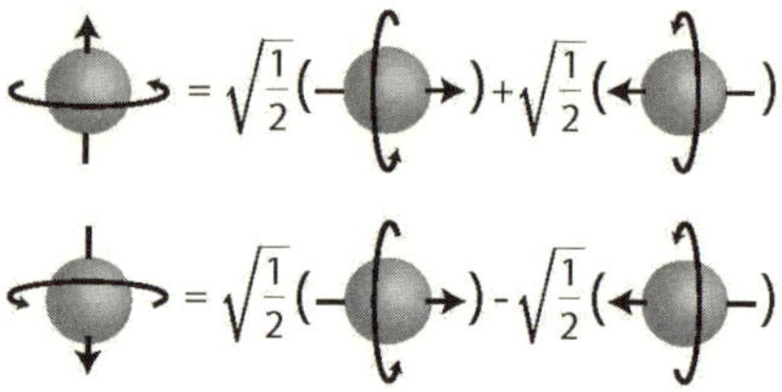

Así pues, la idea de tener espín hacia la izquierda o espín hacia la derecha no es independiente del hecho de tener espín hacia arriba o espín hacia abajo; cualquier posibilidad se puede considerar como una superposición de las otras. Decimos que el espín arriba y el espín abajo, conjuntamente, forman una *base* para el estado del cúbit; esto es lo mismo que decir que cualquier estado cuántico se puede escribir como una superposición de estas dos posibilidades. Ahora bien, el espín a la izquierda y el espín a la derecha forman otra base, diferente pero igualmente válida. Al especificar el estado de una manera, fijamos por completo la otra.

Ahora podemos pensar esto en términos vectoriales. Si dibujamos un plano bidimensional con el espín hacia arriba como el eje horizontal y espín hacia abajo como el eje vertical, a partir de las relaciones anteriores vemos que el espín hacia la derecha y el espín hacia la izquierda apuntan a 45 grados respecto a esos ejes. Podemos expresar cualquier función de onda en la base arriba/abajo, pero también podríamos hacerlo en la base derecha/izquierda. Un conjunto de ejes está rotado con respecto al otro, pero ambos son formas perfectamente válidas de expresar cualquier vector que queramos.

Ahora podemos ver cómo surge el principio de incertidumbre. Para un único espín, el principio asevera que el estado no puede tener un valor definido del espín respecto a los ejes originales (arriba/abajo) y, a la vez, respecto a los ejes rotados (derecha/izquierda). Esto queda claro en la imagen: si tenemos un estado que es solo de espín arriba, automáticamente es alguna combinación de espín a la derecha y espín a la izquierda, y viceversa.

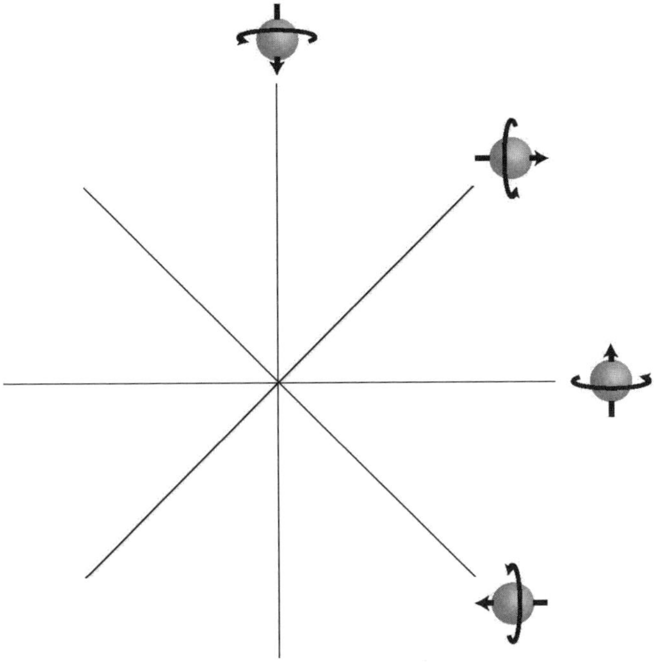

Del mismo modo que no hay estados cuánticos que estén simultáneamente bien definidos en posición y en cantidad de movimiento, tampoco hay estados cuánticos que estén bien definidos, a la vez, en espín vertical y en espín horizontal. El principio de incertidumbre refleja la relación entre lo que existe (estados cuánticos) y lo que podemos medir (un observable cada vez).

5

ENTRELAZADO EN LA TRISTEZA*

FUNCIONES DE ONDA CON MUCHAS COMPONENTES

Los relatos populares sobre los debates entre Einstein y Bohr a menudo nos dejan con la impresión de que Einstein no consiguió asumir y comprender el principio de incertidumbre y que dedicó mucho tiempo a buscar maneras ingeniosas de sortearlo. Pero lo que realmente le molestaba de la mecánica cuántica era su aparente no localidad, es decir, que lo que sucede en un punto del espacio parece que puede tener consecuencias inmediatas para experimentos efectuados muy lejos. Le llevó un tiempo codificar sus preocupaciones en forma de una objeción bien formulada, y al hacerlo ayudó a arrojar luz sobre uno de los rasgos más profundos del mundo cuántico: el fenómeno del *entrelazamiento* (*entanglement*, en inglés).

El entrelazamiento surge porque hay una única función de onda para todo el universo, no componentes independientes para cada parte de este. ¿Cómo sabemos tal cosa? ¿Por qué no podemos tener una función de onda para cada partícula o campo?

Consideremos un experimento en el que lanzamos dos electrones, uno contra el otro, que se desplazan con velocidades iguales y opuestas. Como ambos tienen carga eléctrica negativa, se repelerán. En términos clásicos, si nos dan las posiciones y velocidades iniciales de los electrones, podríamos calcular con precisión las direcciones en que se desviará cada uno de ellos. En términos cuánticos, todo lo que podemos hacer es calcular la probabilidad de observar cada uno en diversas

* El título original de este capítulo, *Entangled Up in Blue*, es una referencia a la canción de Bob Dylan *Tangled Up in Blue*, del álbum de 1975 *Blood on the Tracks*. Y para el contexto del libro, seguro que no debe de ser accidental que, en ocasiones, esta canción se haya calificado de «multidimensional». *(N. del t.)*

trayectorias después de interaccionar. La función de onda de cada partícula se difunde siguiendo una forma aproximadamente esférica, hasta que la observamos y determinamos una dirección bien definida en la que se está desplazando la partícula.

Cuando hacemos este experimento y observamos los electrones tras interaccionar, vemos algo destacable. Dado que los electrones tenían inicialmente velocidades iguales y opuestas, la cantidad de movimiento total del sistema era igual a cero. Y la cantidad de movimiento se conserva, de modo que, después de la interacción también tiene que ser igual a cero. Esto significa que, si bien los electrones pueden acabar en trayectorias con muchas direcciones diferentes, sea la que sea la dirección en que acabe uno de ellos, el otro se desplazará justo en la dirección opuesta.

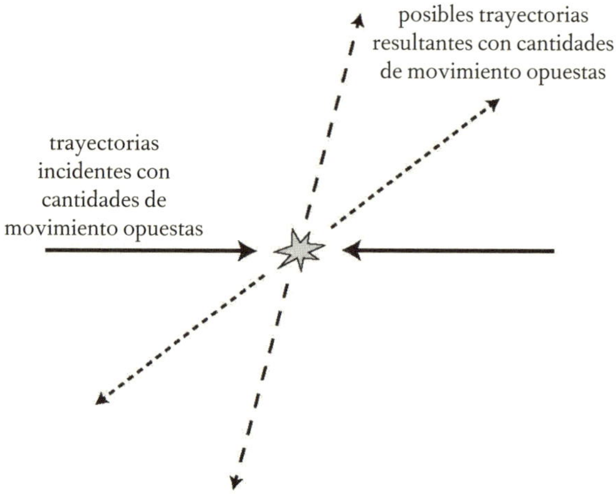

Si lo piensas, no deja de ser divertido. El primer electrón tiene una probabilidad de desviarse en diversos ángulos, y lo mismo pasa con el segundo. Pero si cada uno tuviera una función de onda independiente, esas dos probabilidades no tendrían ninguna relación en absoluto. Podríamos imaginarnos observar solamente uno de los electrones y medir la dirección en que sale tras la interacción; al otro no lo perturbamos para nada. ¿Cómo puede saber el segundo electrón que tiene que estar desplazándose en la dirección opuesta cuando lo medimos?

Ya hemos insinuado la respuesta. Los dos electrones no tienen funciones de onda independientes; su comportamiento queda descrito por la única función de onda del universo. En este caso, podemos ignorar el resto del universo y centrarnos solo en estos dos electrones; pero no podemos ignorar uno de los electrones y centrarnos en el otro, pues las predicciones que hacemos para las observaciones de cualesquiera de ellos pueden resultar afectadas de manera radical por los resultados de las observaciones del otro. Los electrones están entrelazados.

Lo que hace una función de onda es asignar un número complejo (la amplitud) a cada posible resultado de una observación, y el cuadrado de la amplitud es igual a la probabilidad de que observemos ese resultado, caso de hacer una medición. Cuando tenemos más de una partícula, esto significa que asignamos una amplitud a cada posible resultado de una observación de todas las partículas a la vez. Si lo que observamos son las posiciones, pongamos por caso, podemos considerar que la función de onda del universo asigna una amplitud a cada posible combinación de posiciones de todas las partículas del universo.

Acaso te preguntes si es posible visualizar algo así. Lo podemos hacer para el caso sencillo de una sola partícula que se mueve solo a lo largo de una dimensión, como por ejemplo un electrón que está confinado en un fino hilo de cobre. En este caso, trazamos una línea que representa la posición de la partícula y luego dibujamos una función que indica la amplitud de cada posición (en general, incluso en un contexto tan simple como este hacemos trampas al representar tan solo un número real, en lugar de un número complejo, pero dejémoslo así). Para dos partículas confinadas en el mismo movimiento unidimensional, podemos trazar un plano bidimensional que representa las posiciones de cada una de ellas, y luego representar un contorno tridimensional para la función de onda. Fijémonos en que no se trata de una partícula en un espacio bidimensional, sino de dos partículas que se mueven en un espacio unidimensional, de manera que la función de onda se define en el plano bidimensional que describe ambas posiciones.

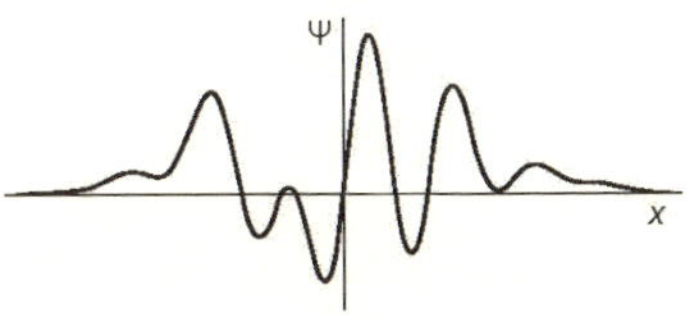

Función de onda para una partícula con posición x

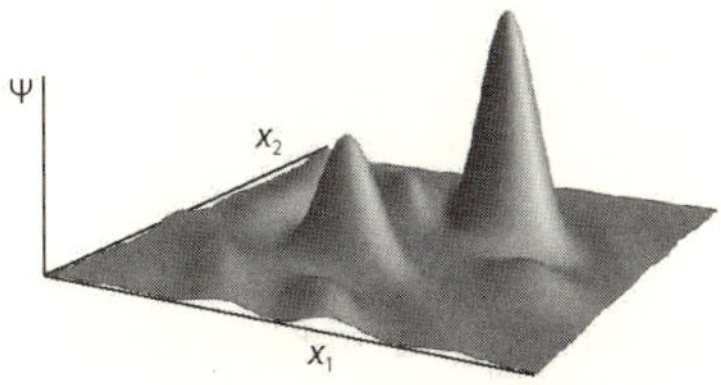

Función de onda para dos partículas con posiciones x_1 y x_2.

A causa de la velocidad finita de la luz y de la cantidad finita de tiempo que ha transcurrido desde el Big Bang, solo podemos ver una región finita del cosmos, que denominamos *universo observable*. Hay unas 10^{88} partículas en el universo observable, la mayoría fotones y neutrinos, lo que es un número bastante más grande que 2. Y cada partícula está situada en un espacio tridimensional, no solo en una línea unidimensional. ¿Cómo demonios podemos visualizar una función de onda que asigna una amplitud a cada posible configuración de 10^{88} partículas distribuidas en un espacio tridimensional?

Lo siento, pero no podemos. La imaginación humana no está concebida para poder visualizar los descomunales espacios matemáticos que se usan de forma rutinaria en mecánica cuántica. Con una o dos partículas aún podemos apañárnoslas; por encima de esto, tenemos que espabilarnos con palabras y ecuaciones. Por suerte, la ecuación de Schrödinger es muy clara y directa en lo que dice acerca del comportamiento de la función de onda. Cuando logramos entender lo que pasa con dos partículas, la generalización para 10^{88} partículas es solo cuestión de matemáticas.

Que las funciones de onda sean tan grandes hace que pensar sobre ellas resulte engorroso. Por fortuna, podemos volver a expresar casi todo lo que hay de interesante sobre el entrelazamiento en el contexto mucho más simple de unos pocos cúbits.

En lo que es ya una caprichosa tradición en todos los textos sobre criptografía, a los físicos cuánticos les gusta considerar a dos personas, llamadas Alicia y Bob, que comparten cúbits. Así, imaginemos dos electrones: *A*, que pertenece a Alicia, y *B*, que pertenece a Bob. Los espines de estos dos electrones constituyen un sistema de dos cúbits y se describen mediante la correspondiente función de onda. Esta asigna una amplitud a cada configuración del sistema en su conjunto, respecto a algo que podamos observar sobre él, como su espín en la dirección vertical. Así, hay cuatro posibles resultados de una medición: ambos espines arriba, ambos abajo, *A* arriba y *B* abajo y *A* abajo y *B* arriba. El estado del sistema es alguna superposición de estas cuatro posibilidades, que son los estados de la base. En la imagen siguiente, el primer espín del paréntesis es el de Alicia y el segundo es el de Bob:

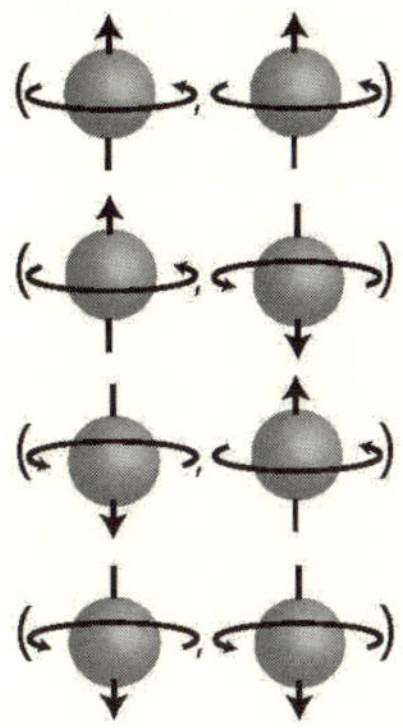

Estados de la base para un conjunto de dos cúbits

Solo por el hecho de tener dos cúbits, no tienen por qué estar entrelazados. Consideremos un estado que es simplemente uno de los estados de la base, por ejemplo uno en que ambos cúbits tienen espín arriba. Si Alicia mide su cúbit respecto al eje vertical, siempre obtendrá un resultado de espín arriba, y lo mismo sucede para Bob. Si Alicia mide su espín respecto al eje horizontal, tiene una probabilidad del 50% de obtener espín a la derecha o espín a la izquierda y, como antes, lo mismo sucede para Bob. Pero en cada caso, no sabemos nada sobre lo que Bob observará a partir de nuestro conocimiento de lo que ha observado Alicia. Es por esto por lo que hablamos de manera informal de «la función de onda de una partícula», aunque sabemos que no es del todo correcto; cuando las diferentes partes de un sistema no están entrelazadas, es como si cada una tuviera su propia función de onda.

En lugar de esto, consideremos una superposición igual de dos estados de la base, uno con los dos espines hacia arriba y el otro con los dos espines hacia abajo:

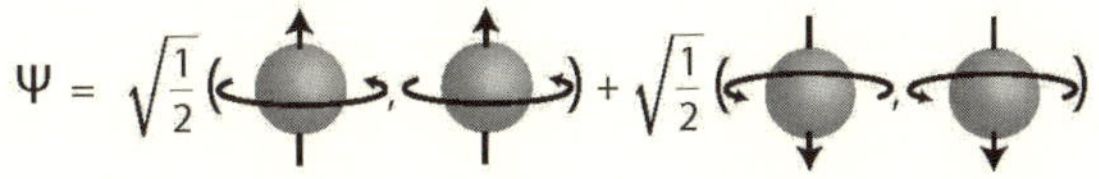

Si Alicia mide su espín respecto al eje vertical, tiene una probabilidad del 50% de obtener espín hacia arriba o espín hacia abajo, y lo mismo para Bob. Ahora, la diferencia es que si sabemos el resultado de Alicia antes de que Bob haga su medición, sabemos qué es lo que observará Bob con una probabilidad del 100%: verá lo mismo que vio Alicia. En el lenguaje de los libros de texto de mecánica cuántica, la medición de Alicia provoca el colapso de la función de onda en uno de los dos estados de la base y, así, deja a Bob con un resultado determinista (en el lenguaje de los universos paralelos, la medición de Alicia bifurca la función de onda y crea dos Bobs diferentes, cada uno de los cuales obtendrá un resultado distinto). He aquí el entrelazamiento en acción.

Tras el Congreso Solvay de 1927, Einstein quedó convencido de que la mecánica cuántica, y sobre todo tal como la interpretaba la escuela de Copenhague, era muy buena para hacer predicciones de resultados experimentales pero se quedaba corta como teoría completa del mundo físico. Más adelante, en 1935, decidió publicar sus inquietudes junto con dos colaboradores, Boris Podolsky y Nathan Rosen, en un artículo que se conoce universalmente como *EPR*. Luego Einstein explicó que las ideas principales del artículo eran suyas, que Rosen había realizado los cálculos y que Podolsky se había encargado de buena parte de la redacción.

EPR consideraba la posición y cantidad de movimiento de dos partículas que se movían en sentidos opuestos, pero nos es más fácil hablar en términos de cúbits. Consideremos, pues, dos espines que están entrelazados en el estado que hemos descrito antes (resulta que es muy fácil crear un estado así en el laboratorio). Alicia se queda en casa con su cúbit pero Bob se embarca en un largo viaje con el suyo (digamos que agarra una nave espacial y se va hasta Alfa Centauri, a cuatro años luz de distancia). El entrelazamiento entre las partículas no se atenúa a medida que se alejan; mientras Alicia y Bob no midan los espines de sus cúbits, el estado cuántico global permanece igual.

Cuando Bob llega a Alfa Centauri, Alicia mide el espín de su partícula, respecto al eje vertical previamente acordado. Antes de esta medición, no teníamos ninguna idea de qué revelaría esta observación acerca del espín de Alicia, y lo mismo para Bob. Ahora, supongamos que, con la observación, Alicia detecta espín hacia arriba; de este modo, según las reglas de la mecánica cuántica, sabemos de inmediato que Bob también observará espín hacia arriba, sea cuando sea que decida efectuar la medición.

Extraño, ¿no? Treinta años antes, Einstein había determinado las reglas de la teoría de la relatividad especial que, entre otras cosas, afirma que las señales no pueden propagarse a mayor rapidez que la luz. Pero resulta que ahora estamos diciendo que, según la mecánica cuántica,

una medición efectuada por Alicia, aquí y ahora, tiene un efecto inmediato sobre el cúbit de Bob, a pesar de estar a cuatro años luz de distancia. ¿Cómo sabe el cúbit de Bob que el de Alicia ha sido medido y el resultado de esa medición? Esta es la «espeluznante acción a distancia» por la que Einstein estaba tan preocupado.

Esto no tiene por qué ser tan malo como parece. Lo primero que uno se puede preguntar, en cuanto descubre que la mecánica cuántica parece enviar influencias a una velocidad superior a la de la luz, es si podemos aprovechar este fenómeno para comunicarnos instantáneamente a grandes distancias. ¿Podemos construir un teléfono de entrelazamiento cuántico para el cual la velocidad de la luz no sea ninguna limitación? No. No podemos. Esto resulta bastante evidente en nuestro ejemplo sencillo. Si Alicia mide espín hacia arriba, sabe de inmediato que Bob también obtendrá el resultado de espín hacia arriba cuando haga una medición, pero Bob no sabe nada de todo esto. Para que Bob sepa el espín de su partícula, Alicia tendría que enviarle el resultado de su medición por métodos convencionales, que sí están limitados por la velocidad de la luz.

Tal vez puedas imaginar un resquicio, todavía. ¿Qué sucede si Alicia no se limita a medir su cúbit y obtener un resultado aleatorio, sino que obliga a que la respuesta sea espín hacia arriba? En tal caso, Bob también tendría espín hacia arriba, y parecería que, ahora sí, se ha transmitido información instantáneamente. El problema es que no hay ninguna forma sencilla de partir de un sistema cuántico en una superposición y medirlo de modo que podamos obligarlo a dar un resultado concreto. Si Alicia se limita a medir su espín, obtendrá arriba o abajo con la misma probabilidad, sin lugar a objeciones o condiciones. Lo que Alicia sí puede hacer es manipular su espín antes de medirlo, obligándolo a ser espín hacia arriba al 100%, en lugar de estar en una superposición. Por ejemplo, puede lanzar un fotón contra su electrón, con las propiedades adecuadas para que no afecte al electrón si ya tenía espín hacia arriba y lo gire a espín hacia arriba si tenía espín hacia abajo. Ahora, el electrón original de Alicia sin duda mostrará espín hacia arriba al medirlo, pero el problema es que ya no estará entrelazado con el de Bob. El entrelazamiento se ha transferido al fotón, que está en una superposición de «dejar en paz el electrón de Alicia» e «interaccionar con el electrón de Alicia». El electrón de Bob no resulta afectado en absoluto y tendrá la misma probabilidad de ser observado con espín hacia arriba o con espín hacia abajo; no se ha transmitido ningún tipo de información.

Estamos ante un rasgo básico del entrelazamiento cuántico: el *teorema de ausencia de comunicación*, según el cual no puede utilizarse ninguna pareja de partículas entrelazadas para transmitir información entre ellas a mayor velocidad que la de la luz. Así, la mecánica cuántica parece explotar un sutil resquicio para violar el espíritu de la teoría de la relatividad (nada puede viajar más rápido que la luz) pero respetando la letra pequeña (las partículas físicas reales y cualquier tipo de información que puedan transportar no pueden viajar más rápido que la luz).

La llamada *paradoja EPR* (que en el fondo no es ninguna paradoja, sino una característica de la mecánica cuántica) no se limita a los problemas asociados con la espeluznante acción a distancia; Einstein no solo quería mostrar que la mecánica cuántica es espeluznante, sino que tampoco podía ser una teoría completa, que tenía que haber algún modelo exhaustivo más profundo del cual la mecánica cuántica sería solo una aproximación útil.

EPR creían en el *principio de localidad*; es decir, que las magnitudes físicas que describen la naturaleza están definidas en puntos específicos del espacio, no esparcidas por todas partes, y que interaccionan directamente con otras magnitudes cercanas, no a distancia. Dicho de otro modo, teniendo en cuenta la restricción sobre la velocidad de la luz que surge de la relatividad, la localidad implicaría que nada de lo que hacemos a una partícula en un lugar concreto puede afectar instantáneamente a las mediciones que se hagan en otra partícula muy alejada. A primera vista, el hecho de que dos partículas muy alejadas entre sí puedan estar entrelazadas parece implicar que, en mecánica cuántica, se viola el principio de localidad, pero EPR querían ser un poco más meticulosos y determinar que no hubiera alguna ingeniosa alternativa que hiciera que todo pareciese local.

EPR postularon el siguiente principio: si tenemos un sistema físico en un estado determinado, y hay algún tipo de medición que podemos hacer sobre este sistema que nos permita saber con el 100% de certeza cuál será el resultado, podremos asociar un *elemento de realidad* a ese resultado de la medición. En mecánica clásica, la posición y la cantidad de movimiento de una partícula son elementos de realidad; en mecánica cuántica, si tenemos un cúbit en un estado puro de espín hacia arriba, hay un elemento de realidad correspondiente al espín en dirección vertical, pero no tiene por qué haber ningún elemento de realidad correspondiente al espín en dirección horizontal, pues no sabemos con certeza lo que obtendremos al medirlo. Una teoría «completa», en la formulación de EPR, es aquella en la que cada elemento de realidad tiene una contrapartida directa en la propia teoría, y según ellos, la mecánica cuántica no puede ser completa de acuerdo con este criterio.

Volvamos a Alicia y Bob y a sus cúbits entrelazados y ahora imaginemos que Alicia acaba de medir el espín vertical de su partícula y ha determinado que señala hacia arriba. De este modo, sabemos que Bob también observará que su partícula tiene espín hacia arriba, caso de medirlo, pero esto es algo que Bob no sabe. Así, según EPR, hay un elemento de realidad asociado a la partícula de Bob, al decir que tiene espín hacia arriba; no es que este elemento aparezca cuando Alicia hace su medición, pues la partícula de Bob está muy lejos y la localidad dice que el elemento de realidad debe estar situado donde se halla la partícula; tiene que haber estado ahí desde el principio.

Pero ahora imaginemos que Alicia no ha efectuado ninguna medición del espín en dirección vertical, sino que lo ha hecho respecto al eje horizontal, y digamos que ha obtenido el resultado de que la partícula tiene espín hacia la derecha. El estado cuántico entrelazado con el que empezamos nos garantiza que Bob obtendrá el mismo resultado que Alicia, independientemente de la dirección en la que decida medir el espín. Así, sabemos que Bob también obtendrá el resultado de espín hacia la derecha, y de acuerdo con EPR hay un elemento de realidad (que siempre estuvo ahí) que nos dice «espín a la derecha para el cúbit de Bob si se mide respecto al eje horizontal». Pero no hay manera de que la partícula de Alicia ni la de Bob sepan de antemano qué medición va a efectuar Alicia. Por consiguiente, el cúbit de Bob tiene que incluir elementos de realidad que garanticen que su espín estará orientado hacia arriba si se mide verticalmente y hacia la derecha si se mide horizontalmente.

Y esto es justo lo que el principio de incertidumbre dice que no puede suceder. Si el espín vertical está bien definido, el horizontal queda totalmente indeterminado, y viceversa, al menos según las reglas convencionales de la mecánica cuántica. No hay nada en el formalismo cuántico que permita determinar, a la vez, el espín respecto a un eje vertical y respecto a un eje horizontal. Por lo tanto, EPR concluyen, con aires triunfales, que hay algo que falta, que la mecánica cuántica no puede ser una descripción completa de la realidad física.

El artículo EPR causó una conmoción que llegó mucho más lejos que los ambientes de la comunidad de físicos profesionales. El *New York Times*, avisado por Podolsky, publicó un artículo en portada sobre el tema; esto enojó a Einstein, que redactó una contundente carta que fue publicada asimismo en el periódico y en la cual condenaba las discusiones precipitadas de resultados científicos en la «prensa secular».[1] Se dice que nunca más dirigió la palabra a Podolsky.

EINSTEIN ATTACKS QUANTUM THEORY

Scientist and Two Colleagues Find It Is Not 'Complete' Even Though 'Correct.'

SEE FULLER ONE POSSIBLE

Believe a Whole Description of 'the Physical Reality' Can Be Provided Eventually.

Titular de *The New York Times*, 4 de mayo de 1935. (Gentileza de Wikipedia.)

La respuesta de los científicos profesionales también fue rápida. Niels Bohr redactó una rápida respuesta al artículo EPR que, según muchos físicos, resolvía todos los entuertos; lo que no es tan evidente es cómo este artículo de Bohr lograba tal resolución. Bohr era un pensador brillante y creativo, pero nunca fue un comunicador muy hábil, tal como él mismo admitía. Su artículo estaba repleto de frases como «en este punto surge el problema esencial de una influencia en las condiciones precisas que definen los posibles tipos de predicción con respecto al comportamiento subsiguiente del sistema». A grandes rasgos, su argumentación se basaba en que no deberíamos asignar elementos de realidad a sistemas sin tener en cuenta cómo los vamos a observar. Bohr parece sugerir que lo que es real no solo depende de lo que medimos, sino también de cómo decidimos medirlo.

Einstein y sus colaboradores establecieron lo que ellos consideraban que eran unos criterios razonables para una teoría física (localidad y asociación de elementos de realidad a magnitudes predecibles de modo determinista) y mostraron que la mecánica cuántica era incompatible con ellos. No concluyeron que la mecánica cuántica fuera incorrecta, sino solo que era una teoría incompleta. Seguía habiendo esperanzas de que algún día se elaborara una teoría mejor que fuera local y que respetara la realidad.

Esta esperanza quedó frustrada definitivamente con John Stewart Bell, un físico de Irlanda del Norte que trabajaba en el CERN (en Ginebra). Bell se empezó a interesar en la fundamentación de la mecánica cuántica durante los años sesenta del siglo pasado, en una época en que dedicar tiempo a este tema se reputaba poco menos que vergonzoso. Hoy en día, el teorema de Bell sobre el entrelazamiento está considerado como uno de los resultados más importantes de la física.

El teorema nos pide considerar, una vez más, a Alicia y Bob junto con sus cúbits entrelazados con espines alineados (este tipo de estados cuánticos se conocen hoy como *estados de Bell*, aunque fue David Bohm quien conceptualizó por primera vez el problema EPR en estos términos). Imaginemos que Alicia mide el espín vertical de su partícula y obtiene el resultado de espín hacia arriba; ahora sabemos, pues, que si Bob mide el espín vertical de su partícula, obtendrá ese mismo resultado. Además, por las reglas convencionales de la mecánica cuántica, sabemos que si Bob decide medir el espín respecto al eje horizontal, obtendrá orientación a la izquierda o a la derecha con la misma probabilidad. Podemos decir que si Bob mide el espín vertical, la correlación entre su resultado y el de Alicia será del 100% (porque sabemos exactamente lo que obtendrá), mientras que si mide el espín horizontal, la correlación será del 0% (porque no tenemos ni idea de lo que obtendrá).

Ahora bien, ¿qué pasaría si Bob, aburrido de estar sin hacer nada en una nave espacial alrededor de Alfa Centauri, decide medir el espín de su partícula respecto a algún eje entre el vertical y el horizontal? Por conveniencia, podemos imaginar que Alicia y Bob comparten una gran cantidad de parejas de Bell entrelazadas, de modo que pueden continuar haciendo estos experimentos sin parar, y solo nos preocupamos de lo que sucede cuando Alicia observa espín hacia arriba. En general (pero no siempre), Bob observará que el espín apunta en la dirección que esté más alineada con el «arriba» vertical. De hecho, podemos hacer el cálculo: si el eje respecto al cual Bob efectúa la medición está a 45 grados (es decir, justo a medio camino entre el vertical y el horizontal) la correlación entre sus resultados y los de Alicia es del 71% (si te preguntas de dónde sale este valor, corresponde a uno dividido por la raíz cuadrada de dos).

Lo que Bell demostró es que, bajo ciertas suposiciones someramente razonables, ninguna teoría que sea local puede reproducir esta predicción mecánico-cuántica. De hecho, demostró una desigualdad estricta: lo mejor que uno puede conseguir sin ningún tipo de «espeluznante acción a distancia» es una correlación del 50% entre Bob y Alicia si sus mediciones están giradas a 45 grados. Así, la predicción del 71% de la mecánica cuántica viola la desigualdad de Bell. Hay una diferencia clarísima e innegable entre el sueño de una dinámica local subyacente y las predicciones de la mecánica cuántica para el mundo real.

Es posible que ahora estés pensando: «A ver, un momento, ¿qué quieres decir con esto de que Bell hizo "ciertas suposiciones someramente razonables"? ¿Qué suposiciones son estas? Ya decidiré yo mismo si son razonables o no».

Muy bien, aquí van. En concreto, hay dos suposiciones en el teorema de Bell que uno puede estar dispuesto a cuestionar. Una está incluida en la idea sencilla de que Bob «decide» medir el espín de su cúbit respecto a un determinado eje. Parece que en nuestro teorema sobre la mecánica cuántica se nos ha colado un elemento de elección humana, un elemento de libre albedrío. Tampoco es que sea una cosa extraordinaria; los científicos siempre suponen que tienen libertad de medir lo que quieran cuando quieran, pero asumimos que es solo una forma cómoda de hablar, e incluso esos científicos están formados por partículas y fuerzas que obedecen a las leyes de la física. Podemos imaginar que recurrimos al *superdeterminismo*, la idea de que las verdaderas leyes de la física son por completo deterministas (sin aleatoriedad de ningún tipo) y, además, que las condiciones iniciales del universo quedaron especificadas en el Big Bang de un modo tal que nunca se darán determinadas «elecciones». Así, es concebible que alguien pueda crear una teoría superdeterminista totalmente local que reproduzca las predicciones del entrelazamiento cuántico, por el simple hecho de que la disposición inicial del universo hace que parezca que así es. Pero esta idea deja un muy mal sabor de boca en la mayoría de los físicos; si puedes manipular con habilidad tu teoría para que reproduzca esto, la podrás manipular para que reproduzca cualquier cosa, y en tal caso, ¿por qué demonios estamos haciendo física? No obstante, hay personas inteligentes que siguen dando vueltas a esta idea.

La otra posible suposición dudosa no parece muy problemática a primera vista: que las mediciones tienen resultados bien definidos. Cuando observamos el espín de una partícula, obtenemos un resultado concreto, ya sea arriba o abajo en relación con el eje respecto al cual lo estamos midiendo. Parece razonable, ¿no? Pero, un momento... Sabemos de una teoría en que las mediciones no tienen resultados bien definidos, la mecánica cuántica everettiana, la mecánica cuántica austera. En esta teoría, no es cierto que obtengamos arriba o abajo al medir el espín de un electrón, sino que en una rama de la función de onda obtenemos espín hacia arriba y en la otra, espín hacia abajo. El universo en su conjunto no tiene un único resultado para esa medición, tiene varios. Esto no significa que el teorema de Bell sea incorrecto en la formulación de universos paralelos, pues los teoremas matemáticos son ciertos sin ningún tipo de ambigüedad, si se cumplen sus suposiciones; lo que significa es que el teorema no es aplicable. El resultado de Bell no implica que tengamos que incorporar la espeluznante acción a distancia en la mecánica cuántica everettiana, como sí que lo implica para las viejas y aburridas teorías de un único mundo. Las correlaciones no aparecen a causa de algún tipo de influencia que se transmite más rápidamente que la luz, sino a causa de la bifurcación de la función de onda en mundos diferentes, en los que suceden cosas correlacionadas.

Si eres un investigador que trabajas en la fundamentación de la mecánica cuántica, la relevancia del teorema de Bell para tu proyecto depende de qué es lo que intentas hacer. Si te has dedicado en cuerpo y alma a la tarea de crear una nueva versión de la mecánica cuántica a partir de cero, en la que las mediciones tienen resultados bien definidos, la desigualdad de Bell es la guía más importante que debes tener en cuenta. Si, en cambio, estás satisfecho con la versión de universos paralelos y lo que intentas es hacer corresponder la teoría con nuestra experiencia observacional, el resultado de Bell es una consecuencia automática de las ecuaciones subyacentes, no una restricción adicional de la que debas preocuparte.

Una de las cosas más estupendas del teorema de Bell es que transforma la supuesta «espeluznidad» del entrelazamiento cuántico en una cuestión experimental bastante directa: ¿exhibe la naturaleza correlaciones estrictamente no locales entre partículas alejadas o no? Lo mejor es que estos experimentos ya se han llevado a cabo y, cada vez, han confirmado de manera espectacular las predicciones de la mecánica cuántica. En los medios de comunicación generalistas y de divulgación hay una tradición de escribir titulares impactantes del estilo de «¡La realidad cuántica es aún más extraña de lo que creíamos!». Pero cuando uno se fija en los resultados sobre los que informan, no es más que otro experimento que confirma exactamente lo que cualquier físico cuántico hubiera predicho mediante la teoría que ya había quedado bien establecida en 1927 o, como máximo, en 1935. Ahora entendemos la mecánica cuántica muchísimo mejor que entonces, pero la teoría no se ha modificado.

No quiero decir con esto que los experimentos no sean importantes o impresionantes, porque en verdad lo son. El problema con la comprobación de las predicciones del teorema de Bell, por ejemplo, es que estás intentando asegurarte de que las correlaciones adicionales que predice la mecánica cuántica no puedan haber surgido a causa de alguna escurridiza correlación clásica preexistente. ¿Cómo podemos saber si algún suceso desconocido del pasado ha afectado secretamente a la manera en que decidimos medir el espín o al resultado de la medición, o a ambos?

Los físicos se han esforzado muchísimo para eliminar estas posibilidades, y ha surgido todo un campo informal de experimentadores dedicados a hacer «comprobaciones de Bell sin fisuras». Un resultado reciente quería eliminar la posibilidad de que algún proceso desconocido del laboratorio pudiera influir en la elección de cómo medir el espín. Así, en lugar de hacer que un técnico de laboratorio decidiera la medición o, incluso, de que esta se escogiera mediante un generador de números aleatorios situado al lado, el experimento hizo la elección basándose en la polarización de fotones emitidos por estrellas situadas a muchos años luz de distancia. Si hubiera alguna perversa conspiración para hacer que el mundo pareciera mecánico-cuántico sin serlo, tendría que haber sido planeada hace siglos, cuando la luz de esas estrellas emprendió su camino hasta nosotros. Es posible, sí, pero no parece probable.

Todo indica que la mecánica cuántica es, una vez más, correcta. Hasta la fecha, siempre ha tenido razón.

SEGUNDA PARTE

BIFURCACIONES

6

UN UNIVERSO BIFURCADO

Decoherencia y mundos paralelos

El artículo de Einstein, Podolsky y Rosen (EPR) de 1935 sobre entrelazamiento cuántico, y la respuesta que a este ofreció Niels Bohr, fueron las últimas grandes andanadas públicas de la larga serie de debates entre Bohr y Einstein sobre los fundamentos de la mecánica cuántica. Bohr y Einstein se habían carteado sobre la teoría cuántica desde que el primero propuso su modelo de órbitas electrónicas cuantizadas en 1913 y la discusión llegó a su momento álgido durante el Congreso Solvay de 1927. En los relatos divulgativos, Einstein plantea alguna objeción ante el consenso que se iba solidificando alrededor de la versión de Copenhague durante sus conversaciones con Bohr, quien luego se pasa la noche dando vueltas al tema hasta que, a la hora del desayuno, aparece triunfante para presentar su réplica a un abatido Einstein. Se nos dice que Einstein no logró asumir lo que implicaba el principio de incertidumbre, ni la idea de que Dios pudiera jugar a los dados con el universo.

Pero lo cierto es que no fue esto lo que sucedió. Las preocupaciones principales de Einstein no hacían referencia a la aleatoriedad, sino al realismo y la localidad. Su determinación en rescatar estos principios culminó en el artículo EPR y en su postura de que la mecánica cuántica tenía que estar incompleta. Pero para entonces, ya había perdido la batalla propagandística y el enfoque de Copenhague de la mecánica cuántica había sido aceptado por los físicos en todo el mundo, quienes se lanzaron a aplicar la mecánica cuántica a problemas técnicos de física atómica y nuclear, así como a los campos emergentes de la física de partículas y la teoría cuántica de campos. En este ambiente, la comunidad científica ignoró bastante las implicaciones del artículo EPR; además, enfrentarse a las confusiones que anidaban en el corazón de la teoría cuántica, en lugar de preocuparse de problemas más tangibles de la física, empezó a verse como una empresa más o menos excéntrica, como algo que podía ocupar el tiempo y la mente de otrora productivos físicos al llegar a una cierta edad y que podían dejar de trabajar en problemas de verdad.

En 1933, Einstein abandonó Alemania y ocupó un puesto en el recién creado Instituto de Estudios Avanzados de Princeton, en Nueva Jersey, donde permaneció hasta su muerte en 1955. Sus trabajos más técnicos después de 1935 se centraron sobre todo en la relatividad general clásica y en su búsqueda de una teoría unificada de la gravitación y el electromagnetismo, pero nunca dejó de dar vueltas al tema de la cuántica. De vez en cuando, Bohr visitaba Princeton y los dos sabios proseguían sus debates.

John Archibald Wheeler se incorporó en 1934 al profesorado de física de la Universidad de Princeton, no muy lejos del Instituto y de Einstein, como profesor adjunto. Años después, Wheeler sería considerado uno de los mayores expertos mundiales en relatividad general y popularizó los términos *agujero negro* y *agujero de gusano*, pero en sus primeros años se centró en problemas de mecánica cuántica. Durante una temporada breve había estudiado con Bohr en Copenhague y en 1939 ambos publicaron un artículo rompedor sobre fisión nuclear. Wheeler profesaba una gran admiración por Einstein, pero adoraba a Bohr; tal como lo expresó más tarde, «[n]ada ha hecho más por convencerme de que tiempo atrás hubo grandes benefactores de la humanidad con la sabiduría de Confucio y Buda, de Jesús y Pericles, de Erasmo y Lincoln, que los paseos y las charlas con Niels Bohr bajo los hayedos de Klampenborg».[1]

Wheeler tuvo un gran impacto en la física en diversos ámbitos, uno de los cuales fue en la orientación de sagaces doctorandos, como los futuros premios Nobel Richard Feynman y Kip Thorne. Uno de estos estudiantes fue Hugh Everett III, que creó un enfoque drásticamente nuevo para pensar acerca de la fundamentación de la mecánica cuántica. Ya hemos esbozado su idea: la función de onda representa la realidad, evoluciona de forma continua y esta evolución lleva a muchos mundos distintos cuando se produce una medición. Ahora ya disponemos de los recursos para presentar esta idea con más rigor.

La propuesta de Everett, que se convirtió en su tesis doctoral en Princeton, en 1957, se puede ver como la encarnación más prístina de uno de los principios favoritos de Wheeler, que la física teórica debería ser «radicalmente conservadora». La idea es que una teoría física exitosa es aquella que ha sido contrastada por los datos experimentales pero solo en aquellos regímenes en que los experimentadores pueden trabajar. Hay que ser conservador en el sentido de que deberíamos partir de teorías y principios que ya están bien establecidos y tienen éxito, en lugar de introducir de forma arbitraria nuevos enfoques cada vez que se descubren nuevos fenómenos. Pero, a la vez, hay que ser radical, en el sentido de que hay que tomar en serio las predicciones e implicaciones de nuestras teorías en regímenes que están alejados de aquellos en los que se han comprobado. Los conceptos clave aquí son «deberíamos partir» y «tomar en serio»; sin duda, las nuevas teorías están justificadas cuando se demuestra que las viejas contradicen claramente los datos y solo porque tomemos en serio una predicción no significa que no tenga que revisarse a la luz de nueva información. Pero la filosofía de Wheeler se basaba en que tenemos que empezar con prudencia, con los aspectos de la naturaleza que creemos comprender y, luego, proseguir con audacia, extrapolando nuestras mejores ideas hasta los confines del universo.

Hugh Everett III
(gentileza del Archivo Hugh Everett III de la Universidad de California en Irvine y de Mark Everett)

Parte de la inspiración de Everett se hallaba en la búsqueda de una teoría para la gravedad cuántica, un tema en el que Wheeler se había centrado recientemente. Todo el resto de la física (materia, electromagnetismo, fuerzas nucleares) parece encajar con comodidad en el marco de la mecánica cuántica, pero la gravedad era (y sigue siendo) una terca excepción. En 1915, Einstein propuso la teoría general de la relatividad, según la cual el propio espacio-tiempo es una entidad dinámica cuyos pliegues y ondulaciones son lo que tú y yo percibimos como la fuerza de la gravedad. El problema es que la relatividad general es una teoría clásica por completo, con análogos de la posición y la cantidad de movimiento para la curvatura del espacio-tiempo y sin límites acerca de cómo medirlos. Partir de esta teoría y «cuantizarla», construyendo una teoría de las funciones de onda del espacio-tiempo, en lugar de usar espacio-tiempos clásicos, ha demostrado ser una tarea muy difícil.

Las dificultades a las que se enfrenta la gravedad cuántica son a la vez técnicas (los cálculos tienden a descontrolarse y a dar respuestas infinitas) y conceptuales. Incluso en la mecánica cuántica, aunque uno no pueda decir con exactitud dónde se halla una partícula, la noción de *punto en el espacio* está perfectamente bien definida; podemos especificar una ubicación y preguntar cuál es la probabilidad de encontrar la partícula en sus cercanías. Pero si la realidad no está formada por cosas distribuidas por el espacio, sino que es una función de onda cuántica que describe superposiciones de diferentes espacio-tiempos posibles, ¿cómo podemos ni tan siquiera preguntar «dónde» se observa una partícula determinada?

Los rompecabezas empeoran aún más cuando nos enfrentamos al problema de la medición. Hacia 1950, la escuela de Copenhague era la doctrina ortodoxa y los físicos ya se habían acostumbrado a la idea de funciones de onda que colapsan cuando se efectúa una medición. Incluso estaban dispuestos a aceptar el proceso de medición como una parte fundamental de nuestra mejor descripción de la naturaleza; o, al menos, a no inquietarse demasiado por él.

Pero ¿qué sucede cuando el sistema que queremos considerar es todo el universo? Para el enfoque de Copenhague es crucial la distinción entre el sistema cuántico a medir y el observador clásico que realiza la medición. Si el sistema es el universo al completo, todos estamos en su interior; no hay ningún observador externo al que recurrir. Años más tarde, Stephen Hawking y otros estudiaron la cosmología cuántica para analizar cómo un universo autocontenido puede tener un momento inicial en el tiempo, que presumiblemente identificamos con el Big Bang.

Mientras Wheeler y otros luchaban con los retos técnicos que planteaba la gravedad cuántica, Everett quedó fascinado por los problemas conceptuales y, sobre todo, por el tema de la medición. Los orígenes de la formulación de universos paralelos se pueden remontar a una discusión a altas horas de la noche, en 1954, con sus jóvenes colegas Charles Misner (también estudiante de Wheeler) y Aage Petersen (un ayudante de Bohr, en visita desde Copenhague). Todos los participantes coinciden en que, en esa ocasión, se ingirieron grandes cantidades de jerez.

Everett argumentaba que si tenemos que hablar del universo en términos cuánticos, no podemos delimitar un dominio clásico independiente. Cada parte del universo deberá tratarse según las reglas de la mecánica cuántica, incluidos los observadores que contiene. Habrá un único estado cuántico, descrito por lo que Everett denominó «función de onda universal» (y nosotros, «función de onda del universo»).

Si todo es cuántico y el universo se describe por medio de una única función de onda, ¿cómo se supone que se produce la medición? Según Everett, tiene que suceder cuando una parte del universo interacciona con otra de algún modo determinado. Observó que esto es algo que se producirá automáticamente, por la simple evolución de la función de onda universal de acuerdo con la ecuación de Schrödinger. No es necesario apelar a ninguna regla especial para la medición; las cosas van chocando unas con otras todo el rato.

Por esta razón Everett tituló su artículo sobre el tema como «Formulación del "estado relativo" de la mecánica cuántica». Cuando un aparato de medición interacciona con un sistema cuántico, ambos quedan entrelazados entre sí. No hay colapsos de funciones de onda ni dominios clásicos. El aparato evoluciona hacia una superposición, entrelazado con el estado de aquello que está observando. El resultado de la medición, aparentemente bien definido («el espín del electrón está orientado hacia arriba»), es solo relativo a un estado particular del aparato («he medido que el electrón tiene espín hacia arriba»). Los otros posibles resultados de la medición existen igualmente y son bien reales, solo que como mundos separados. Todo lo que tenemos que hacer es afrontar con audacia lo que la mecánica cuántica ha estado intentando decirnos todo el tiempo.

Podemos ser un poco más explícitos acerca de lo que sucede cuando se efectúa una medición según la teoría de Everett.

Imaginemos que tenemos un electrón con su espín, y se puede observar estando en un estado de espín hacia arriba o de espín hacia abajo respecto a algún eje determinado. Antes de la medición, el electrón suele estar en una superposición de arriba y abajo. También disponemos de un aparato de medición, que es asimismo un sistema cuántico; imaginemos que puede hallarse en superposiciones de tres posibilidades: puede haber medido el espín y encontrarlo hacia arriba, puede haber medido el espín y encontrarlo hacia abajo o puede no haber medido aún el espín, estado que denominaremos «preparado».

El hecho de que el aparato de medición haga lo que tiene que hacer nos dice cómo evoluciona el estado cuántico del sistema combinado espín + aparato según la ecuación de Schrödinger. Es decir, si partimos de un aparato en su estado «preparado» y el espín en un estado puro de espín hacia arriba, estamos seguros de que el aparato evolucionará a un estado puro «medido hacia arriba», así:

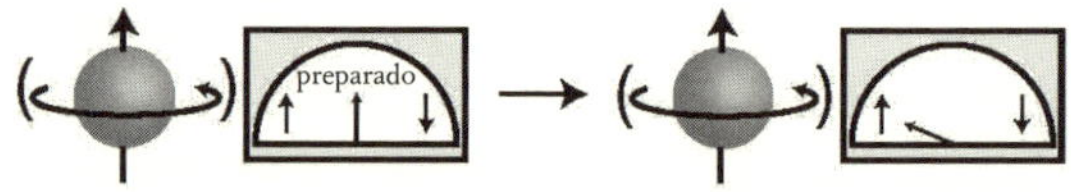

El estado inicial de la izquierda se puede leer como «el espín está en el estado "arriba" y el aparato en el estado "preparado"», mientras que el estado final de la derecha, donde el indicador señala la flecha hacia arriba sería «el espín está en el estado "arriba" y el aparato ha medido que es "arriba"».

De modo parecido, la capacidad para medir con éxito un estado puro de espín hacia abajo implica que el aparato debe evolucionar de «preparado» a «medido hacia abajo»:

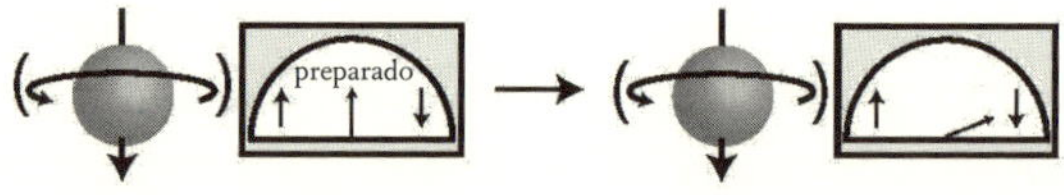

Lo que queremos es entender qué sucede cuando el espín inicial no es ningún estado puro hacia arriba ni hacia abajo, sino alguna superposición de ambos. Lo bueno es que ya conocemos todo lo que necesitamos. Las reglas de la mecánica cuántica son claras: si sabes cómo evoluciona un sistema a partir de dos estados diferentes, la evolución de una superposición de esos dos estados será simplemente una superposición de las dos evoluciones. Dicho de otro modo, si partimos de un espín en alguna superposición y el dispositivo de medición se halla en su estado «preparado», tenemos:

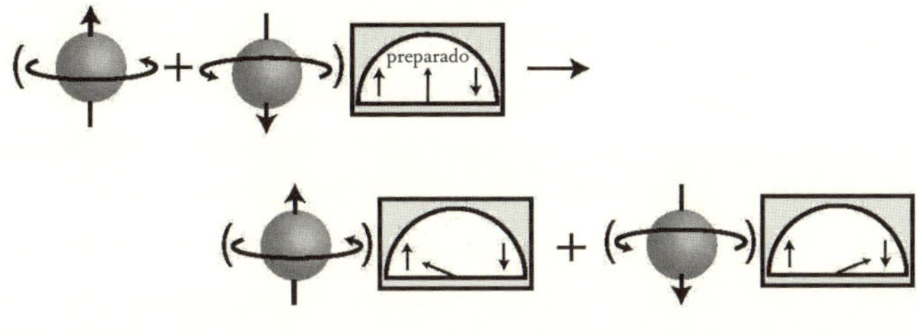

Ahora el estado final es una superposición entrelazada: «el espín está en el estado "arriba" y el aparato ha medido que es "arriba"» más «el espín está en el estado "abajo" y el aparato ha medido que es "abajo"». En este momento no es del todo correcto decir que el espín está en una superposición o que el aparato está en una superposición. El entrelazamiento nos impide hablar de la función de onda del espín o de la del aparato de manera individual, porque lo que observaremos de uno puede depender de lo que observemos del otro. Lo único que podemos afirmar es que «el sistema espín + aparato se halla en una superposición».

Este estado final es la función de onda final, definitiva, clara y sin ambigüedades para el sistema combinado espín + aparato, si todo lo que hacemos es que evolucione siguiendo la ecuación de Schrödinger. Este es el secreto de la mecánica cuántica everettiana. La ecuación de Schrödinger nos dice que un aparato de medición exacto evolucionará a una superposición macroscópica, que nosotros interpretaremos como una bifurcación en mundos separados. En ningún momento hemos introducido estos mundos; siempre han estado ahí, y la ecuación de Schrödinger los materializa. El problema es que, en nuestra experiencia cotidiana con el mundo, nunca parece que nos topemos con superposiciones en que estén implicados objetos macroscópicos.

La solución tradicional ha sido trastear con las reglas fundamentales de la mecánica cuántica de un modo u otro. Algunos enfoques afirman que la ecuación de Schrödinger no es siempre aplicable, otros dicen que hay variables adicionales además de la función de onda. El punto de vista de Copenhague es rechazar desde el principio el tratamiento del aparato de medición como sistema cuántico, y tratar el colapso de la función de onda como una manera independiente en que puede evolucionar el sistema cuántico. De un modo u otro, todas estas aproximaciones implican diversas contorsiones para no aceptar superposiciones como la que hemos especificado antes como una descripción verdadera y completa de la naturaleza. Tal como Everett expresó más adelante, «la interpretación de Copenhague es irremediablemente incompleta por su dependencia *a priori* de la física clásica [...] y es una atrocidad filosófica con un concepto de *realidad* para el mundo macroscópico y una negación de este para el microcosmos».[2]

La receta de Everett era sencilla: dejémonos de contorsiones y aceptemos la realidad de lo que predice la ecuación de Schrödinger. Las dos partes de la función de onda final están ahí realmente; solo se limitan a describir mundos independientes que nunca más volverán a interactuar.

Everett no introdujo nada nuevo en la mecánica cuántica, sino que eliminó algunas partes burdas y superfluas del formalismo. Tal como ha expresado el físico Ted Bunn, cualquier versión no everettiana de la mecánica cuántica es una teoría de «mundos que desaparecen». Si te incomoda la idea de universos paralelos, para deshacerte de ellos estarás obligado a manipular la naturaleza de los estados cuánticos o su evolución normal. ¿Vale la pena?

Llegados a este punto, nos acecha un problema. Estamos familiarizados con la manera en que la función de onda representa superposiciones de diferentes resultados posibles de una medición. La función de onda de un electrón se puede expresar como una superposición de posibles ubicaciones, así como una superposición de espín arriba y espín abajo; pero nunca nos hemos visto impelidos a decir que cada parte de la superposición era un «mundo» independiente. De hecho, hubiera sido incoherente hacer tal cosa. Un electrón que se halla en un estado puro de espín hacia arriba respecto al eje vertical está en una superposición de espín arriba y espín abajo respecto al eje horizontal; ¿describe esto un mundo o dos?

Everett propuso que es coherente, en términos lógicos, considerar que las superposiciones que involucran a objetos macroscópicos describen mundos independientes. Pero en la época en que escribía, los físicos aún no habían elaborado las herramientas técnicas necesarias para convertir esta idea en una descripción completa. La comprensión llegó más tarde, con la apreciación del fenómeno llamado *decoherencia*. Introducida en 1970 por el físico alemán Hans Dieter Zeh, la idea de la decoherencia se ha convertido en una parte fundamental de la forma en que los físicos pensamos acerca de la dinámica cuántica. Para un everettiano moderno, la decoherencia es crucial para dar sentido a la mecánica cuántica; explica de un plumazo por qué las funciones de onda parecen colapsar cuando se miden sistemas cuánticos y, de hecho, también explica qué es realmente una «medición».

Sabemos que hay una sola función de onda, la función de onda del universo. Pero cuando hablamos de partículas microscópicas individuales, estas pueden acomodarse en estados cuánticos en que están desentrelazadas del resto del mundo. En este caso, podemos hablar, con buen juicio, sobre «la función de onda de este electrón concreto», y lo mismo para las demás partículas, teniendo siempre presente que solo es un atajo que podemos emplear cuando los sistemas están desentrelazados de todo lo demás.

Con los objetos macroscópicos, las cosas no son tan sencillas. Consideremos nuestro aparato para medir espines e imaginemos que lo situamos en una superposición de haber medido espín hacia arriba y de haber medido espín hacia abajo. El dial del aparato contiene una flecha indicadora que señala o bien «Arriba» o bien «Abajo». Un aparato como este no está aislado del resto del mundo; incluso aunque parezca que está ahí tan tranquilo, hay moléculas del aire de la habitación que están chocando continuamente con él, fotones de luz que rebotan sobre su superficie, etc. Llamemos a todas estas otras cosas (todo el resto del universo) el *entorno*. En situaciones normales, no hay forma de impedir que un objeto macroscópico interactúe con su entorno, aunque sea muy ligeramente; y estas interacciones harán que el aparato quede entrelazado con su entorno, porque, pongamos por caso, un fotón puede rebotar sobre el dial si la flecha indicadora se halla en una determinada posición pero ser absorbido si se halla en cualquier otra.

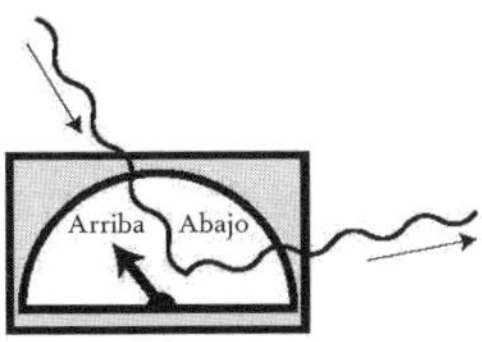

El fotón rebota
en el dial

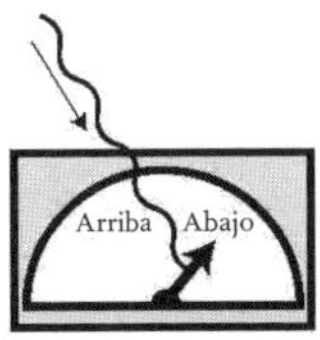

El fotón es absorbido
por el indicador

Así, la función de onda que escribimos antes, en la que un aparato quedaba entrelazado con un cúbit, no era toda la verdad. Si ponemos los estados del entorno entre llaves, deberíamos haber escrito:

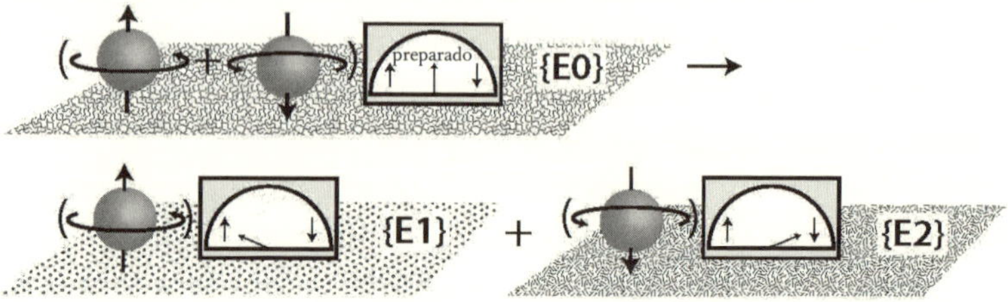

Los estados reales del entorno no tienen más importancia, de modo que los hemos representado en forma de diferentes fondos etiquetados como {E0}, {E1} y {E2}. No nos ocuparemos de lo que sucede en el entorno (y, en general, tampoco podemos); es demasiado complicado; no se trata solo de un fotón que interactúa de diferentes maneras con diversas partes de la función de onda del aparato, sino que habrá un montón de ellos, y nadie espera que uno sea capaz de seguir el comportamiento de todos y cada uno de los fotones o partículas que hay en una habitación.

Este proceso simple, el entrelazamiento de objetos macroscópicos con el entorno, del cual no podemos hacer un seguimiento detallado, es la decoherencia, y tiene unas consecuencias dramáticas para el universo. La decoherencia provoca que la función de onda se divida, o se *bifurque*, en varios mundos. Cualquier observador se bifurca en copias múltiples junto con el resto del universo. Tras la bifurcación, cada copia del observador original se halla en un mundo con un resultado particular de la medición. Para ellos, la función de onda *parece haber colapsado*, pero nosotros sabemos mejor lo que ha sucedido: el colapso es solo aparente a causa de que la decoherencia ha bifurcado la función de onda.

No sabemos con qué frecuencia se produce el proceso de bifurcación, o ni tan solo si esto es una pregunta sensata que podamos plantear. Todo depende de si en el universo hay una cantidad finita o infinita de grados de libertad, algo para lo cual la física fundamental todavía no tiene una respuesta clara. Pero sí sabemos que se produce una gran cantidad de bifurcaciones; sucede cada vez que un sistema cuántico en una superposición queda entrelazado con el entorno. En un cuerpo humano ordinario, hay unos 5.000 átomos que se desintegran radiactivamente cada segundo; si cada desintegración bifurca la función de onda en dos, tenemos 2^{5000} nuevas ramas cada segundo. No está nada mal.

¿Qué es lo que constituye un «mundo»? Hemos especificado un único estado cuántico que describe un espín, un aparato y un entorno. ¿Qué nos autoriza a decir que describe dos mundos, en lugar de uno?

Algo que uno desearía tener en un mundo es el hecho de que diferentes partes de este puedan afectar a otras, al menos en principio. Consideremos la siguiente situación de un «mundo fantasma» (que no debemos tomar como una verdadera descripción de la realidad, solo como una original analogía): cuando los seres vivos mueren, se convierten en fantasmas, que pueden ver y hablar entre ellos pero no nos pueden ver ni pueden hablar con nosotros, como tampoco podemos nosotros verlos ni hablar con ellos; viven en una Tierra Fantasma independiente, donde pueden construir casas fantasma e ir a sus trabajos fantasma, pero ni ellos ni su entorno pueden interactuar en modo alguno con nosotros ni con nuestro entorno. En este caso, tiene todo el sentido decir que los fantasmas viven en un mundo fantasma separado, por la razón básica de que lo que sucede en ese mundo fantasma no tiene ninguna relación en absoluto con lo que pasa en nuestro mundo.

Ahora apliquemos este mismo criterio a la mecánica cuántica. No estamos interesados en saber si el espín y su aparato de medición pueden influirse entre sí (por supuesto que pueden); lo que nos importa es saber si una componente de la función de onda del aparato (por ejemplo, el trozo donde el dial está señalando «Arriba») puede llegar a influir a otra componente (digamos donde el dial señala «Abajo»). Antes ya nos hemos topado con una situación como esta, donde la función de onda se influye a sí misma, en el fenómeno de la interferencia del experimento de la doble rendija: cuando hacíamos pasar electrones por ambas rendijas sin medir por cuál de ellas pasaban veíamos franjas de interferencia en la pantalla y las atribuíamos a la cancelación entre las contribuciones a la probabilidad total de cada una de las dos rendijas. En un paso crucial, asumíamos implícitamente que el electrón no interactuaba y no quedaba entrelazado con cualquier cosa que hallara a lo largo de su camino, es decir, no sufría decoherencia. En cambio, cuando detectábamos por qué rendija pasaba cada electrón, las franjas de interferencia desaparecían; en ese momento atribuimos el hecho a haber realizado la medición, que colapsaba la función de onda del electrón en una rendija o en la otra. Everett nos presenta una historia mucho más fascinante.

Lo que pasaba realmente es que el electrón quedaba entrelazado con el detector al atravesar las rendijas y, luego, el detector quedaba entrelazado rápidamente con el entorno. El proceso es por completo equivalente a lo que sucedía a nuestro espín de antes, excepto por el hecho de que aquí estamos midiendo si el electrón pasó por la rendija izquierda I o por la rendija derecha D:

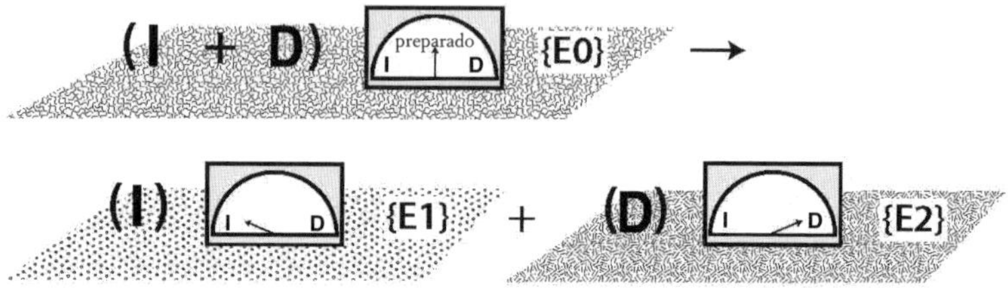

No hay ningún misterioso colapso; ahí tenemos la función de onda al completo, evolucionando sin problemas según la ecuación de Schrödinger y dejándonos en una superposición de dos partes entrelazadas. Pero fijémonos en lo que sucede cuando el electrón prosigue hacia la pantalla. Tal como antes, el estado del electrón en un punto cualquiera de la pantalla recibirá una contribución de lo que atravesó la rendija I y otra de lo que atravesó la rendija D; pero ahora estas contribuciones *no interferirán entre ellas*. Para obtener interferencias tenemos que sumar dos cantidades iguales y opuestas:

$$1 + (-1) = 0$$

Pero no hay ningún punto de la pantalla en donde podamos encontrar contribuciones iguales y opuestas a la función de onda del electrón procedentes de las rendijas I y D, porque al atravesar esas rendijas, el electrón quedó entrelazado con *estados diferentes del resto del mundo*. Cuando decimos «iguales y opuestas» queremos decir justamente eso, no «iguales y opuestas excepto por esa cosa con la que estamos entrelazados». El hecho de estar entrelazado con diferentes estados del detector y el entorno (o, dicho de otro modo, haber sufrido decoherencia) implica que las dos partes de la función de onda del electrón ya no pueden interferir una con otra; y esto implica que no pueden interaccionar en absoluto. Y esto, a su vez, implica que forman parte, a todos los efectos, de mundos separados.* Desde el punto de vista de las cosas

* El conjunto de todas las ramas de la función de onda no es lo mismo que aquello que los cosmólogos suelen denominar *multiverso*. El multiverso cosmológico solo es una colección de regiones del espacio, en general muy alejadas unas de otras, donde las condiciones locales son muy diferentes.

entrelazadas con una rama de la función de onda, las otras ramas bien podrían, para el caso, estar pobladas por fantasmas.

La formulación de universos paralelos de la mecánica cuántica elimina de un plumazo todo el misterio que rodeaba al proceso de medición y al colapso de la función de onda. No necesitamos reglas especiales para efectuar una observación; todo lo que sucede es que la función de onda sigue su camino de acuerdo con la ecuación de Schrödinger. Y no hay nada especial en lo que constituye «una medición» o «un observador»: una medición es cualquier interacción que provoque que un sistema cuántico quede entrelazado con el entorno, sufriendo decoherencia y ramificándose en mundos separados, mientras que un observador es cualquier sistema que produzca tal interacción. En concreto, la conciencia no tiene nada que ver con todo esto; el «observador» puede ser un gusano, un microscopio o un pedrusco. Tampoco hay nada especial en lo tocante a los sistemas macroscópicos, más allá del hecho de que no pueden evitar interactuar y quedar entrelazados con el entorno. El precio que pagamos por una unificación tan simple y potente de la dinámica cuántica es una enorme cantidad de mundos independientes.

Everett no estaba muy familiarizado con la decoherencia, de modo que su imagen no era tan robusta y completa como la que hemos dibujado aquí. Pero desde un buen principio, su manera de reconsiderar el problema de la medición y ofrecer una imagen unificada de la dinámica cuántica resultaba convincente. También en la física teórica hay, a veces, golpes de suerte y una persona llega a una idea importante más por estar en el lugar adecuado en el momento oportuno que por ser especialmente brillante. Pero no es este el caso de Hugh Everett; los que le conocían dan siempre testimonio de sus impresionantes dotes intelectuales, y a partir de sus escritos parece claro que tenía una profunda comprensión de las implicaciones de sus ideas. Si aún estuviera vivo, se encontraría muy a gusto con las actuales discusiones acerca de la fundamentación de la mecánica cuántica.

Lo difícil fue conseguir que otros apreciaran esas ideas, lo que incluía también a su director de tesis. Wheeler era muy comprensivo con Everett, pero también era leal a su antiguo mentor, Bohr, y estaba convencido de la solidez del enfoque de Copenhague. Wheeler pretendía que las ideas de Everett llegaran a una audiencia más amplia y, a la vez, quería asegurarse de que no se interpretaran como un ataque frontal a la forma de pensar de Bohr sobre la mecánica cuántica.

Pero es que la teoría de Everett *sí que era* un ataque frontal a la imagen de Bohr. Everett lo sabía, y gustaba de ilustrar la naturaleza de este ataque con un lenguaje muy gráfico. En un primer borrador de su tesis, Everett empleaba la analogía de una ameba dividiéndose para ilustrar la bifurcación de la función de onda: «Podemos imaginar una ameba inteligente con buena memoria. A medida que transcurre el tiempo, la ameba se va bifurcando continuamente, y cada vez las amebas resultantes conservan los mismos recuerdos que la ameba progenitora. Así, nuestra ameba no tiene una línea vital, sino un árbol vital». A Wheeler le causó rechazo el descaro de esta metáfora (bastante acertada), y anotó «¿Se bifurca? Necesitas mejores términos»[3] en el margen del manuscrito. El director y el doctorando forcejeaban sin parar acerca de la mejor manera de expresar la nueva teoría; Wheeler era partidario de la precaución y la prudencia, mientras que Everett prefería una más atrevida claridad.

En 1956, mientras Everett se afanaba en acabar su presentación de tesis, Wheeler hizo una visita a Copenhague y presentó el nuevo supuesto a Bohr y sus colegas, Aage Petersen entre ellos. Quería mostrarlo de todos modos, aunque para esta época ya había quedado solidificada como sabiduría convencional el enfoque de la escuela de la teoría cuántica partidaria de «la función de onda colapsa y no hagas preguntas impertinentes acerca de cómo colapsa exactamente», y los que lo aceptaban no estaban para revisar los fundamentos de la teoría, con tanto interesante trabajo aplicado por hacer. Muchas cartas de Everett, Wheeler y Petersen cruzaron el Atlántico, y la correspondencia continuó cuando Wheeler regresó a Princeton y ayudó a Everett a perfilar la forma final de su disertación doctoral. La agonía de este proceso queda reflejada en la evolución del texto: el primer borrador de Everett se titulaba *Mecánica cuántica con el método de la función de onda universal* y una versión revisada se llamaba *Mecánica ondulatoria sin probabilidades*; este documento, luego denominado «la versión larga» de la tesis, no se publicó hasta 1973. Una «versión corta» fue presentada finalmente como tesis doctoral de Everett con el título *Sobre los fundamentos de la mecánica cuántica* y se acabó publicando en 1957 como *Formulación del «estado relativo» de la mecánica cuántica*. En esta se omitían muchos de los apartados más jugosos que había redactado Everett, entre los cuales un repaso de los fundamentos de la teoría de probabilidades y de la información y una descripción general del problema de la medición en mecánica cuántica; en cambio, se centraba en aplicaciones a la cosmología cuántica. En el texto publicado no aparecen las amebas, pero Everett logró colar la palabra *bifurcación* en una nota al pie añadida en las pruebas de imprenta mientras Wheeler no miraba. Además, Wheeler redactó un artículo de «evaluación» que se publicó junto con el texto de Everett, en el que sugería que la nueva teoría era radical e importante, a la vez que miraba de lanzar una cortina de humo sobre sus clarísimas diferencias con el enfoque de Copenhague.

Las discusiones prosiguieron, sin que se lograra avanzar mucho. Vale la pena citar un fragmento de una carta de Everett a Petersen, en que manifiesta su frustración:

> Para que el debate sobre mi artículo no muera por completo, déjeme añadir un poco de gasolina al fuego con [...] críticas a la «interpretación de Copenhague». [...] No creo que pueda desestimar mi punto de vista, sin más, como una mala comprensión de la postura de Bohr [...] Creo que basar la mecánica cuántica sobre la física clásica fue un paso provisional necesario, pero ha llegado el momento [...] de tratar [la mecánica cuántica] por méritos propios como una teoría fundamental sin dependencia alguna de la física clásica, y de derivar de ella la física clásica.
>
> Permítame mencionar unas pocas e irritantes características más de la interpretación de Copenhague. Usted habla de la enormidad de los macrosistemas, que permite desechar efectos cuánticos adicionales (en las discusiones acerca de romper la cadena de mediciones), pero nunca ofrece justificación alguna de este dogma que se enuncia de forma rotunda. [Y] no hay manera de hallar ninguna explicación coherente de esta «irreversibilidad» del proceso de medición. Nuevamente, no es algo que la mecánica ondulatoria implique, como tampoco lo hace la mecánica clásica. ¿Otro postulado independiente?[4]

Pero Everett decidió no proseguir la lucha académica. Antes de acabar su tesis doctoral, aceptó un trabajo en el Grupo de evaluación de sistemas de armamento del Departamento de Defensa de los Estados Unidos, donde se dedicó a estudiar los efectos de las armas nucleares. Luego pasó a investigar sobre estrategia, teoría de juegos y optimización, y tuvo un papel relevante en la creación de diversas empresas. No está claro hasta qué punto la decisión consciente de Everett de no solicitar un puesto académico estuvo motivada por las críticas a su advenediza teoría o simplemente por la impaciencia con los ambientes académicos en general.

No obstante, sí que mantuvo un interés en la mecánica cuántica, si bien nunca volvió a publicar sobre el tema. Después de que Everett defendiera su tesis y ya estuviera trabajando para el Pentágono, Wheeler le convenció para que fuera también a Copenhague y hablara con Bohr y los demás físicos; lo cierto es que la visita no fue muy bien y más tarde Everett comentó que «desde el principio estaba condenada al fracaso».[5]

Bryce DeWitt, un físico estadounidense que había sido editor de la revista en la que se publicó la tesis de Everett, escribió una carta a este quejándose de que era evidente que el mundo real no «se ramificaba», pues nunca experimentamos tal cosa. Everett le respondió con una referencia a la igualmente atrevida idea de Copérnico de que la Tierra gira alrededor del Sol, en lugar del caso opuesto: «No puedo evitar preguntarle: ¿nota usted el movimiento de la Tierra?».[6] DeWitt tuvo que admitir que era una buena réplica. Después de dar vueltas al asunto durante una temporada, hacia 1970 DeWitt se había vuelto un everettiano entusiasta y se esforzó por lograr un reconocimiento público mucho más amplio para la teoría, que en esos momentos languidecía penosamente. Entre sus estrategias se contaba un influyente artículo en *Physics Today* en 1970, así como una colección de ensayos publicada en 1973 en la que se incluía, por fin, la versión larga de la tesis doctoral de Everett, además de diversos comentarios. La colección se titulaba, sin más, *La interpretación de los múltiples mundos de la mecánica cuántica*, un nombre bien gráfico, que ha persistido desde entonces.

En 1976, John Wheeler dejó Princeton y asumió un puesto en la Universidad de Texas, donde DeWitt también era profesor. Conjuntamente, en 1977 organizaron un taller sobre la teoría de los universos paralelos y DeWitt convenció a Everett de que sacara tiempo de su trabajo en Defensa para atender a las charlas. El congreso fue todo un éxito y Everett causó una profunda impresión entre los físicos asistentes. Uno de estos era el joven investigador David Deutsch, que pronto pasaría a ser uno de los principales partidarios de los universos paralelos, así como uno de los pioneros de la informática cuántica. Wheeler llegó a proponer la creación de un nuevo instituto de investigación en Santa Bárbara, al cual podría incorporarse Everett para trabajar a tiempo completo en temas de mecánica cuántica, aunque al final todo quedó en agua de borrajas.

Everett murió en 1982, a la edad de 51 años, a causa de un infarto. No había llevado una vida muy sana, excediéndose con la comida, la bebida y el tabaco. Su hijo, Mark Everett (que luego formaría el grupo Eels), ha comentado que al principio estaba enfadado con su padre por no cuidarse más, pero luego cambió de opinión: «Me he dado cuenta de que el estilo de vida de mi padre tiene cierto valor. Comía, bebía y fumaba todo lo que quería, hasta que un día, de golpe, murió rápidamente. Teniendo en cuenta algunas de las otras opciones que he presenciado, tal vez disfrutar y luego morir con rapidez no es una mala forma de irse».[7]

7

ORDEN Y ALEATORIEDAD

CÓMO APARECE LA PROBABILIDAD

En un soleado día en Cambridge, Elizabeth Anscombe se topó con su profesor Ludwig Wittgenstein. Este, en su inimitable estilo, le planteó: «¿Por qué la gente dice que era natural pensar que el Sol da vueltas a la Tierra y no pensar que la Tierra gira sobre sí misma?». Anscombe le dio la respuesta evidente, que simplemente *parece* que el Sol gire alrededor de la Tierra; Wittgenstein replicó «Bueno, ¿y qué es lo que *parecería* si la Tierra girara sobre sí misma?».[1]

Esta anécdota, explicada por la misma Anscombe y que Tom Stoppard recreó en su obra *Acróbatas*, es una de las preferidas entre los everettianos. El físico Sidney Coleman solía explicarla en sus clases y el filósofo de la física David Wallace la empleó para empezar su libro *The emergent multiverse*. De hecho, incluso recuerda a la observación de Everett a Bryce DeWitt.

No cuesta mucho ver por qué esta observación es tan relevante. Cualquier persona razonable, al saber por primera vez acerca de la imagen de los universos paralelos, plantea una objeción inmediata y visceral: simplemente *no parece* que yo me bifurque en varias personas cada vez que se realiza una medición cuántica; y, sin duda, *no parece* que haya todo tipo de otros universos en paralelo a aquel en que me hallo en estos momentos. El everettiano, parafraseando a Wittgenstein, replica «Bueno, ¿y qué es lo que *parecería* si los universos paralelos fueran ciertos?».

La idea es que las personas que viven en un universo everettiano experimentarían nada más y nada menos que lo que realmente experimentan las personas: un mundo físico que parece obedecer a las reglas de los libros de texto de mecánica cuántica con gran precisión y que, en muchas situaciones, se puede aproximar satisfactoriamente por medio de la mecánica clásica. El problema es que la distancia entre una «función de onda que evoluciona de forma continua y suave» y los datos experimentales que esta debería explicar es demasiado grande. No es evidente que la respuesta a la pregunta de Wittgenstein sea la que queremos; la teoría de Everett puede ser austera en su formulación, pero todavía queda mucho trabajo por hacer para extraer sus implicaciones.

En este capítulo abordaremos uno de los principales problemas de los universos paralelos: el origen y la naturaleza de la probabilidad. La ecuación de Schrödinger es determinista por completo. ¿Cómo es que aparecen probabilidades y por qué cumplen la regla de Born según la cual la probabilidad es igual a la amplitud (el número complejo que la función de onda asocia a cada posible resultado) elevada al cuadrado? ¿Tiene sentido hablar de la probabilidad de acabar en una rama concreta particular si habrá una futura versión de mí en cada posible rama?

En las versiones académicas de Copenhague de la mecánica cuántica, no hay necesidad de derivar la regla de Born de las probabilidades, pues simplemente la dejamos caer ahí como uno de los postulados de la teoría. ¿Por qué no podríamos hacer los mismo en la versión de universos paralelos? La respuesta es que si bien la regla tiene el mismo aspecto en ambos casos («las probabilidades quedan determinadas por la función de onda elevada al cuadrado»), sus significados son muy diferentes. La versión académica de la regla de Born es, en realidad, una afirmación acerca de cuán a menudo suceden las cosas, o de cuán a menudo sucederán en el futuro. En la versión de universos paralelos no hay lugar para un postulado adicional de este tipo; sabemos exactamente lo que sucederá a partir de la regla básica de que la función de onda siempre obedece a la ecuación de Schrödinger. En los universos paralelos, la probabilidad es, por fuerza, una aseveración acerca de lo que deberíamos creer y cómo deberíamos actuar, no acerca de la frecuencia con que suceden las cosas. Y «lo que deberíamos creer» no es algo que pueda plantearse como postulado de una teoría física, sino algo que debe deducirse de ella.

Además, tal como veremos, ni hay lugar para un postulado adicional ni hay necesidad de tal cosa. Considerando la estructura básica de la mecánica cuántica, la regla de Born es natural y automática; además, solemos observar comportamientos en la naturaleza que siguen la regla de Born, lo que nos debería dar confianza en que vamos por el buen camino. En igualdad de condiciones, siempre será preferible un marco conceptual en el que se pueda derivar un resultado importante a partir de postulados básicos a un marco en el que ese resultado tenga que presuponerse de manera independiente.

Si abordamos este problema con éxito, habremos dado un paso de gigante para respaldar la afirmación de que lo que esperaríamos observar, caso de ser cierta la interpretación de universos paralelos, es justamente el mundo que observamos. Es decir, un mundo que se puede describir bastante bien con la física clásica excepto en el caso de sucesos de medición cuánticos, durante los cuales la probabilidad de obtener un resultado particular viene dada por la regla de Born.

El tema de las probabilidades suele expresarse como si intentáramos deducir por qué las probabilidades vienen dadas por el cuadrado de las amplitudes, pero en realidad no es esta la parte problemática. Elevar al cuadrado las amplitudes para obtener una probabilidad es algo bastante natural; nunca ha habido dudas acerca de si tal vez tuviera que ser la función de onda elevada a la quinta potencia o algo así. En el capítulo 5 ya descubrimos esto, al usar cúbits para explicar que la función de onda puede considerarse un vector. Ese vector es como la hipotenusa de un triángulo rectángulo y las amplitudes corresponden a los dos catetos de ese triángulo. La longitud de los vectores es igual a uno y, según el teorema de Pitágoras, tiene que ser igual a la suma de los cuadrados de todas las amplitudes. Así pues, «amplitudes al cuadrado» resulta algo bastante natural para las probabilidades: son números positivos y que suman uno.

La cuestión más acuciante es por qué tendría que haber impredecibilidad en la mecánica cuántica everettiana y, en tal caso, por qué hay una regla específica para asignar probabilidades. En la versión de universos paralelos, si uno conoce la función de onda en algún instante de tiempo, puede determinar con precisión cómo será en cualquier otro momento, sin más que solucionar la ecuación de Schrödinger. Aquí no hay nada incierto, no hay aleatoriedad; entonces, ¿cómo demonios se supone que esta imagen del mundo puede reproducir la realidad de nuestras observaciones, en que la desintegración de un núcleo atómico o la medición de un espín parecen irremediablemente aleatorias?

Podemos volver a nuestro ya familiar ejemplo en el que medimos el espín de un electrón. Digamos que partimos con el electrón en una superposición equitativa de espín hacia arriba y espín hacia abajo respecto al eje vertical y lo hacemos pasar por un imán de Stern-Gerlach. Lo que nos dicen los libros de texto de mecánica cuántica es que tenemos un 50% de probabilidades de que la función de onda colapse al estado de espín hacia arriba y un 50% de probabilidades de que lo haga al estado de espín hacia abajo. En cambio, la versión de universos paralelos afirma que hay un 100% de probabilidades de que la función de onda del universo pase de un mundo a dos mundos. Sin duda, en uno de estos dos mundos el experimentador habrá observado el estado de espín hacia arriba, mientras que en el otro, habrá observado el de espín hacia abajo. Pero tampoco hay duda de que ambos mundos están ahí. Si lo que preguntamos es «¿Qué probabilidad hay de que acabe convirtiéndome en el experimentador de la rama de la función de onda con espín hacia arriba?» no parece haber ninguna respuesta. No te convertirás en uno u otro experimentador; tu yo actual evolucionará en ambos, sin ninguna ambigüedad. En tal caso ¿cómo vamos a poder hablar de probabilidades?

Es una buena pregunta. Para responderla, tenemos que ponernos un poco filosóficos y pensar sobre lo que realmente significa *probabilidad*.

Quizá no te sorprenderá descubrir que hay varias escuelas de pensamiento competidoras sobre el tema de la probabilidad. Pensemos en el lanzamiento de una moneda no trucada, y por *no trucada* quiero decir que obtendremos cara el 50% de las veces y cruz el otro 50%... o por lo menos que lo obtendremos a largo plazo; nadie se va a sorprender si lanzamos una moneda dos veces y en ambos casos sale cruz.

Esta aclaración de *a largo plazo* nos sugiere una estrategia para lo que podríamos dar a entender con *probabilidad*. Con solo unos pocos lanzamientos de moneda, no nos sorprendería casi ningún resultado, pero a medida que vamos lanzando y lanzando, esperamos que la proporción de caras se acerque al 50%. Así, tal vez podamos definir la probabilidad de obtener cara como la fracción de veces que obtendríamos cara si lanzáramos la moneda infinitas veces.

Esta noción del significado de *probabilidad* se denomina, en ocasiones, *frecuentismo*, pues define la probabilidad como la frecuencia relativa de un resultado en un conjunto muy grande de ensayos. Concuerda bastante bien con nuestras ideas intuitivas de cómo funcionan las probabilidades cuando lanzamos monedas, tiramos dados o jugamos a cartas. Para un frecuentista, la probabilidad es una noción objetiva, pues solo depende de características de la moneda (o del sistema que estemos considerando, sea cual sea), no de nosotros ni de nuestro conocimiento.

El frecuentismo encaja con comodidad en la imagen de la mecánica cuántica de los libros de texto y la regla de Born. Tal vez no vayas a lanzar realmente una cantidad infinita de electrones para que atraviesen un campo magnético y, así, medir sus espines, pero sí que puedes enviar una cantidad considerable (de hecho, el experimento de Stern-Gerlach es uno de los más habituales de reproducir en las asignaturas de prácticas de laboratorio durante la carrera de física, de modo que, a lo largo de los años, se ha medido una enorme cantidad de espines). Podemos recopilar valores estadísticos suficientes para convencernos de que, en verdad, la probabilidad en mecánica cuántica es la función de onda elevada al cuadrado.

En los universos paralelos, las cosas van por otro camino. Digamos que situamos un electrón en una superposición equitativa de espín hacia arriba y espín hacia abajo, medimos su espín y repetimos el experimento muchas veces. En cada medición, la función de onda se bifurca en un mundo con un resultado de espín hacia arriba y un mundo con un resultado de espín hacia abajo. Supongamos que registramos nuestros resultados, etiquetando el espín hacia arriba con «0» y el espín hacia abajo con «1»; después de cincuenta mediciones, habrá un mundo en que el registro será algo así:

10101011111011001011001010100011101100011101000001,

lo que parece bastante aleatorio y acorde con la estadística: hay veinticuatro ceros y veintiséis unos. No es una repartición exactamente equitativa pero se acerca mucho.

Ahora bien, habrá asimismo un mundo en que todas las mediciones resultaron ser espín hacia arriba, de modo que el registro correspondiente es una lista de cincuenta ceros; y también un mundo con todos los espines hacia abajo y, en consecuencia, una lista de cincuenta unos. E igualmente para cualquier otra posible combinación de cincuenta ceros y unos. Si Everett está en lo cierto, hay una probabilidad del 100% de que cada posibilidad se materialice en algún mundo concreto.

Y ahora voy a hacer una confesión: esos mundos existen realmente. La cadena de unos y ceros de aspecto aleatorio que he escrito antes no es algo que haya creado yo para que parezca aleatoria, ni tampoco la he creado utilizando algún generador clásico de números aleatorios;

no, ha sido creada mediante un generador *cuántico* de números aleatorios: un artilugio que efectúa mediciones cuánticas y las usa para generar secuencias aleatorias de unos y ceros. Según la versión de universos paralelos, cuando generé ese número aleatorio, el universo se dividió en 2^{50} copias (lo que significa 1.125.899.906.842.624 o, aproximadamente, algo más de mil billones), cada una de las cuales con una secuencia de números diferente.

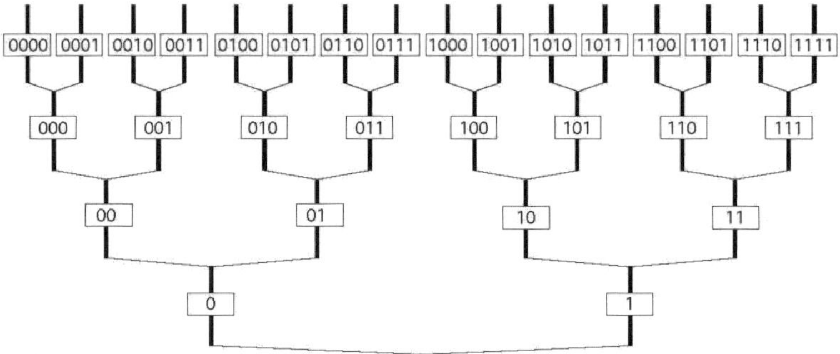

Bifurcación con cuatro mediciones de espín consecutivas

Si todas mis copias en estos diferentes mundos se ciñeron al plan de incluir el número obtenido en el texto de este libro, resulta que hay más de mil billones de variaciones textuales diferentes de *La zorra y las uvas* en la función de onda del universo. En su mayor parte, las variaciones serán pequeñas, limitándose a una reordenación de los ceros y unos, pero algunas de las más desgraciadas versiones de mí serán las que obtienen solo ceros o solo unos ¿Qué estarán pensando esas versiones ahora mismo? Tal vez que el generador de números aleatorios estaba estropeado, pero sin duda, no escribieron el mismo texto que estoy escribiendo yo en este momento.

Lo que yo o mis otras copias podamos pensar acerca de esta situación es muy diferente de lo que implica el paradigma frecuentista de las probabilidades. No tiene mucho sentido hablar de la frecuencia en el límite de un número infinito de ensayos cuando cada uno de estos nos da cada resultado posible, cada posibilidad de la función de onda. Tenemos que adoptar una nueva perspectiva para reflexionar sobre el significado de la probabilidad.

Por fortuna, hay un enfoque alternativo de la probabilidad, muy anterior a la mecánica cuántica. Se trata de la noción de la *probabilidad epistémica*, que tiene relación con lo que sabemos en lugar de con una hipotética infinidad de ensayos.

Pensemos en la pregunta siguiente: «¿Cuál es la probabilidad de que los Philadelphia 76ers ganen el campeonato de la NBA de 2020?» (yo creo que la probabilidad es bastante alta, pero seguro que los aficionados de otros equipos tienen otras opiniones). Ahora no tratamos con un suceso que se pueda repetir infinitas veces; entre otras cosas, los jugadores envejecerán, lo que afectará a su juego. Las finales de la NBA de 2020 solo sucederán una vez, y hay una respuesta bien definida sobre quién va a ganar, aunque no sepamos cuál es. Sin embargo, los apostadores profesionales no tienen recelos en asignar una probabilidad a este tipo de situaciones, como tampoco los tenemos nosotros en nuestras actividades cotidianas; estamos valorando continuamente la verisimilitud de diferentes sucesos únicos, como lograr un puesto de trabajo o tener hambre a las siete de la tarde. Incluso podemos hablar acerca de la probabilidad de acontecimientos pasados, aunque lo que pasó sea algo bien definido, por la simple razón de que no sabemos qué fue eso que pasó. «No me acuerdo a qué hora salí del trabajo el pasado jueves, pero probablemente fue entre las cinco y las seis de la tarde, pues es cuando suelo irme a casa».

Lo que estamos haciendo en estos casos es asignar grados de certeza (grados de convicción, de creencia, de credibilidad) a las diversas proposiciones que consideramos. Como cualquier probabilidad, el grado de certeza tiene que estar en un intervalo entre 0% y 100%, y el conjunto total de certeza de los posibles resultados de un suceso concreto debe sumar 100%. Tu grado de certeza es algo que puede modificarse al recopilar información nueva; puedes tener un grado de certeza de que una palabra se escribe de determinada manera, pero luego consultas el diccionario y hallas la respuesta correcta. Los estadísticos han formalizado este procedimiento con el nombre de *inferencia bayesiana*, bautizada con el nombre de Thomas Bayes, un pastor presbiteriano y matemático aficionado del siglo XVIII. Bayes obtuvo una ecuación que muestra cómo debemos actualizar nuestras certezas cuando recopilamos nueva información, una ecuación que puedes encontrarte en carteles y camisetas por los departamentos universitarios de estadística de todo el mundo.

Así pues, hay una noción de probabilidad perfectamente adecuada que es aplicable incluso cuando algo va a suceder una sola vez y no infinitas veces. Es una noción subjetiva, en lugar de objetiva, pues personas diferentes, con niveles de conocimiento distintos, pueden asignar grados de certeza diferentes a los mismos resultados de un suceso. No es ningún problema, siempre y cuando todos estén de acuerdo en seguir las reglas que dicen cómo hay que actualizar las certezas al aprender algo nuevo. En realidad, si crees en el eternalismo (que el futuro es tan real como el pasado, con la única diferencia de que aún no hemos llegado ahí), el frecuentismo queda incorporado en el bayesianismo. Si lanzas una moneda, la afirmación «La probabilidad de que salga cara es del 50%» se puede interpretar como «Teniendo en cuenta lo que sé sobre esta moneda y sobre otras monedas, lo máximo que puedo decir sobre su futuro inmediato es que es igual de probable que salga cara y que salga cruz, si bien lo que salga será algo bien definido».

Sin embargo, aún no resulta evidente que basar la probabilidad en nuestro conocimiento en lugar de en las frecuencias sea un paso adelante. La teoría de universos paralelos es determinista y si conocemos la función de onda en un instante determinado y sabemos resolver la ecuación de Schrödinger, podemos determinar todo lo que va a pasar. En esta situación, ¿qué significa que haya algo que no sabemos y a lo cual podemos asignar un grado de certeza dado por la regla de Born?

Hay una respuesta a esta pregunta, una respuesta seductora pero errónea: que no sabemos «en qué mundo vamos a acabar». Y es errónea porque asume implícitamente una idea de identidad personal que no se puede aplicar en un universo cuántico.

En este punto nos enfrentamos a lo que los filósofos denominan nuestra *comprensión «tradicional» del mundo que nos rodea*, que choca con la visión radicalmente diferente que sugiere la ciencia actual. El punto de vista científico debe poder explicar nuestras experiencias cotidianas, pero no tenemos por qué esperar que los conceptos y categorías que se han ido formando a lo largo de nuestra historia precientífica conserven su validez como parte de nuestra imagen más exhaustiva del mundo físico. Una buena teoría científica tiene que ser compatible con nuestra experiencia, pero puede expresarse en un lenguaje completamente diferente. Las ideas que usamos sin problema en nuestro día a día aparecen como aproximaciones útiles de algunos aspectos de un relato mucho más completo.

Una silla no es un objeto que participe de una esencia platónica de «sillidad», sino que es un conjunto de átomos dispuestos en una determinada configuración, de tal modo que nos resulta razonable incluirlo en la categoría «silla». No tenemos ningún problema en admitir que los límites de esta categoría son algo borrosos... ¿cuenta un sofá como silla? ¿Y un taburete? Si cogemos un objeto que sea, sin lugar a duda, una silla y le vamos quitando átomos uno a uno, se irá haciendo menos silla poco a poco, pero no hay ninguna frontera clara en la que, al cruzarla, la silla pase a ser una no-silla. Pero todo esto no representa ninguna dificultad; no tenemos problemas para aceptar esta falta de rigor en nuestra charla cotidiana.

Sin embargo, cuando pasamos a la noción de *yo*, nos volvemos algo más precavidos. En nuestra experiencia cotidiana, no hay nada borroso acerca de nuestro propio yo. Crecemos, aprendemos, envejecemos e interactuamos con el mundo de muchas formas, pero en cualquier momento soy perfectamente capaz de identificar una persona concreta que es, sin duda alguna, «yo».

La mecánica cuántica sugiere que tal vez tendríamos que modificar un poquito este relato. Cuando medimos un espín, la función de onda se bifurca por medio de la decoherencia, un único mundo se divide en dos y allí donde yo era una sola persona, ahora hay dos. No tiene ningún sentido preguntar cuál es «realmente yo». Del mismo modo, antes de la bifurcación, no tiene sentido preguntarse en qué rama voy a acabar. Ambas personas tienen todo el derecho de considerarse «yo».

En un universo clásico no suele resultar problemático identificar a un único individuo como una persona que va envejeciendo a medida que pasa el tiempo. En cualquier momento concreto, una persona es una cierta disposición de átomos, pero no son los átomos lo importante, pues estos se van reemplazando con el tiempo. Lo que importa es el patrón que formamos y la continuidad de ese patrón, especialmente en las memorias de la persona en cuestión.

El nuevo rasgo de la mecánica cuántica es la duplicación de ese patrón cuando se bifurca la función de onda. No hay ninguna razón para asustarse, solo tenemos que ajustar nuestra noción de identidad personal a medida que transcurre el tiempo, para dar cuenta de una situación que nunca habíamos tenido la más mínima razón para imaginar durante todos los milenios de evolución humana precientífica.

Por muy persistente que sea nuestra identidad, el concepto de una única persona que se extiende desde el nacimiento hasta la muerte siempre ha sido poco más que una útil aproximación. La persona que eres ahora mismo no es exactamente la misma que eras hace un año, ni tan solo la misma que eras hace un segundo. Tus átomos se hallan en posiciones algo diferentes y algunos habrán sido sustituidos por otros (y si estás comiendo mientras lees, seguramente tendrás más átomos que los que tenías hace un momento). Si quisiéramos ser más quisquillosos de lo habitual, en lugar de hablar de «tú» tendríamos que hablar de «tú a las cinco de la tarde», «tú a las cinco y un minuto de la tarde», etc.

La idea de un «tú» unificado es útil pero no porque todos estos diferentes conjuntos de átomos en diferentes instantes sean literalmente el mismo, sino porque están relacionados entre sí de un modo evidente: describen un patrón real. El tú de un instante concreto procede del tú en un instante anterior, por medio de la evolución de los átomos que te forman y la posible adición o eliminación de algunos de ellos. Qué duda cabe, los filósofos han reflexionado a fondo sobre el tema; Derek Parfit, en particular, planteó que la identidad a lo largo del tiempo debe interpretarse como una situación de tu vida «que está en *Relación R*» con otra situación, donde *Relación R* establece que tu yo futuro comparte una cierta continuidad psicológica con tu yo pasado.

En la versión de universos paralelos de la mecánica cuántica las cosas son exactamente iguales, excepto por el hecho de que hay más de una persona que pueda proceder de una misma persona previa (Parfit no hubiera tenido problema alguno con esta situación y, de hecho, investigó casos análogos con hipotéticas máquinas duplicadoras). En lugar de hablar de «tú a las cinco y un minuto de la tarde», tendremos que hablar de «la persona a las cinco y un minuto de la tarde que procede del tú a las cinco en punto de la tarde y que ha acabado en la rama de espín hacia arriba de la función de onda», y de modo equivalente para la persona en la rama de espín hacia abajo.

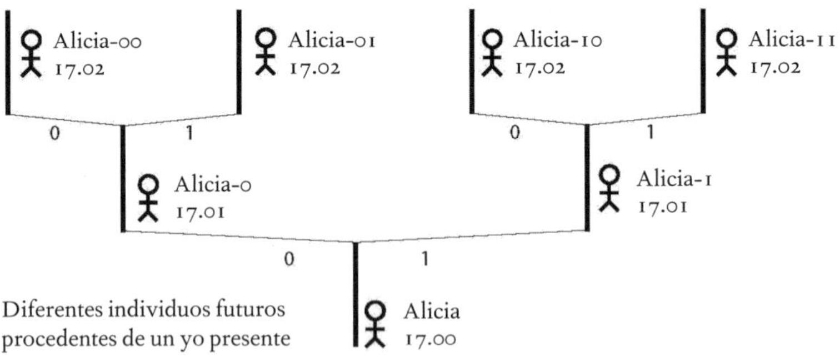

Diferentes individuos futuros procedentes de un yo presente

Cada una de estas personas puede afirmar con buenas razones que es «tú»; ninguna se equivoca. Cada una de ellas es una persona independiente y todas trazan su origen hasta la misma persona. En los universos paralelos, la vida de una persona debe considerarse a modo de árbol que se va ramificando, con muchos individuos al mismo tiempo, en lugar de como una línea única... no muy diferente de una ameba que va dividiéndose. Y vale la pena remarcar que no hay nada en toda esta discusión que se base en el hecho de ser una persona y no una piedra. El mundo se duplica y todo lo que hay en él también lo hace.

Ahora ya estamos preparados para abordar el problema de las probabilidades en la formulación de universos paralelos. Parecía natural pensar que la pregunta adecuada tenía que ser «¿En qué rama voy a acabar?», pero resulta que no es así como debemos reflexionar acerca del tema.

No, tenemos que pensar en el instante inmediatamente posterior al momento en que se produce la decoherencia y el mundo se ha bifurcado. La decoherencia es un proceso rapidísimo, que suele tardar una pequeña fracción de segundo. Desde la perspectiva humana, podemos decir que la función de onda se bifurca instantáneamente (aunque solo sea una aproximación). En primer lugar se produce la bifurcación y solo un poco después sabemos acerca de ella, por ejemplo observando si el electrón se ha desviado hacia arriba o hacia abajo al atravesar el campo magnético. Así pues, durante un brevísimo instante hay dos copias de ti, dos copias absolutamente idénticas. Cada una vive en una rama diferente de la función de onda, pero ninguna sabe en cuál de ellas está.

Acaso ya veas adónde nos lleva todo esto. No hay nada desconocido en la función de onda del universo: contiene dos ramas y sabemos la amplitud asociada con cada una. Pero hay algo que las personas de estas ramas no saben: en qué rama están. Esta situación, sobre la cual hizo hincapié por primera vez el físico Lev Vaidman, se denomina *incertidumbre de autolocalización*; es decir, sabes todo lo que hay que saber acerca del universo excepto dónde estás situado en él.

Esta ignorancia nos da pie a hablar de probabilidades. En ese momento justo después de la bifurcación, ambas copias de ti están sometidas a la incertidumbre de autolocalización, pues no saben en qué rama están. Lo que pueden hacer es asignar un cierto grado de certeza a estar en una rama o en otra. ¿Y cuál debería ser esta certeza? Hay dos vías plausibles. Una es que podemos usar la estructura de la mecánica cuántica para determinar un conjunto preferente de grados de certeza que observadores racionales asignarían al hecho de hallarse en diferentes ramas. Si estás dispuesto a aceptar tal cosa, las certezas que acabarás asignando son exactamente las que obtendrías mediante la regla de Born. El hecho de que la probabilidad de un resultado de una medición cuántica venga dada por el cuadrado de la función de onda es justo lo que esperaríamos si esa probabilidad surgiera de grados de certeza asignados en condiciones de incertidumbre de autolocalización (y si estás dispuesto a aceptar esto y no quieres enfrascarte en los detalles, puedes saltarte el resto de este capítulo).

Hay otra escuela de pensamiento, que, en resumidas cuentas, niega que tenga sentido alguno asignar certezas bien definidas. Puedo urdir todo tipo de reglas extravagantes para calcular las probabilidades de estar en una rama o en otra; tal vez asigne una mayor probabilidad a estar en una rama en la cual soy feliz, o en la que los espines siempre están hacia arriba. El filósofo David Albert ha sugerido (solo para subrayar esta arbitrariedad, no porque piense que es sensato) una «medida de obesidad»,[2] donde la probabilidad es proporcional al número de átomos de tu cuerpo. No hay ninguna justificación razonable para tal cosa, pero ¿quién me lo va a impedir? Lo único «racional» que podemos hacer, según esta postura, es admitir que no hay ninguna manera correcta de asignar grados de certeza y, en consecuencia, declinar hacerlo.

Es una postura que podemos adoptar, claro está, pero no creo que sea la mejor. Si la formulación de universos paralelos es correcta, nos vamos a hallar en situaciones de incertidumbre de autolocalización, tanto si nos gusta como si no. Y si nuestro objetivo es llegar a la mejor comprensión científica del mundo, esta implicará, por fuerza, la asignación de grados de certeza en esas situaciones. Al fin y al cabo, una parte de la ciencia es la predicción de lo que se va a observar, aunque sea solo de modo probabilístico. Si hubiera un conjunto arbitrario de formas de asignar certezas, y cada una de ellas pareciese tan sensata como las otras, estaríamos encallados. Pero si la estructura de la teoría señala, sin atisbo de duda, una manera concreta de asignar esos grados de certeza, y esta manera concuerda con nuestros datos experimentales, deberíamos asumirla, felicitarnos por un trabajo bien hecho y pasar a otras cosas.

Supongamos que nos convencemos de la idea de que puede haber una forma, que es claramente la mejor, de asignar grados de certeza cuando no sabemos en qué rama de la función de onda nos encontramos. Antes hemos mencionado que, en el fondo, la regla de Born no es más que el teorema de Pitágoras en acción; ahora podemos ser un poco más cuidadosos y explicar por qué esta es la manera racional de contemplar las certezas en presencia de la incertidumbre de autolocalización.

Se trata de una cuestión relevante, porque si no supiéramos ya algo acerca de la regla de Born, podríamos pensar que las amplitudes no tienen nada que ver con las probabilidades. Al pasar de una rama a dos, por ejemplo, ¿por qué no asignamos una probabilidad igual a cada una, puesto que se trata de dos universos separados? Es fácil mostrar que esta idea, llamada *recuento de ramas*, no puede funcionar. No obstante, hay una versión más restrictiva que afirma que deberíamos asignar probabilidades iguales a las ramas cuando tienen la misma amplitud; y esta afirmación resulta ser lo único que necesitamos para demostrar que, cuando las ramas tienen amplitudes diferentes, tenemos que usar la regla de Born.

Empecemos primero descartando la idea incorrecta del recuento de ramas antes de pasar a la estrategia que sí funciona. Consideremos un único electrón cuyo espín vertical ha sido medido por un aparato, de modo que ya se ha producido la decoherencia y la bifurcación. En rigor, deberíamos controlar y registrar los estados del aparato, del observador y del entorno, pero estos simplemente nos acompañan, de modo que no es necesario escribirlos explícitamente. Imaginemos que las amplitudes para el espín hacia arriba y para el espín hacia abajo no son iguales, sino que tenemos un estado Ψ no equitativo, con amplitudes diferentes para las dos direcciones:

$\Psi = \sqrt{\frac{1}{3}}$  $+ \sqrt{\frac{2}{3}}$ 

Estos números son las amplitudes correspondientes a cada rama. Como la regla de Born afirma que la probabilidad es igual al cuadrado de la amplitud, en este ejemplo tenemos una probabilidad de 1/3 de observar el espín hacia arriba y de 2/3 de observarlo hacia abajo.

Imaginemos que no sabemos nada de la regla de Born y estuviéramos tentados de asignar probabilidades mediante el recuento de ramas y pensemos en el punto de vista de los observadores en las dos ramas. Desde su perspectiva, estas amplitudes son solo unos números invisibles que se multiplican con su rama en la función de onda del universo, ¿por qué tendrían algo que ver con las probabilidades? Los dos observadores son igualmente reales y ni tan solo saben en qué rama están hasta que observan. ¿No sería más sensato, o por lo menos más democrático, asignarles certezas iguales?

El problema evidente con todo esto es que podemos seguir midiendo cosas. Imaginemos que, antes, hemos decidido que si medimos espín hacia arriba, nos paramos, pero que si medimos espín hacia abajo un mecanismo automático medirá rápidamente otro espín. Este segundo espín está en un estado de espín hacia la derecha, que sabemos que se puede escribir como una superposición de arriba y abajo. Tras medirlo (solo en la rama en que el primer espín estaba orientado hacia abajo), tenemos tres ramas: una donde el primer espín estaba hacia arriba, una en que estaba primero hacia abajo y luego hacia arriba y una en que las dos veces estaba hacia abajo. La regla de «asignar la misma probabilidad a cada rama» nos llevaría a dar una probabilidad de 1/3 a cada una de estas ramas.

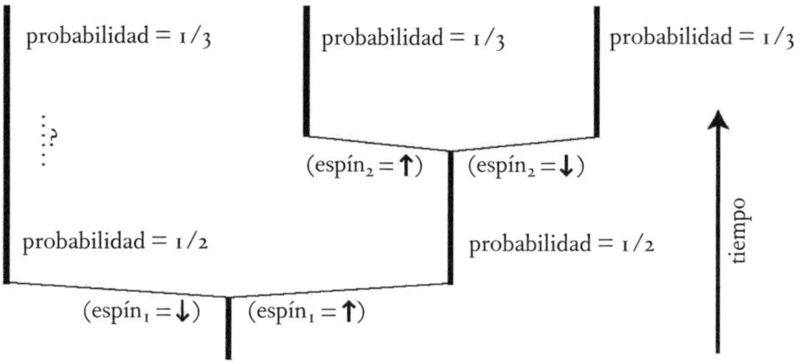

Esto es absurdo. Si seguimos esta regla, la probabilidad de la rama de espín hacia arriba original cambiaría de golpe al hacer una medición en la rama de espín hacia abajo, pasando de 1/2 a 1/3. La probabilidad de observar el espín hacia arriba en nuestro experimento inicial no debería depender de si alguien, en una rama por completo independiente, decide realizar otro experimento más adelante. Así, si queremos asignar grados de certeza de un modo sensato tendremos que recurrir a algo un poco más sofisticado que el simple recuento de ramas.

En lugar de la regla en exceso simple de «asignar la misma probabilidad a cada rama», intentemos una versión un poco más limitada: «asignar la misma probabilidad a ramas cuando tienen la misma amplitud». Por ejemplo, un único espín en un estado hacia la derecha se puede escribir como una superposición equitativa de espín hacia arriba y espín hacia abajo:

Esta nueva regla nos dice que deberíamos dar una certeza del 50% a estar en la rama de espín hacia arriba y de un 50% a estar en la de espín hacia abajo, si decidimos observar el espín respecto al eje vertical. Esto parece razonable, pues hay una simetría entre las dos opciones; está claro que cualquier regla sensata debería asignarles probabilidades iguales.*

Una cosa interesante acerca de esta propuesta más modesta es que no aparecen incoherencias con mediciones repetidas. Llevar a cabo una medición adicional en una rama pero no en la otra nos dejaría de nuevo con ramas con amplitudes diferentes, de modo que la regla no parece decirnos nada en absoluto. No obstante, las cosas son mucho mejores. Si partimos de esta regla de que amplitudes iguales implican probabilidades iguales y preguntamos si hay algún caso especial de una regla más general que nunca provoque incoherencias, siempre llegaremos a una misma respuesta, y esta respuesta es la regla de Born: la probabilidad es igual al cuadrado de la amplitud.

Podemos verlo con detalle volviendo a nuestro caso no equitativo, con una amplitud igual a la raíz de 1/3 y la otra, a la raíz de 2/3. Esta vez vamos a incluir explícitamente y desde el principio un segundo cúbit horizontal con espín orientado a la derecha. Al principio, el segundo cúbit se limita a acompañar al resto:

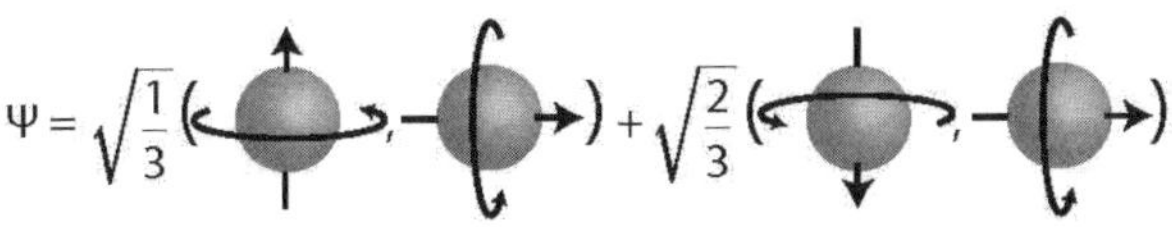

* Hay argumentos más sofisticados para derivar esta regla a partir de suposiciones muy débiles. Wojciech Zurech ha planteado una manera de obtener tal principio, y Charles Sebens y yo mismo hemos planteado un argumento independiente. Hemos demostrado que esta regla se puede derivar exigiendo que las probabilidades que asignamos al hacer un experimento en el laboratorio deben ser independientes del estado cuántico en cualquier otro lugar del universo.

Exigir probabilidades iguales para amplitudes iguales todavía no nos dice nada, pues las amplitudes no son iguales. Pero podemos jugar a lo mismo que jugamos antes, midiendo el segundo espín respecto al eje vertical solo si el primer espín se observaba orientado hacia abajo. La función de onda evoluciona en tres componentes y podemos determinar sus amplitudes recordando la descomposición de un estado con espín hacia la derecha en espines verticales. Multiplicando la raíz cuadrada de 2/3 por la raíz cuadrada de 1/2 obtenemos la raíz cuadrada de 1/3, de modo que tenemos tres ramas, todas con la misma amplitud:

Como las amplitudes son iguales, podemos asignarles con tranquilidad las mismas probabilidades, y como hay tres, tendremos 1/3 para cada una. Y si no queremos que la probabilidad de una rama cambie súbitamente cuando sucede alguna cosa en otra rama, deberíamos haber asignado probabilidad igual a 1/3 a la rama de espín hacia arriba antes incluso de efectuar la segunda medición. Pero 1/3 no es más que el cuadrado de la amplitud de esa rama, tal como habría predicho la regla de Born.

De todos modos, aún tenemos un par de problemas merodeando por aquí. Puedes objetar que hemos considerado un caso especialmente simple, donde una probabilidad era exactamente igual al doble de la otra. Pero esta misma estrategia funciona siempre que podamos subdividir nuestros estados en la cantidad adecuada de términos para que todas las amplitudes tengan la misma magnitud. Es algo que funciona siempre que los cuadrados de las amplitudes sean números racionales (un entero dividido por otro entero) y la respuesta es la misma: la probabilidad es igual al cuadrado de la amplitud. Hay muchísimos números irracionales, pero como físico, si puedes demostrar que algo funciona para todos los números racionales, puedes pasar el problema a algún matemático, murmurar alguna cosilla sobre *continuidad* y declarar que tu tarea acaba aquí.

Podemos ver cómo actúa aquí el teorema de Pitágoras. Es la razón por la que una rama que es más grande que otra en un factor igual a la raíz cuadrada de dos puede bifurcarse en dos ramas que tienen el mismo tamaño que la otra rama. Por esto la parte difícil no es derivar la fórmula real, sino ofrecer una fundamentación consistente de lo que significa la probabilidad en una teoría determinista. Aquí hemos explorado una posible respuesta: surge a partir de las certezas que asignamos a estar en diferentes ramas de la función de onda justo después de su bifurcación.

Una preocupación que te puede asaltar es «Pero yo quiero saber qué probabilidad tengo de obtener un resultado antes de hacer la medición, no después. Antes de la bifurcación, no hay incertidumbre de nada; ya me has dicho que no es correcto preguntar en qué rama voy a acabar. Así, ¿cómo puedo hablar de probabilidades antes de efectuar la medición?».

Tranquilidad. Tienes razón, lector, en que no tiene sentido preocuparse acerca de la rama en la que vas a acabar; no, lo que sabemos con certeza es que habrá dos descendientes de tu estado presente y que cada uno se hallará en una rama diferente. Serán idénticos y no estarán seguros de la rama en la que están, de modo que tendrán que asignar grados de certeza según la regla de Born. Pero esto significa que todos tus descendientes se hallarán en la misma situación epistémica, asignando probabilidades según la regla de Born, de modo que tiene sentido seguir adelante y asignar estas probabilidades ya mismo. Nos hemos visto obligados a cambiar el significado de lo que es la probabilidad, de un modelo frecuentista sencillo a una imagen epistémica más robusta, pero la manera de calcular y la forma de actuar a partir de esos cálculos sigue siendo la misma. Es por esto por lo que los físicos han podido avanzar considerablemente a la vez que evitaban todas estas sutiles cuestiones una vez y otra.

Intuitivamente, este análisis sugiere que las amplitudes de una función de onda cuántica llevan a ramas diferentes con diferentes «pesos», y que este peso es proporcional al cuadrado de la amplitud. No me gustaría tomar demasiado al pie de la letra esta imagen mental, pero es cierto que ofrece un retrato concreto que nos ayuda a dar sentido a las probabilidades, así como a otros problemas como la conservación de la energía, sobre la que hablaremos más adelante.

$$\text{Peso de una rama} = |\text{Amplitud de esa rama}|^2$$

Cuando hay dos ramas con amplitudes desiguales, decimos que solo hay dos mundos, pero con pesos diferentes; el que tiene mayor amplitud cuenta más. Los pesos de todas las ramas de cualquier función de onda siempre suman uno. Y cuando una rama se bifurca en dos no es que «ampliemos el universo» al duplicar el existente; el peso total de los dos mundos nuevos es igual al de aquel del cual proceden, de modo que el peso global se mantiene. Los mundos se adelgazan a medida que se suceden las bifurcaciones.

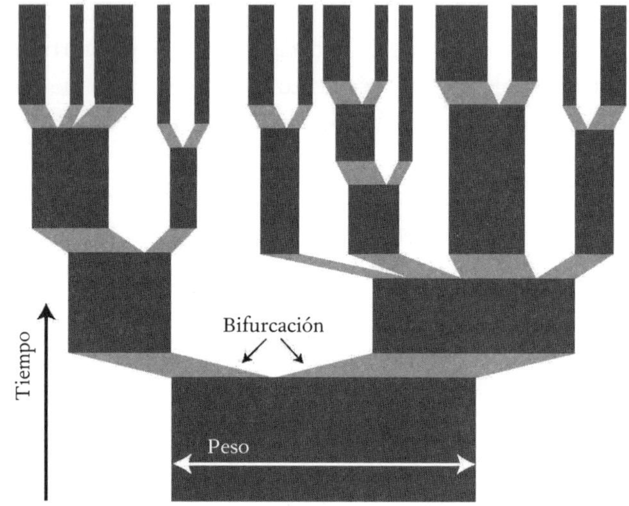

Esta no es la única manera de derivar la regla de Born en la teoría de universos paralelos. Una estrategia que es aún más popular entre la comunidad de físicos que se ocupan de la fundamentación de la mecánica cuántica hace referencia a la teoría de la decisión, es decir, al conjunto de reglas mediante las cuales un agente racional toma decisiones en un mundo incierto. Este enfoque lo inició David Deutsch (uno de los físicos que había quedado impresionado por Hugh Everett en el congreso de Texas en 1977) en 1999 y luego fue planteado con más rigor por David Wallace.

La teoría de la decisión argumenta que los agentes racionales asignan valores, o «utilidades», diferentes a las diversas cosas que pueden suceder y, luego, prefieren maximizar la cantidad esperada de utilidad, el promedio de todos los posibles resultados, ponderados según sus probabilidades. Dados dos resultados, *A* y *B*, un agente que asigne exactamente el doble de utilidad a *B* que a *A*, debería ser indiferente ante la realización de *A* con total certeza y la realización de *B* con un 50% de probabilidad. Hay un buen montón de axiomas razonables que debería cumplir cualquier buena asignación de utilidades; por ejemplo, si un agente prefiere *A* a *B* y también prefiere *B* a *C*, sin duda tendrá que preferir *A* a *C*. Cualquiera que en su vida se dedique a violar los axiomas de la teoría de la decisión será visto como irracional.

Para emplear este marco en el contexto de la teoría de universos paralelos, nos preguntamos cómo se debería comportar un agente racional, sabiendo que la función de onda del universo está a punto de bifurcarse y sabiendo cuáles serán las amplitudes de las diferentes ramas. Por ejemplo, hacemos pasar un electrón que se halla en una superposición a partes iguales de espín hacia arriba y espín hacia abajo por un imán de Stern-Gerlach y medimos su espín. Alguien te ofrece dos euros si el resultado es espín hacia arriba, pero solo si prometes pagarle un euro en caso de que el resultado sea espín hacia abajo. ¿Aceptas la apuesta? Si confiamos en la regla de Born, la respuesta es que sí, por supuesto, puesto que la recompensa esperada es de (0,5 × 2 EUR) + (0,5 × −1 EUR) = 0,50 EUR. Pero el problema es que estamos intentando derivar la regla de Born; ¿cómo se supone que puedes obtener una respuesta sabiendo que uno de tus yos futuros será dos euros más rico pero el otro será un euro más pobre? (vamos a suponer que te puedes permitir el lujo de ganar o perder algún euro sin que te cambie la vida por eso).

Los procedimientos son ahora un poco más complicados que en el caso anterior, cuando explicábamos las probabilidades como grados de certeza en una situación de incertidumbre de autolocalización, de manera que no los vamos a explicitar en detalle; en cualquier caso, la idea básica es la misma. En primer lugar, consideramos un caso en que las amplitudes de dos ramas diferentes son iguales y demostramos que es racional calcular el valor esperado como el promedio de las dos utilidades. Luego, suponemos que tenemos un estado no equilibrado, tal como la función de onda Ψ anterior, y te pido que me des un euro si el espín medido resulta estar hacia arriba y prometo pagarte un euro si resulta estar hacia abajo. Con una pizca de juegos de manos matemáticos, podemos demostrar que, en esta situación, tu utilidad esperada es exactamente la misma que si hubiera tres posibles resultados con amplitudes iguales y tú me dieras un euro por un resultado y yo te diera un euro por los otros dos. En este caso, el valor esperado es el promedio de los tres resultados diferentes.

En definitiva, un agente racional de un universo everettiano actúa exactamente del mismo modo que si viviera en un universo no determinista en que las probabilidades vinieran dadas por la regla de Born. Actuar de cualquier otro modo sería irracional, siempre que aceptemos los diversos axiomas, por lo demás plausibles, acerca de lo que significa ser racional en este contexto.

No obstante, alguien podría ser aún más terco e insistir en que no basta con mostrar que la gente debe actuar «como si» algo fuera cierto; es necesario que sea realmente verdad. Esta postura implica no acabar de comprender lo que tenemos entre manos. La mecánica cuántica de universos paralelos nos presenta un punto de vista de la realidad radicalmente distinto del que tenemos con una perspectiva ordinaria con un solo mundo y sucesos en verdad aleatorios. No es sorprendente que algunos de nuestros conceptos, aparentemente naturales, tengan que cambiar junto con este cambio de perspectiva. Si viviéramos en un mundo regido por la mecánica cuántica académica, donde el colapso de la función de onda es verdaderamente aleatorio y obedece a la regla de Born, sería racional calcular nuestra utilidad esperada de un cierto modo. Deutsch y Wallace han demostrado que si vivimos en un universo determinista con muchos mundos, es racional calcular nuestra utilidad esperada exactamente del mismo modo. A partir de esto, lo que significa hablar de probabilidades es lo siguiente: las probabilidades de que se den diferentes sucesos son equivalentes al peso que damos a esos sucesos cuando calculamos nuestra utilidad esperada. Debemos actuar del mismo modo que si las probabilidades que calculamos se aplicaran a un único universo aleatorio; siguen siendo probabilidades reales, aunque el universo sea un poco más rico que eso.

8

¿ES OBESO ESTE COMPROMISO ONTOLÓGICO?

Un diálogo socrático sobre enigmas cuánticos

Alicia reflexionaba en silencio mientras volvía a llenar su copa de vino.

—A ver si lo he entendido bien —dijo, finalmente—. ¿En serio quieres hablar sobre los fundamentos de la mecánica cuántica?

—Por supuesto —respondió su padre con una sonrisa traviesa.

El padre de Alicia era físico y había adquirido fama como maestro incontestable de abstrusos cálculos en física de partículas. Los experimentalistas que hacían chocar partículas en el Gran Colisionador de Hadrones le consultaban cada dos por tres acerca de complejos problemas sobre chorros de partículas creadas en la desintegración de quarks cima. Pero cuando se trataba de la mecánica cuántica era un simple usuario, no un creador.

—Ya va siendo hora de que entienda un poco mejor el trabajo de investigación de mi propia hija.

—Vale, de acuerdo —replicó Alicia—. ¿Cómo quieres hacerlo?

En la facultad, Alicia había iniciado una carrera investigadora similar a la de su padre, pero se había ido desviando por su testarudez en dar sentido a lo que realmente decía la mecánica cuántica. Le parecía que los físicos se estaban engañando a sí mismos al ignorar la fundamentación de su teoría más importante. Pocos años después obtuvo su doctorado en física teórica, pero había acabado con un puesto de profesor ayudante en el departamento de filosofía en una destacada universidad. Allí había empezado a ganar notoriedad como experta en el enfoque de universos paralelos de la mecánica cuántica.

—He ido anotando algunas preguntas —contestó su padre mientras sacaba su teléfono y hacía aparecer algo en la pantalla. Alicia sintió una mezcla de curiosidad y agitación.

—Venga, ¡dispara! —dijo Alicia mientras sorbía el Burdeos de su copa. La cosa empezaba bien.

—Muy bien —empezó el padre, que se había servido un martini, no demasiado seco y con tres aceitunas—. Comencemos por lo obvio: la navaja de Occam. Ya desde bien pequeños nos enseñan que debemos preferir explicaciones simples antes que las innecesariamente complejas. Pero por lo que veo, y si no entiendo mal tu trabajo (cosa que podría ser), me parece que estás bien a gusto postulando una infinidad de mundos que no podemos ver. ¿No se te antoja esto un poco extravagante? ¿No es acaso justo lo contrario de la explicación más simple?

Alicia asintió para luego replicar:

—Bueno, depende de cómo definamos *simple*, claro está. Mis colegas filósofos equiparan esto a una preocupación sobre el «compromiso ontológico», es decir, sobre todo aquello que necesitamos suponer que está contenido en la realidad solo para describir la parte de ella que observamos.

—Pero entonces, ¿no sugeriría la navaja de Occam que tener un exceso de compromisos ontológicos es un rasgo poco deseable de una teoría científica?

—Sí, claro, pero hay que ser cuidadoso acerca de cuál es realmente ese compromiso. La formulación de universos paralelos no postula una gran cantidad de mundos; lo que asume es una función de onda que evoluciona según la ecuación de Schrödinger. Los mundos aparecen automáticamente.

—Pero ¿qué quieres decir con esto? —objetó su padre—. La teoría se llama precisamente así. Claro que presupone una gran cantidad de mundos.

—No, en realidad no —respondió Alicia, cada vez más animada a medida que se acercaban al meollo de la cuestión—. Los ingredientes que se usan en la formulación de universos paralelos son ingredientes usados asimismo por todas y cada una de las demás versiones de la mecánica cuántica. Para zafarse de los otros mundos, las teorías alternativas necesitan postular suposiciones adicionales: o una nueva mecánica que se añade a la ecuación de Schrödinger, o nuevas variables además de la función de onda o bien una visión de la realidad totalmente independiente. Desde el punto de vista ontológico, los múltiples mundos son lo más austero y reducido que puedas pedir.

—Vamos, ¿me tomas el pelo?

—No, ¡en serio! Para serte franca, una objeción mucho más respetable es que la formulación de universos paralelos es demasiado austera y reducida y, en consecuencia, no es una tarea en absoluto trivial hacer corresponder su formalismo con el mundo que observamos.

El padre de Alicia se quedó unos instantes sopesando todo esto, con su cóctel momentáneamente olvidado. Alicia aprovechó la pausa para ahondar en el asunto:

—Mira, te explico mejor lo que quiero decir. Si crees que la mecánica cuántica nos dice algo sobre la realidad, creerás que un electrón puede estar en una superposición de espín hacia arriba y espín hacia abajo, por ejemplo. Y como tanto tú como yo y nuestros aparatos de medición estaban hechos de electrones y de otras partículas cuánticas, la suposición más simple que podríamos hacer (lo que la navaja de Occam nos sugeriría hacer) es que tú, yo y nuestros aparatos de medición también podemos estar en superposiciones. Esto queda implícito de manera muy clara en el formalismo de la mecánica cuántica, te guste o no. Sin duda, es posible pensar en complicar la teoría de diversas maneras para quitarnos de encima todas estas superposiciones o hacerlas poco físicas, pero en tal caso ya te podrás imaginar a Guillermo de Occam mirándote por encima del hombro y chasqueando la lengua.

—Todo esto me parece una argucia dialéctica —se quejó su padre—. Dejando de lado la cháchara filosófica, en tu teoría hay un montón de partes «en principio inobservables» que no parecen para nada sencillas.

—A ver, nadie niega que la formulación de múltiples mundos implica... bueno, pues eso, muchos mundos —Alicia admitió para luego proseguir—. Pero eso no va en contra de la simplicidad de la teoría. No juzgamos las teorías por la cantidad de entidades que pueden describir y que describen, sino por la simplicidad de las ideas sobre las que se sustentan. El concepto de números enteros (–3, –2, –1, 0, 1, 2, 3, ...) es mucho más simple que la idea de... yo qué sé... «–342, 7, 91, mil millones y tres, los números primos menores que 18 y la raíz cuadrada de tres», por decir algo. En los enteros hay más elementos (de hecho, infinitos), pero también hay un patrón simple que hace que este conjunto infinito se pueda describir con facilidad.

—Muy bien, ya veo por dónde vas. Hay muchos mundos, pero hay un principio simple que los genera, ¿no es esto? Aun así, cuando realmente tienes todos esos mundos, la cantidad de información matemática necesaria para describirlos todos será enorme. ¿No deberíamos buscar una teoría más simple en la que no sean necesarios?

—Bueno, búscala, si quieres; y lo cierto es que no es algo que no haya intentado mucha gente. Pero al deshacerte de los mundos, acabarás haciendo que la teoría sea más complicada. Piénsalo de este modo: el espacio de todas las posibles funciones de onda, que es un espacio de Hilbert, es enorme; y no es más grande en la versión de universos paralelos que en otras versiones de la mecánica cuántica, sino que tiene exactamente el mismo tamaño, un tamaño que es lo bastante grande como para describir un gran número de realidades paralelas. Si puedes describir superposiciones de espines de electrones, también puedes describir superposiciones de universos sin más problemas. Si lo que haces es mecánica cuántica, el potencial de los múltiples mundos está ahí, y la evolución habitual siguiendo la ecuación de Schrödinger tiende a ocasionarlos, te guste o no. Otras aproximaciones a la mecánica cuántica deciden no aprovechar la enorme riqueza del espacio de Hilbert; no quieren aceptar la existencia de otros mundos, de modo que se ven obligadas a esforzarse para deshacerse de ellos, de un modo u otro.

—Muy bien —mascullό su padre, no muy convencido pero, al parecer, preparado para pasar al siguiente problema. Tomó un sorbo de su martini y echó un vistazo a su móvil—. ¿No hay también un problema filosófico con la teoría? No soy filósofo, pero tanto Karl Popper como yo sabemos que se supone que una buena teoría tiene que ser falsable. Si no puedes ni tan siquiera concebir un experimento que eventualmente podría refutar tu teoría, no estamos hablando de ciencia. Y esta es justo la situación que tenemos entre manos con todos esos otros mundos, ¿no?

—Bueno, sí y no.

—Ja… la respuesta comodín a cualquier pregunta de filosofía.

—Es el precio que pagamos por ser tan tiquismiquis con la precisión —rio Alicia—. Sí, Popper propuso que las teorías científicas tienen que ser falsables. Era una idea relevante, pero en el fondo estaba pensando en la diferencia entre teorías como la relatividad general de Einstein, que hace predicciones empíricas bien definidas para la curvatura de la luz al pasar cerca del Sol, y teorías como la historia marxista o el psicoanálisis freudiano. El problema con estas últimas, pensaba Popper, era que independientemente de lo que pasara en realidad, siempre podías ingeniar una historia para explicar por qué era de la manera que era.

—Ya es lo que me imaginaba. No he leído a Popper, pero le agradezco que pusiera el dedo en algo tan crucial para la ciencia.

—Así es, pero para serte sincera, la mayoría de los filósofos actuales de la ciencia están de acuerdo en que Popper no es la respuesta definitiva. La ciencia es bastante más caótica, y lo que la separa de la «no-ciencia» es un asunto sutil.

—Bueno, ¡es que para vosotros, los filósofos, todo es sutil! No me extraña que nunca lleguéis a nada.

—Tranquilo, papá, que estamos llegando a un punto importante. Lo que Popper intentaba precisar, en definitiva, es que una buena teoría científica tiene dos características. En primer lugar, está bien *definida*: no puedes retorcer la teoría para «explicar» cualquier cosa, tal como Popper sospechaba que se podía hacer con el materialismo dialéctico o con el psicoanálisis. En segundo lugar, es *empírica*: la validez de las teorías no se evalúa solo a partir de la razón; uno imagina muchas maneras posibles en que podría ser el mundo, cada una correspondiente a una teoría distinta y luego escoge entre ellas saliendo ahí afuera y observando cómo es el mundo en realidad.

—¡Ahí estamos! —Su padre pensaba que ahora había tomado la delantera en esta discusión—. ¡Empírica! Pero si no puedes observar todos esos mundos, tu teoría no tiene nada de empírico, ¡nada en absoluto!

—Todo lo contrario —replicó Alicia—. La versión de universos paralelos encarna estas dos características a la perfección. No se trata de una trola que se puede adaptar a cualquier conjunto de hechos observados. Sus postulados son bien simples: el mundo está descrito por una función de onda cuántica que evoluciona según la ecuación de Schrödinger. Son unos postulados falsables; basta con hacer un experimento que muestre que la interferencia cuántica no se produce cuando la teoría dice que debería producirse o que el entrelazamiento puede aprovecharse para la comunicación superlumínica o que una función de onda realmente colapsa sin decoherencia. La teoría de los universos paralelos es la teoría más falsable que te puedas imaginar.

—Pero a ver, esto no son pruebas exclusivas de los múltiples mundos —protestó su padre, reacio a conceder la victoria a su hija—; solo son pruebas de la mecánica cuántica en general.

—¡Sí, exactamente! Pero es que la mecánica cuántica everettiana no es más que mecánica cuántica pura y austera, sin ninguna suposición *ad hoc* adicional. Si quieres añadir asunciones extra, podemos preguntarnos, con razón, si estas nuevas suposiciones son comprobables.

—Venga ya... El rasgo definitorio de la formulación de universos paralelos es la existencia de todos esos mundos. Nuestro mundo no puede interactuar con ellos, de modo que este aspecto concreto de la teoría no se puede comprobar.

—¿Y qué? Cualquier buena teoría hace predicciones que no se pueden comprobar. Nuestra actual comprensión teórica de la relatividad general predice que la fuerza de gravedad no va a desaparecer mañana durante un intervalo de un milisegundo en una región del espacio de un radio de diez metros y situada a veinte millones de años luz. Es una predicción totalmente incomprobable, sin duda, pero tenemos una gran confianza en su certeza. No hay razón alguna por la que la gravedad tenga que comportarse de esta manera, e imaginar que sí lo hace nos lleva a una teoría mucho más desagradable que la actual. Los mundos adicionales de la mecánica cuántica everettiana tienen este mismo carácter: son predicciones inevitables de un formalismo teórico simple. Debemos aceptarlos a no ser que tengamos buenas razones para no hacerlo.

Y antes de que su padre pudiera replicar, Alicia añadió:

—Además, en principio, podríamos detectar estos otros mundos, si tenemos muchísima suerte. No han desaparecido; están ahí, en la función de onda. La decoherencia hace que sea increíblemente improbable que un mundo interfiera con otro, pero no metafísicamente imposible. Ahora bien, no me lanzaría a pedir una beca o un proyecto para plantear este experimento; sería como mezclar café y leche y esperar a que, en algún momento, se separaran espontáneamente.

—No te preocupes, que no se me ha pasado por la cabeza. Solo pienso que Popper no estaría muy satisfecho con tu enfoque de la filosofía de la ciencia.

—Te pillé, papá —saltó Alicia—. Popper era un severo crítico de la interpretación de Copenhague, a la que calificaba de «teoría errónea, e incluso mezquina».[1] En cambio, tenía buenas palabras para la interpretación de universos paralelos, que describió con precisión como «una discusión objetiva por completo de la mecánica cuántica».[2]

—¿En serio? ¿Ahora me dirás que Popper era everettiano?

—Bueno, no... —admitió Alicia— Al final, se alejó de Everett porque no podía entender por qué la función de onda se podía bifurcar pero luego las ramas no podían volver a unirse. Es una buena pregunta, pero podemos responderla.

—Seguro que sí. ¿A qué conclusión llegó acerca de los fundamentos de la mecánica cuántica?

—Elaboró su propia formulación de la mecánica cuántica, pero nunca llegó a cuajar.

—¡Ja! Filósofos...

—Sí, se nos da mejor decir a los demás por qué sus teorías son erróneas que proponer teorías nuevas nosotros mismos.

El padre de Alicia suspiró y, poco convencido, decidió pasar a la siguiente cuestión.

—Bueno... No es que me hayas convencido de nada, pero no quiero que nos encallemos en sutilezas filosóficas. Ahora que lo dices, la pregunta de Popper parece razonable. ¿Por qué los mundos no se fusionan, igual que se bifurcan? Si tenemos un espín en una superposición equitativa de arriba y abajo, podemos predecir la probabilidad de observar cualquiera de los dos resultados al hacer una observación futura. Pero si tenemos un espín que es arriba por completo y nos dicen que acaba de ser medido, no tenemos ningún modo de saber en qué tipo de superposición se hallaba antes de la medición (excepto que no era abajo por completo). ¿De dónde surge esta diferencia?

Alicia parecía tener la respuesta preparada:

—En realidad, se trata solo de termodinámica. O, por lo menos, de la flecha del tiempo, que apunta del pasado hacia el futuro. Recordamos el ayer, pero no el mañana; el café y la leche se mezclan, pero no se separan espontáneamente. Las funciones de onda se bifurcan, pero no se «desbifurcan».

—Uf... Me parece un argumento muy circular. Tal como lo entiendo, uno de los rasgos destacados de la versión de universos paralelos es que la función de onda solo obedece a la ecuación de Schrödinger; no hay ningún postulado independiente sobre el colapso. Cuando yo estudiaba mecánica cuántica, aprendí que las funciones de onda colapsan hacia el futuro, no hacia el pasado, algo que formaba parte de las suposiciones. No sé por qué debería seguir siendo cierto para Everett, dado que la ecuación de Schrödinger es perfectamente reversible. ¿Qué tienen que ver el café y la leche con las funciones de onda?

Alicia asintió y replicó:

—Ajá, una objeción muy pertinente. Antes de responder, preparemos un poco el camino. La segunda ley de la termodinámica postula que la entropía (que es, básicamente, el desorden o la aleatoriedad de una configuración, tal como bien sabes) nunca disminuye en un sistema cerrado. Ludwig Boltzmann lo explicó en la década de 1870. La entropía cuenta el número de formas diferentes en que se pueden disponer los átomos de un sistema de modo que, desde el punto de vista macroscópico, ese sistema tenga el mismo aspecto. La razón por la que aumenta es que hay muchas más formas de estar en un estado de alta entropía que en uno de baja, de modo que es altamente improbable que la entropía disminuya. ¿Correcto?

—Por supuesto —aceptó su padre—. Pero todo esto es clásico; Boltzmann no sabía nada de la mecánica cuántica.

—Sí, pero la idea básica es la misma. Boltzmann explicó por qué la entropía tiende a aumentar, pero nunca dio razón alguna por la cual es baja en un principio. En la actualidad, consideramos como un hecho cosmológico que el universo se inició justo tras el Big Bang en un estado ordenado y, en consecuencia, la entropía ha ido aumentando desde entonces, de modo que por eso tenemos una flecha del tiempo. En realidad, no sabemos por qué el universo primitivo tenía una entropía tan baja, aunque algunos tenemos ciertas ideas sobre el tema...

—Y esto, ahora, es relevante porque...

—Porque para los everettianos, la explicación de la flecha del tiempo cuántica es lo mismo que la flecha del tiempo entrópica: las condiciones iniciales del universo. La bifurcación se produce cuando el sistema queda entrelazado con su entorno y sufre decoherencia, que se da a medida que el tiempo avanza hacia el futuro, no hacia el pasado. El número de ramas de la función de onda, como la entropía, solo hace que aumentar con el tiempo. Esto significa que el número de ramas era comparativamente pequeño al principio; o, dicho de otro modo, que había una cantidad comparativamente baja de entrelazamiento entre los diversos sistemas y el entorno en el pasado lejano. Como sucede con la entropía, se trata de una condición inicial que imponemos al estado del universo y, en estos momentos, no sabemos con seguridad por qué era así.

—Muy bien —admitió su padre—. Es bueno aceptar lo que no sabemos. En el estado actual de nuestro conocimiento explicamos la flecha del tiempo apelando a las condiciones iniciales del pasado. Es una sola condición que explica tanto la flecha termodinámica como la flecha cuántica ¿o es solo una analogía?

—Diría que es algo más que una analogía, pero para serte sincera, es un tema en el que no iría mal un poco de investigación más rigurosa

—respondió Alicia—. Sin duda, parece haber una conexión. La entropía está relacionada con nuestra ignorancia. Si un sistema tiene poca entropía, es que hay pocas configuraciones microscópicas compatibles con el aspecto macroscópico del sistema, de modo que podemos saber muchas cosas de él solo a partir de sus características macroscópicas observables; en cambio, si tiene mucha entropía, podremos saber muchas menos cosas. John von Neumann se dio cuenta de que podemos decir algo parecido acerca de los sistemas cuánticos entrelazados. Si un sistema está completamente desentrelazado de cualquier otra cosa, podemos hablar sin problema sobre su función de onda, aislada del resto del mundo; en cambio, cuando está entrelazado, la función de onda individual queda indefinida y solo podemos hablar acerca de la función de onda del sistema combinado.

—Von Neumann era un tipo brillante —se animó su padre—, todo un héroe. Muchos físicos húngaros emigraron a Estados Unidos, como Szilard, Wigner o Teller, pero él era el mejor. Me suena que derivó una fórmula para la entropía.

—Efectivamente —asintió Alicia—. Von Neumann se dio cuenta de que había una equivalencia matemática entre una situación clásica en la que no estamos seguros del estado exacto del sistema, lo que da lugar a la entropía, y la situación cuántica en la que dos subsistemas están entrelazados, de modo que no podemos hablar de la función de onda de cada uno por separado. Von Neumann derivó una fórmula para la *entropía de entrelazamiento* de un sistema cuántico; cuanto más entrelazado esté algo con el resto del mundo, más alta será su entropía.

—¡Ajá! —exclamó su padre—. Ya veo adónde quieres llegar con todo esto. El hecho de que las funciones de onda solo se bifurquen hacia adelante en el tiempo, y no hacia atrás, no solo evoca el aumento de la entropía, sino que es el mismo hecho. La baja entropía del universo primitivo se corresponde con la idea de que en ese momento había muchos subsistemas no entrelazados. A medida que van interaccionando y van quedando entrelazados, observamos el proceso como una bifurcación de la función de onda.

—¡Eso es! —confirmó Alicia, con un cierto orgullo de hija—. Aún no estamos seguros de por qué el universo es así, pero una vez aceptamos que el universo primitivo estaba en un estado de baja entropía y poco entrelazado, todo lo demás cae por su propio peso.

—Pero, un momento, un momento —al parecer, su padre se había dado cuenta de algo—. Según Boltzmann, el aumento de la entropía es solo lo más probable, no es una regla absoluta. En último término, es debida al movimiento aleatorio de los átomos y las moléculas, de modo que hay una probabilidad no nula de que la entropía pueda disminuir espontáneamente. ¿Significa esto que es posible que la decoherencia pueda invertirse en algún momento y que haya mundos que se fusionen en lugar de ramificarse?

—Sin ninguna duda —respondió Alicia asintiendo—. Pero tal como pasa con la entropía, la probabilidad de que pase tal cosa es tan absurdamente baja que resulta irrelevante en nuestra vida cotidiana o para cualquier experimento de la historia de la física. Es improbabilísimo que en toda la historia del universo dos configuraciones macroscópicas diferentes hayan vuelto a asumir coherencia ni una sola vez.

—O sea, ¿que sí que hay alguna probabilidad?

—Lo que digo es que si tu preocupación con la versión de los universos paralelos es que las ramas de la función de onda puedan reunirse alguna vez, es que no tienes ninguna objeción razonable y te estás aferrando a un clavo ardiendo.

—Bueno, bueno, no te emociones demasiado, todavía —refunfuñó su padre, volviendo a su actitud escéptica. Cogió el palillo de su copa y mordió un trozo de aceituna—. Déjame intentar entender lo que realmente afirma la teoría. ¿Es correcto decir que el número de mundos producidos en cada momento es infinitamente grande?

—A ver... —respondió Alicia con vacilación—. Creo que una respuesta honesta a esta pregunta va a necesitar un poco más de sutileza filosófica.

—No me sorprende, la verdad.

—Podemos volver a la analogía con la entropía. Cuando Boltzmann obtuvo su fórmula para la entropía, lo que hizo fue contar el número de disposiciones microscópicas de un sistema que tenían el mismo aspecto macroscópico. A partir de aquí, pudo argumentar que la entropía debía aumentar.

—Sí, claro, pero eso es física real y sincera; algo que podemos comprobar experimentalmente. No tengo claro qué tiene que ver con tus delirios de universos paralelos.

—Eso es lo que tú dices, pero tienes que imaginarte lo que la gente pensaba en ese momento —Alicia se había puesto cómodamente en su papel de profesora, olvidando el Burdeos—. Boltzmann estaba en lo cierto, pero se plantearon varias objeciones a su idea. Una era que transformaba la entropía de un rasgo objetivo de un sistema físico en un rasgo subjetivo, que dependía de la noción que alguien tuviera de «tener el mismo aspecto». Otra era que degradaba la segunda ley de una afirmación absoluta a una simple tendencia, pues no era obligado que la entropía disminuyera, solo muy probable. Las partículas zumban de un lado a otro aleatoriamente y es extremadamente probable que evolucionen hacia un estado de mayor entropía, pero no es una certeza absoluta. Con el conocimiento acumulado a lo largo de los años, podemos ver que la naturaleza subjetiva de la definición de Boltzmann no le impide ser útil, y el hecho de que la segunda ley sea en realidad una buena aproximación y no una ley absoluta e inmutable es más que suficiente para cualquier cosa que queramos hacer.

—Eso ya lo sé —respondió su padre—. La entropía es una cosa objetivamente real, pero solo la podemos definir y medir tras asumir unas pocas decisiones. Pero esto nunca me ha molestado, pues es útil. En cambio, no estoy seguro de que los múltiples mundos lo sean.

—Ya llegaremos a esto, pero antes déjame trabajar un poco más esta analogía. Al igual que la entropía, la noción de *mundo* en la mecánica cuántica everettiana es un concepto de alto nivel, no un concepto fundamental. Es una aproximación útil que ofrece una comprensión física genuina. Las ramas separadas de la función de onda no aparecen como parte de la estructura básica de la teoría. Sucede que para nosotros, humanos, nos resulta muy y muy conveniente pensar en una superposición de muchos de estos mundos, en lugar de tratar el estado cuántico como una abstracción indiferenciada.

Su padre abrió los ojos un poco más.

—Oh, es peor de lo que pensaba. Parece que me estás diciendo que *mundo* no es ni tan solo un concepto bien definido en la versión de universos paralelos.

—Es algo tan bien definido como pueda serlo la entropía. Si fuéramos un diablo de Laplace decimonónico, que supiera las posiciones y cantidades de movimiento de todas las partículas del universo, nunca tendríamos ninguna necesidad de rebajarnos a definir una noción tan grosera como la de entropía. Del mismo modo, si conociéramos la función de onda exacta del universo, nunca tendríamos necesidad de hablar de ramas. Pero en ambos casos somos criaturas finitas con una información matemática reducidísima, de modo que apelar a estos conceptos de alto nivel resulta muy útil.

Alicia podía notar que su padre estaba perdiendo la paciencia.

—A ver, yo solo quiero saber cuántos mundos hay —dijo—. Si no me puedes responder a esto, no estás haciendo un buen trabajo para la causa de los universos paralelos, la verdad.

—Debe de ser esa pasión por la honestidad en cualquier circunstancia que me inculcaste de pequeña —dijo Alicia, encogiéndose de hombros—. Todo depende de cómo dividimos en mundos el estado cuántico.

—Pero ¿no hay alguna manera correcta y evidente de hacerlo?

—¡A veces! En situaciones simples, en las que las mediciones tienen resultados claramente discretos, como medir el espín de un electrón, podemos afirmar con seguridad que la función de onda se bifurca en dos y el número de mundos (sean lo que sean) se duplica. Cuando medimos una magnitud que en principio es continua, como la posición de una partícula, las cosas están mucho menos definidas. En un caso así, podemos definir un peso total asociado a un determinado intervalo de resultados, el cuadrado de la función de onda, pero no un número absoluto de ramas. Ese número dependería de la resolución con que queremos subdividir nuestra descripción del resultado de la medición, lo que, al fin y al cabo, es elección nuestra. Una de mis citas preferidas sobre este tema es de David Wallace: «Preguntar cuántos mundos hay es como preguntar cuántas experiencias tuviste ayer o cuántos remordimientos ha tenido un criminal. Tiene sentido decir que tuviste muchas experiencias o que tiene mucho remordimiento, pero es absurdo preguntar *cuántos*».[3]

El padre de Alicia no parecía muy convencido con todo esto. Tras una meditada pausa, respondió:

—Mira, voy a intentar ser justo. Aceptaré que los mundos no son fundamentales, de modo que hay algo aproximado en su definición, pero lo que seguro que me puedes decir es si hay un número finito o infinito de ellos.

—Me parece una pregunta justa —aceptó Alicia, tal vez con algo de renuencia—. Por desgracia no sabemos la respuesta. Hay un límite superior al número de mundos, que es el tamaño del espacio de Hilbert, el espacio de todas las posibles funciones de onda.

—Pero, a ver, el espacio de Hilbert es infinito —replicó su padre—. Incluso para una sola partícula, el espacio de Hilbert tiene dimensión infinita, y ya no digamos en teoría cuántica de campos. Así pues, parecería que el número de mundos es infinito.

—Lo que pasa es que no estamos seguros de si el espacio de Hilbert para nuestro universo tiene un número finito o infinito de dimensiones. Sin duda sabemos de algunos sistemas para los cuales el espacio de Hilbert adecuado es de dimensión finita. Si tenemos *N* cúbits, el espacio de Hilbert correspondiente tiene 2^N dimensiones. El tamaño del espacio de Hilbert crece exponencialmente a medida que añadimos más partículas. Una taza de café contiene unos 10^{25} electrones, protones y neutrones, el espín de cada uno de los cuales se describe mediante un cúbit; así, el espacio de Hilbert para la taza de café (solo incluyendo los espines, sin preocuparnos de las posiciones de las partículas) tiene una dimensionalidad de, más o menos, $2^{10^{25}}$.

—No hace falta decir —prosiguió Alicia— que es un número descomunal. Un uno seguido por 10^{25} ceros, si lo escribes en binario; algo que no tendrías tiempo de hacer aunque hubieras estado trabajando durante toda la vida de nuestro universo observable.

—Sí, pero estás haciendo trampa; el número real es mucho más grande que este —dijo su padre—. Estás contando espines, pero las partículas reales también tienen una posición en el espacio, y hay un número infinito de tales posiciones. Por eso el espacio de Hilbert de un conjunto de partículas tiene infinitas dimensiones: el número de dimensiones es simplemente la cantidad de posibles resultados de una medición.

—Correcto. Y es cierto que el propio Hugh Everett pensaba que cada medición cuántica ramificaba el universo en un número infinito de mundos, y no tenía ningún problema con ello. El infinito parece algo muy grande, pero en física usamos cantidades infinitas continuamente. La cantidad de números reales entre el cero y el uno es infinita, como bien sabes. Si el espacio de Hilbert tiene infinitas dimensiones, no tiene mucho sentido hablar del número de mundos individuales. Pero sí que podemos agrupar conjuntos de mundos similares y hablar del peso total (la amplitud al cuadrado) que tienen en comparación con algún otro conjunto.

—Caramba. ¿O sea que el espacio de Hilbert tiene infinitas dimensiones y el número de mundos es infinito, pero me estás diciendo que solo debemos hablar sobre el peso relativo de diferentes tipos de estos mundos?

—No, no. Aún no he acabado —insistió Alicia—. El mundo real no es un montón de partículas; ni tan siquiera se describe mediante la teoría cuántica de campos.

—No me digas... —replicó su padre fingiendo desesperación—. ¿Y qué he estado haciendo toda mi vida, pues?

—Ignorar la gravedad, eso es lo que has hecho —le espetó Alicia—, lo que es perfectamente sensato cuando te dedicas a la física de partículas. Pero hay indicios procedentes de la gravedad cuántica de que el número de posibles estados cuánticos diferentes es finito, no infinito. Si esto es cierto, hay un número máximo de mundos de los que podemos hablar con sensatez, teniendo en cuenta la dimensionalidad del espacio de Hilbert. Las estimaciones que se aventuran para la dimensión del espacio de Hilbert de nuestro universo observable son números como $2^{10^{122}}$. Un número enorme —reconoció Alicia—, pero incluso los números enormes son mucho más pequeños que el infinito.

Su padre reflexionó un poco sobre esto y luego comentó:

—Bueno, no estoy muy seguro de que sepamos nada demasiado fiable acerca de la gravedad cuántica.

—No, tal vez no. Por eso digo que no sabemos si el número de mundos es finito o infinito.

—Vale, muy bien. Pero todo esto plantea un problema totalmente nuevo. Me parece que las bifurcaciones deberían estar produciéndose todo el rato, cada vez que un sistema cuántico queda entrelazado con su entorno. ¿Podría ser que ese número que has mencionado, aunque descomunalmente grande, no fuera lo bastante grande? ¿Estamos seguros de que hay lugar suficiente en el espacio de Hilbert para todas las ramas de la función de onda que se van generando a medida que evoluciona el universo?

—Mmmmm... La verdad es que nunca he pensado en este tema —Alicia agarró una servilleta y empezó a garabatear unos cuantos números—. Veamos, hay unas 10^{88} partículas en nuestro universo observable, la mayoría fotones y neutrinos. En su mayor parte, estas partículas se desplazan por el universo sin interactuar ni quedar entrelazadas con nada. Así, siendo generosos, imaginemos que cada partícula del universo interacciona y bifurca la función de onda un millón de veces por segundo, y lo ha estado haciendo desde el Big Bang, que se produjo hace unos 10^{18} segundos. Esto nos lleva a $10^{88} \times 10^{6} \times 10^{18} = 10^{112}$ bifurcaciones, lo que produce un total de $2^{10^{112}}$ ramas... ¡Estupendo! —Alicia parecía satisfecha de su cálculo—. Es un número muy grande, pero mucho más pequeño que la estimación de la dimensionalidad del espacio de Hilbert del universo. Ridículamente más pequeño, de hecho. Y eso que hemos sido generosos, de modo que es solo una sobreestimación del número de ramas requeridas. Así, aunque la pregunta de cuántas ramas hay no tiene una respuesta definitiva, no tenemos que preocuparnos por si el espacio de Hilbert resulta demasiado reducido.

—Bueno, bien, bien... Por un segundo me había asustado —las aceitunas daban un agradable sabor salado al martini del padre. Este miró a su hija con un centelleo en los ojos—. ¿En serio que nunca te habías planteado este problema antes?

—Creo que la mayoría de los everettianos se acostumbran a pensar en términos de pesos relativos de las diferentes ramas de la función de onda, más que en ningún recuento concreto de mundos. No sabemos la respuesta definitiva, de manera que no parece muy productivo preocuparse demasiado.

—A ver, tengo que digerir un poco todo esto, porque siempre había pensado que se suponía que había un número infinito de mundos, y que esta versión de la mecánica cuántica implicaba que todo lo que podía suceder ha sucedido en alguna parte, que cada posible mundo existe ahí afuera, en la función de onda. Pensaba que era el gancho de todo este tinglado. Cuando me quedaba atascado en algún cálculo, me consolaba pensando en que había otro mundo en que yo era una llama, o un genio millonario, filántropo y vividor.

—Anda, ¿no lo eres? —se burló Alicia—. Siempre he pensado que tienes un poco de aspecto de llama, la verdad.

—Bueno, para el caso, en algún mundo debo de ser una llama millonaria.

—Antes de que nos desviemos demasiado —continuó Alicia—, déjame puntualizar que esa llama o ese millonario no serías tú, sino otros seres. Seguro que volveremos sobre el tema, pero de momento ya te aviso de que la versión de universos paralelos no dice que «todo lo que es posible, sucede», sino que afirma que «la función de onda evoluciona de acuerdo con la ecuación de Schrödinger». Algunas cosas nunca suceden, porque la ecuación de Schrödinger nunca lleva a que se produzcan. Por ejemplo, nunca veremos que un electrón se convierta espontáneamente en un protón; esto modificaría la carga eléctrica total, y la carga eléctrica se conserva siempre, estrictamente. Así pues, las bifurcaciones nunca crearán universos con más o menos carga eléctrica que con la que empezamos. Solo porque en la mecánica cuántica everettiana pasen muchas cosas no significa que pase todo.

El padre de Alicia alzó una ceja, escéptico.

—Cariño, estás siendo un poco tiquismiquis para guardar las apariencias. A ver, siendo estrictos está claro que no sucede todo, pero creo que es verdad que suceden gran cantidad de cosas estrafalarias en diversos mundos, ¿no?

—Sí, no tengo problemas en admitirlo. Cada vez que chocas con una pared, la función de onda se bifurca en varios mundos: algunos en que te rompes la nariz, algunos en que atraviesas la pared como si nada y otros en que rebotas y caes de espaldas, por ejemplo.

—Pero es que esto es relevante, ¿no? En la mecánica cuántica ordinaria, la probabilidad de que un objeto macroscópico atraviese una pared no es nula pero sí inimaginablemente diminuta, y podemos ignorarla sin más. En los universos paralelos, hay una probabilidad del 100% de que suceda en algún mundo.

Alicia asintió, pero su expresión era la de alguien que ya ha dado muchas vueltas a este asunto.

—Tienes razón en que hay una clara diferencia, pero te diría que no importa en lo más mínimo. Si aceptas la manera en que los everettianos derivan la regla de Born, debes actuar como si hubiera una probabilidad de atravesar la pared, una probabilidad tan y tan baja que no hay ningún motivo para tenerla en consideración en la vida cotidiana. Y si no aceptas esto, hay cosas mucho más graves en los universos paralelos de las cuales te tendrías que preocupar.

Pero su padre estaba animado e insistía:

—Creo que el problema de estos mundos de baja probabilidad es importante. ¿Qué pasa con los observadores que, en el conjunto de mundos everettianos, acaban observando sucesos que, aparentemente, desafían las predicciones de la regla de Born? Si medimos un espín cincuenta veces, habrá ramas en las que todos los resultados serán hacia arriba y otras en las que todos serán hacia abajo. ¿Qué se supone que van a concluir estos desgraciados observadores acerca de la mecánica cuántica?

—Bueno —respondió Alicia—, lo máximo que podemos decir es que peor para ellos; así es la vida. Pero el peso total asignado a esos observadores es tan pequeño que no deberíamos preocuparnos demasiado por ellos. Por no mencionar el hecho de que, tras obtener los cincuenta espines arriba de una tirada, las siguientes cincuenta pruebas seguirán correspondiendo a las predicciones de la regla de Born con una altísima probabilidad. Lo más probable es que atribuyan los cincuenta primeros resultados a un error experimental y puedan explicar así una divertida historia a sus colegas de laboratorio. Es como un universo clásico muy y muy grande. Si las condiciones que vemos en el universo que nos rodea continúan infinitamente lejos en todas direcciones, es abrumadoramente probable que haya otras civilizaciones como la nuestra (de hecho, infinitas de ellas) que hacen experimentos para comprobar la mecánica cuántica. Aunque lo más probable es que cada una de ellas observe probabilidades dadas por la regla de Born, como hay infinitas, algunas observarán estadísticas muy diferentes. En este último caso, pueden deducir conclusiones incorrectas sobre la mecánica cuántica. Se trata de unos observadores muy desafortunados, sin duda, pero podemos consolarnos pensando que también son muy poco frecuentes dentro del conjunto de todos los observadores del universo.

—¡Pues vaya consuelo! En tu visión de la física, siempre habrá observadores que deducen unas leyes de la física completamente erróneas.

—Bueno, nadie les dijo que sería un camino de rosas. Este problema aparece en cualquier teoría en la que haya un número de observadores lo bastante grande; la teoría de universos paralelos es solo un ejemplo de ellas. Lo importante es que en la mecánica cuántica everettiana, hay una manera de comparar los diferentes mundos: determina las amplitudes de sus ramas y elévalas al cuadrado; las ramas en que suceden cosas extravagantes tienen amplitudes pequeñísimas y, en consecuencia, son muy escasas en el conjunto de todos los mundos. Su existencia no debería preocuparnos más que lo que nos preocupan los desafortunados observadores de universos infinitamente grandes.

—No sé si estoy muy convencido con todo esto, pero dejemos constancia de mis objeciones y sigamos adelante —el padre de Alicia echó una ojeada a la lista de problemas que tenía en el móvil—. He leído un poco (incluso algunos de tus artículos) y una cosa que admiro en la versión de universos paralelos es que elimina todo misterio que pudiera haber sobre lo que sucede al efectuar una medición. No hay nada especial en las mediciones; solo es lo que sucede cuando un sistema cuántico que está en una superposición queda entrelazado con el entorno, más grande, lo que lleva a la decoherencia y a la bifurcación de la función de onda. Pero solo hay una función de onda, la función de onda del universo, que describe todo lo que hay en el espacio. Y la bifurcación ¿se produce toda al instante o se propaga gradualmente a partir del sistema en el que se produjo la interacción?

—Ay, madre... me temo que mi respuesta va a ser, una vez más, poco satisfactoria —Alicia se detuvo un momento para cortarse un pedazo de queso, que colocó delicadamente sobre una tostada mientras meditaba la mejor respuesta—. En el fondo, tú decides. O, si quieres expresarlo de un modo más respetable, el fenómeno de la «bifurcación» nos lo hemos inventado nosotros, los humanos, para ofrecer una descripción conveniente de una función de onda muy compleja; pensar que la bifurcación se produce de golpe o considerar que se propaga a partir de un punto, depende de lo que sea más conveniente en cada caso.

—Pero a ver, pensaba que la bifurcación era la clave de todo —se extrañó su padre, meneando la cabeza—. ¿Cómo puedes afirmar que la versión de universos paralelos es una teoría científica respetable si, además de no poder observar las otras ramas ni tan solo contarlas, tampoco puedes plantear un criterio bien definido acerca de lo que sucede? ¿Sí? Bueno, en fin, la bifurcación es lo que tú opinas, tío —siempre tendía a meter frases de películas en sus conversaciones.*

—En cierto modo sí, está claro. Pero hay opiniones mejores y peores. Quizá prefieras una descripción en la cual nada viaje más rápido que la luz. Lo que realmente importa es que no puedes comunicar o enviar información a una velocidad superior a la de la luz, y esto es cierto escojas la descripción que escojas. Pero si te quedas más tranquilo al limitar la propagación de un efecto aparentemente físico como la bifurcación a velocidades no superiores a la de la luz, puedes hacerlo sin problemas. En tal caso, el número de ramas será diferente en función del punto del espacio-tiempo en que te halles —Alicia agarró otra servilleta y empezó a garabatear de nuevo, esta vez trazando unos pequeños diagramas con líneas rectas—. Aquí tenemos el espacio representado en horizontal, de izquierda a derecha, y el tiempo en vertical, hacia arriba. Los rayos de luz que podrían emitirse de un suceso se mueven hacia arriba a cuarenta y cinco grados. Si partimos de una única rama de la función de onda, podemos imaginar una bifurcación que se produce en ese suceso y luego se propaga hacia arriba, avanzando en el tiempo, pero creciendo solo a la velocidad de la luz; así, los observadores muy lejanos estarían representados por una sola rama, mientras que los más cercanos por dos. Esto encaja

* En este caso, se trata de una frase de la película de los hermanos Cohen *El gran Lebowski*. *(N. del t.)*

bien con la idea de que los observadores distantes no tienen modo de saber acerca del suceso de bifurcación, ni ser influidos por este, mientras que los observadores cercanos sí.

—Ya veo... —reflexionó su padre, estudiando el diagrama— Supongo que he asumido que la bifurcación se producía a la vez en todo el universo, lo que me molestaba particularmente en tanto que soy alguien con un gran aprecio por la relatividad especial; seguro que sabes tan bien como yo que observadores diferentes definen la simultaneidad de modo distinto. Esta imagen, en que la bifurcación se propaga a la velocidad de la luz, me gusta más. Todos los efectos parecen bastante locales.

Alicia agitó las manos antes de seguir dibujando.

—Pero de la otra manera también funciona. Podemos describir la bifurcación como si se produjera en el mismo momento en todo el espacio. Esta imagen es útil cuando derivamos la regla de Born mediante la incertidumbre de autolocalización, pues podemos hablar con buen juicio acerca de la rama en la que estamos justo después de la bifurcación, independientemente de dónde haya sucedido. A causa de la relatividad, observadores que se mueven a diferentes velocidades dibujarán las ramas de modo distinto, pero no hay ninguna diferencia observacional provocada por hacerlo así.

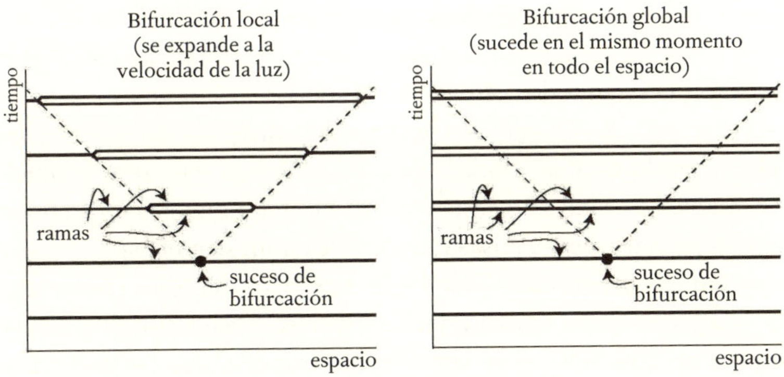

—¡Noooo! Acabas de echar por el suelo todo el buen trabajo anterior. Ahora me estás diciendo que también podemos considerar la bifurcación como un fenómeno totalmente no local.

—Sí, pero en el fondo, lo que estoy planteando es que la pregunta «¿Es la formulación de universos paralelos una teoría local?» no es una buena pregunta. Sería mejor la cuestión «¿Podemos describir la bifurcación como un proceso local, que se propaga solo dentro del cono de luz futuro de un suceso?». Y la respuesta es «Sí, pero también podemos describirla como un proceso no local, que se produce instantáneamente en todo el universo».

Su padre se tapó la cara con las manos, pero no como gesto de frustración, sino intentando asumir esta idea. Luego se levantó y se preparó otro martini, con el ceño fruncido. Regresó a su silla, con el cóctel en una mano y unos cacahuetes en la otra.

—Diría que el punto clave es que, el hecho de que yo crea o no crea que una persona muy lejana se ha bifurcado, no tiene ninguna relevancia para ella. Puedo considerarlas como una copia, o dos copias, absolutamente idénticas. Solo es una cuestión de descripción.

—¡Exacto! —exclamó Alicia—. Tanto si pensamos que la bifurcación se propaga a la velocidad de la luz como si pensamos que se produce en todas partes al mismo tiempo es solo cuestión de lo que resulta más conveniente. No tiene más misterios que el hecho de medir una longitud en centímetros o en pulgadas.

—¡Oh! ¿Pero qué clase de bárbaros miden la longitud en pulgadas?

Tras una pausa, el padre de Alicia continuó el interrogatorio:

—Muy bien, cambiemos de tema. Sé que a los teóricos de cuerdas y a otros científicos que, digamos, no están muy conectados con la realidad les encanta hablar de dimensiones adicionales. ¿Están ahí, las ramas? ¿Dónde están todos estos otros mundos?

—¿En serio, Roberto? —Alicia tendía a dirigirse a su padre por el nombre cuando estaba enfadada con él—. Venga ya... que lo puedes hacer mejor. Las ramas no «están situadas» en ninguna parte. Si te emperras en pensar que las cosas tienen ubicaciones en el espacio, te resultaría natural preguntar dónde están esos otros mundos. Pero no hay ningún lugar en el que se escondan esas ramas; existen simultáneamente, junto con la nuestra, pero sin contacto con ella. Asumo que existen en el espacio de Hilbert, pero no se trata de un «lugar». Hay más cosas en el cielo y la tierra, Roberto, que las que sospecha tu filosofía —a ella le gustaba más salpicar la charla con referencias shakespearianas.

—Ya, ya... Ya llevamos un par de copas y he pensado que estaría bien lanzarte una pelota flojita.

Roberto desplazó un poco más hacia arriba el documento que tenía abierto en su móvil.

—Muy bien, pongámonos serios, pues. Una cosa que me ha fastidiado siempre es esta: ¿qué pasa con la conservación de la energía? Cuando creas un nuevo universo, enterito, ¿de dónde sale todo eso?

—Bueno —replicó Alicia—, piensa en la mecánica cuántica convencional de los libros de texto. Si tenemos un estado cuántico, podemos calcular la energía total que describe. Mientras la función de onda evolucione estrictamente según la ecuación de Schrödinger, esa energía se conservará, ¿no?

—Sin duda.

—Pues ya está. En la versión de universos paralelos, la función de onda obedece a la ecuación de Schrödinger, que conserva la energía. Punto.

—Sí, vale, pero ¿y todos los mundos adicionales? —insistió su padre—. A ver, podría medir la energía que contiene este mundo que tenemos a nuestro alrededor, y dices que este mundo se está duplicando continuamente.

Alicia pisaba terreno firme, en este tema, de modo que lanzó su respuesta:

—No todos los mundos son creados iguales. Piensa en la función de onda. Cuando describe varios mundos ramificados, podemos calcular la cantidad total de energía sumando la energía de cada uno de ellos multiplicada por el peso (el cuadrado de la amplitud) de ese mundo. Cuando un mundo se bifurca en dos, la energía de cada uno es, básicamente, la misma que había antes en el mundo original (por lo que respecta a cualquiera que viva en ese mundo), pero sus contribuciones a la energía total de la función de onda del universo se han dividido por dos, pues sus amplitudes han disminuido. Cada mundo es un poco más delgado, aunque sus habitantes no notan diferencia alguna.

—Matemáticamente ya te sigo —admitió su padre—, pero creo que me falla un poco la intuición. Digamos que tengo una bola de billar con una cierta masa y energía potencial. Luego, alguien en la habitación de al lado observa un espín cuántico y bifurca la función de onda; ahora hay, pues, dos bolas de billar y cada una tiene la misma energía que la original, ¿no?

—Estás ignorando las amplitudes de las ramas. La contribución de la bola a la energía del universo no es solo su masa y su energía potencial; es esto multiplicado por el peso de su rama de la función de onda.

Tras la bifurcación, tienes dos bolas de billar, pero, conjuntamente, tienen la misma contribución a la energía total de la función de onda que la que tenía antes la bola de billar inicial.

—No estoy seguro de si estoy de acuerdo contigo o no, pero me estás ganando por agotamiento —musitó. Tras un momento, volvió a su lista de problemas.

—Mira, solo me queda una pregunta —el padre de Alicia dejó el teléfono a un lado, tomó un sorbo de su segundo martini y se inclinó un poco más sobre la mesa—. ¿De verdad te crees todo esto? Con la mano en el corazón, ¿crees que aparecen múltiples copias de mí cada vez que alguien mide el espín de una partícula?

Alicia se reclinó en su silla, bebió un poco más de vino, saboreándolo y dijo con aire más reflexivo:

—Sí, la verdad es que sí. Personalmente, creo que la mecánica cuántica everettiana, y todos los universos paralelos que implica, es, con diferencia, la versión más plausible de la teoría cuántica que conozco. Si ello significa que tengo que asumir que mi yo presente evolucionará en varios yos futuros ligeramente diferentes que nunca podrán comunicarse entre ellos, estoy dispuesta a aceptarlo. Siempre sujeto, claro está, a cualquier cambio o actualización que se produzca en el futuro gracias a nueva información que obtengamos, ya sea en forma de resultados experimentales o en forma de avances teóricos.

—Siempre serás una buena empirista —dijo su padre, sonriendo.

—Déjame citar a David Deutsch —añadió Alicia—. Una vez dijo: «A pesar del éxito empírico sin par de la teoría cuántica, la simple sugerencia de que pueda ser *literalmente verdadera como descripción de la naturaleza* sigue siendo recibida con escepticismo, incomprensión e incluso hostilidad».[4]

—¿Qué quieres decir con esto? Cualquier físico cree que la mecánica cuántica describe la naturaleza.

—Creo que cuando Deutsch habla de teoría cuántica, se refiere implícitamente a los universos paralelos —ahora era el turno de Alicia para sonreír—. Lo que quería señalar era que muchas personas rechazan la mecánica cuántica everettiana más por una aversión visceral que por un conjunto racional de objeciones. Pero, tal como lo expresó el filósofo David Lewis, «no sé cómo refutar una mirada incrédula».

—Espero que no me incluyas a mí —el padre de Alicia parecía casi ofendido—. He intentado entender la teoría a partir de objeciones bien razonadas.

—Sí, sí, por supuesto —respondió Alicia—. Esta conversación que hemos tenido, tanto si he acabado convenciéndote como si no, es la que todos los físicos cabales deberían tener. Lo que me importa no es que todo el mundo se convierta en un everettiano convencido, sino que la gente asuma el reto de comprender la mecánica cuántica. Sin duda, prefiero tener una buena y provechosa discusión con un ferviente partidario de las variables ocultas, por ejemplo, que intentar despertar el interés de alguien a quien, simplemente, le da igual.

Su padre asintió.

—Reconozco que me ha costado, pero no me da igual —dijo, sonriendo a su hija—. Nuestro objetivo es entender las cosas, ¿no es así?

9

OTROS CAMINOS

Alternativas a los universos paralelos

David Albert, actualmente catedrático de filosofía en la Universidad de Columbia y uno de los principales investigadores mundiales en la fundamentación de la mecánica cuántica, tuvo una experiencia muy habitual como estudiante de posgrado interesado en este tema. Estaba en el programa de doctorado del departamento de física de la Universidad Rockefeller cuando, tras leer un libro del filósofo del siglo XVIII David Hume acerca de la relación entre el conocimiento y la experiencia, se dio cuenta de que lo que le faltaba a la física era una buena comprensión del problema de la medición cuántica (Hume no sabía nada del problema de la medición, pero Albert, en su mente, puso las piezas que faltaban). A finales de los setenta, no había nadie en la Rockefeller que estuviera interesado en estudiar estos temas, de modo que Albert entabló una colaboración a larga distancia con el famoso físico israelí Yakir Aharonov, que culminó en varios artículos influyentes. Pero cuando sugirió incorporar este trabajo en su tesis doctoral, las autoridades de la Rockefeller quedaron horrorizadas. Bajo la amenaza de ser expulsado del programa de doctorado, se le obligó a redactar otra tesis en física matemática. Tal como recuerda, «me asignaron [el tema de la nueva tesis] porque consideraron que sería bueno para mi carácter. Había un claro elemento de castigo en ello».[1]

Los físicos han tenido muy poco éxito para llegar a un consenso sobre los fundamentos de la mecánica cuántica. Aun así, en la segunda mitad del siglo XX llegaron a un grado de acuerdo considerable sobre un tema relacionado: fueran cuales fueran los fundamentos de la mecánica cuántica, no se debía hablar de ello. No mientras hubiera trabajo real que hacer, realizando cálculos y construyendo nuevos modelos de partículas y campos.

Ya sabemos que Everett abandonó el mundo académico sin tan solo intentar ser profesor de física. David Bohm, que había estudiado y trabajado bajo la dirección de Robert Oppenheimer en la década de los cuarenta, propuso una ingeniosa forma de usar variables ocultas para abordar el problema de la medición. Pero tras un seminario en que otro físico explicó las ideas de Bohm, Oppenheimer se burló: «si no podemos refutar las ideas de Bohm, haremos bien en ignorarle».[2] John Bell, quien hizo más que nadie para arrojar luz sobre la aparente naturaleza no local del entrelazamiento cuántico, ocultó su trabajo sobre el tema a sus colegas del CERN, ante los cuales se presentaba como un teórico convencional de física de partículas. Hans Dieter Zeh, pionero del concepto de *decoherencia* durante la década de 1970, cuando era un joven investigador, fue advertido por su tutor de que trabajar en este tema destruiría su carrera académica. De hecho, tuvo muchas dificultades para publicar sus primeros artículos, con comentarios de los revisores como «este artículo no tiene el más mínimo sentido» o «la teoría cuántica no se aplica a los objetos macroscópicos».[3] El físico neerlandés Samuel Goudsmit, que trabajaba como editor de la *Physical Review*, redactó una circular en 1973, en la que prohibía explícitamente aceptar para su revisión artículos sobre la fundamentación de la mecánica cuántica a no ser que hicieran nuevas predicciones experimentales (si esta política hubiera estado en vigor unos años antes, la revista hubiera tenido que rechazar el artículo de Einstein, Podolsky y Rosen, así como la respuesta de Bohr).

Sin embargo, tal como todas estas historias ponen de manifiesto, a pesar de los numerosos obstáculos que se interponían en su camino, un grupo de físicos y filósofos perseveraron en sus esfuerzos por entender mejor la naturaleza de la realidad cuántica. La teoría de universos paralelos, sobre todo después de que el proceso de bifurcación de la función de onda haya quedado mucho más claro gracias a la decoherencia, es un enfoque prometedor para solucionar los enigmas que plantea el problema de la medición. Pero hay otros enfoques que vale la pena considerar, tanto porque pueden estar en lo cierto (lo que es, sin duda, una razón de peso) como porque comparar las diversas maneras en que funcionan nos puede ayudar a apreciar mejor la mecánica cuántica, independientemente de cuál sea nuestro enfoque favorito.

A lo largo de los años se ha propuesto una enorme cantidad de formulaciones alternativas de la mecánica cuántica (el artículo correspondiente en la Wikipedia en inglés enumera explícitamente dieciséis «interpretaciones», además de una categoría para «otras»). Aquí vamos a considerar tres competidores del enfoque everettiano: el colapso dinámico, las variables ocultas y las teorías epistémicas. Aunque estamos muy lejos de ser exhaustivos, estas tres nos servirán para ilustrar las estrategias básicas planteadas por otros físicos.

La gran virtud de la versión de universos paralelos radica en la simplicidad de su formulación básica: hay una función de onda y esta evoluciona de acuerdo con la ecuación de Schrödinger. Todo lo demás son apostillas. Algunas de estas apostillas, como la división en sistemas y su entorno, la decoherencia y la bifurcación de la función de onda, son utilísimas y, en el fondo, indispensables para casar la nítida elegancia del formalismo subyacente con nuestra caótica experiencia del mundo.

Sean cuales sean nuestras opiniones sobre la versión de universos paralelos, su simplicidad ofrece un buen punto de partida para valorar las alternativas. Si tienes un profundo escepticismo acerca de la posibilidad de respuestas adecuadas al problema de la probabilidad o simplemente te repugna la idea de todos esos mundos, la tarea a la que te enfrentas es modificar de algún modo la formulación de universos paralelos. Dado que esta versión no es más que «funciones de onda y la ecuación de Schrödinger», hay algunos caminos que parece evidente emprender a partir de este punto: modificar la ecuación de Schrödinger de modo que nunca aparezcan mundos adicionales, añadir nuevas variables además de la función de onda o reinterpretar la función de onda como una afirmación sobre nuestro conocimiento más que una descripción directa de la realidad. Son caminos que han sido recorridos y explorados con entusiasmo.

Para empezar, ocupémonos de la posibilidad de modificar la ecuación de Schrödinger. Es un enfoque que parece estar dentro de una zona en la cual la mayoría de los físicos se sienten cómodos; antes de que se haya establecido con firmeza casi cualquier teoría, los teóricos se preguntan cómo pueden trastear con las ecuaciones básicas para hacerla aún mejor. Al principio, el mismo Schrödinger esperaba que su ecuación pudiera describir ondas que, si se las miraba desde suficiente distancia, parecerían localizadas en «pegotes» con un comportamiento corpuscular. Quizá alguna modificación de su ecuación podría satisfacer tal esperanza e incluso ofrecer una solución natural al problema de la medición sin tener que recurrir a múltiples mundos.

Esto es más difícil de lo que parece. Si intentamos lo más obvio, añadir nuevos términos a la ecuación, como Ψ^2, lo que suele pasar es que echamos a perder rasgos importantes de la teoría, como que el conjunto total de probabilidades sume uno. Pero este tipo de obstáculo bien pocas veces desalienta a los físicos. Steven Weinberg, que elaboró el exitoso modelo que unificó las interacciones electromagnéticas y débiles en el Modelo Estándar de la física de partículas, propuso una ingeniosa modificación de la ecuación de Schrödinger que consigue mantener constante la probabilidad total a lo largo del tiempo. Sin embargo, esto tiene un precio: la versión más simple de la teoría de Weinberg permite enviar señales a más velocidad que la de la luz entre partículas entrelazadas, en oposición al teorema de ausencia de comunicación de la mecánica cuántica ordinaria. Este problema se puede remedar, pero entonces nos encontramos con algo aún más sorprendente: no solo sigue habiendo otras ramas de la función de onda, sino que puedes enviar señales entre ellas, creando lo que el físico Joe Polchinski ha bautizado como *teléfono de Everett*.[4] Tal vez no está tan mal, si quieres basar tus elecciones en el resultado de una medición cuántica y luego comprobar tus yos alternativos para ver cuál de ellos se las apaña mejor; pero no parece que sea así cómo funciona la naturaleza. Además, no soluciona el problema de la medición ni se libra de los múltiples mundos.

Si miramos atrás, tiene sentido. Consideremos un electrón en un estado puro de espín hacia arriba. Este estado también puede expresarse como una superposición equitativa de espín hacia la derecha y espín hacia la izquierda, de modo que una observación mediante un campo magnético horizontal tiene un 50% de probabilidades de obtener uno de los dos resultados. Pero precisamente a causa de esta igualdad entre las dos opciones, cuesta imaginar cómo podría una ecuación determinista predecir la observación de una o de la otra (por lo menos sin la adición de nuevas variables que aporten información adicional); algo tendría que romper el equilibrio entre el espín a la derecha y el espín a la izquierda.

Así pues, tenemos que ser un poco más drásticos. En lugar de coger la ecuación de Schrödinger y toquetearla un poquillo, podemos agarrar el toro por los cuernos y plantear una manera completamente independiente con la que pueden evolucionar las funciones de onda, una que reprima la aparición de múltiples ramas. Una gran cantidad de resultados experimentales nos garantizan que las funciones de onda *suelen* obedecer a la ecuación de Schrödinger, al menos cuando no las observamos. Pero tal vez, en contadas pero cruciales ocasiones, hacen algo muy diferente.

¿Qué podría ser eso tan diferente? Queremos evitar el terror existencial de tener múltiples copias del mundo macroscópico descritas por una sola función de onda. Así, ¿qué tal si imaginamos que las funciones de onda sufren ocasionales *colapsos espontáneos*, en que pasan de golpe de estar esparcidas por diversas posibilidades (por ejemplo, posiciones en el espacio) a estar comparativamente bien localizadas alrededor de un punto? Este es el novedoso rasgo fundamental de los modelos de colapso dinámico, el más famoso de los cuales es la *teoría GRW*, que recibe el nombre de las iniciales de sus creadores Giancarlo Ghirardi, Alberto Rimini y Tullio Weber.

Imaginemos un electrón en el espacio libre, no ligado a ningún núcleo atómico. Según la ecuación de Schrödinger, la evolución natural de una partícula así es que su función de onda se difunda por el espacio y se vuelva cada vez más difusa. A esta imagen, la GRW añade un postulado que asevera que, en cada instante, hay cierta probabilidad de que la función de onda cambie de forma radical e instantánea. El máximo de la nueva función de onda se escoge a partir de una distribución de probabilidad, la misma que hubiéramos usado para predecir la posición que mediríamos del electrón según su función de onda original. La nueva función de onda está muy concentrada alrededor de este punto central, de modo que ahora la partícula, a todos los efectos para los observadores macroscópicos, está situada en ese punto. Los colapsos de la función de onda en la teoría GRW son reales y aleatorios, no provocados por las mediciones.

La teoría GRW no es ninguna «interpretación» nebulosa de la mecánica cuántica; es una teoría física nueva, con una dinámica diferente. De hecho, la teoría postula dos nuevas constantes de la naturaleza: la anchura de la nueva función de onda localizada y la probabilidad por segundo de que se produzca el colapso dinámico; unos valores realistas para estos parámetros son quizá 10^{-5} centímetros para la anchura y 10^{-16} para la probabilidad de colapso por segundo. Un electrón ordinario, pues, evolucionará durante unos 10^{16} segundos antes de que su función de onda colapse espontáneamente, esto es, unos 300 millones de años. Así, en los 14.000 millones de años de vida del universo observable, la mayoría de los electrones (u otras partículas) habrán sufrido el proceso de localización solo un puñado de veces.

Esto no es ningún error, sino una característica de la teoría. Si vas a trastear con la ecuación de Schrödinger, más te vale hacerlo de manera que no eches por tierra todos los éxitos impresionantes de la mecánica cuántica convencional. Realizamos experimentos continuamente con partículas individuales y con conjuntos de unas pocas partículas; sería desastroso que las funciones de onda de esas partículas se nos fueran colapsando espontáneamente. Si hay algún elemento en verdad aleatorio en la evolución de los sistemas cuánticos, tiene que ser muy poco frecuente en el caso de partículas individuales.

Entonces, ¿cómo puede ser que una modificación tan pequeña de la teoría consiga eliminar las superposiciones macroscópicas? El entrelazamiento nos soluciona la papeleta, tal como hacía con la decoherencia en los universos paralelos.

Supongamos que medimos el espín de un electrón. Cuando lo hacemos pasar por un imán de Stern-Gerlach, la función de onda del electrón evoluciona a una superposición de «desviado hacia arriba» y «desviado hacia abajo». Luego medimos en qué dirección se ha desviado, por ejemplo detectando el electrón sobre una pantalla, conectada a un dial con un indicador que nos señala «Arriba» o «Abajo». Un everettiano dice que el indicador es un objeto macroscópico que se entrelaza rápidamente con el entorno, lo que provoca decoherencia y la bifurcación de la función de onda. La GRW no puede apelar a un proceso de este tipo, pero sí que sucede algo relacionado con ese proceso.

No se trata de que el electrón original colapse espontáneamente; tendríamos que esperar millones de años para que tal cosa fuera un suceso más o menos probable. En cambio, el indicador del dispositivo de medición contiene unos 10^{24} electrones, protones y neutrones. Todas estas partículas están entrelazadas de un modo bastante evidente: están en diferentes posiciones en función de si el indicador señala «Arriba» o «Abajo». Aunque es muy improbable que una partícula específica concreta sufra colapso espontáneo antes de observar, hay muchas probabilidades de que al menos una de ellas lo haga, y es algo que debería suceder unas 108 veces por segundo.

Quizá este resultado no te haya impresionado demasiado, teniendo en cuenta que no notaríamos en absoluto que un conjunto tan y tan reducido de partículas quede localizado en un indicador macroscópico. Pero la magia del entrelazamiento implica que si la función de onda de incluso una única partícula queda espontáneamente localizada, al resto de partículas entrelazadas con ella les pasa lo mismo. Si, de alguna manera, el indicador hubiera conseguido evitar que ninguna de sus partículas quedara localizada durante un cierto intervalo de tiempo, el suficiente como para evolucionar a una superposición macroscópica de «Arriba» y «Abajo», esta superposición colapsaría al instante en cuanto una sola de las partículas quedara localizada. La función de onda global pasa muy rápidamente de describir un aparato que señala a una superposición de dos resultados a uno que indica uno u otro sin ambigüedades. La teoría GRW logra convertir en operativa y objetiva la división entre el mundo clásico y el cuántico a la que los partidarios del enfoque de Copenhague se ven obligados a apelar. El comportamiento clásico lo vemos en objetos que contienen tantas partículas que acaba resultando probable que la función de onda global sufra una serie de rápidos colapsos.

La teoría GRW tiene claras ventajas y también patentes inconvenientes. Su virtud más evidente es que es una teoría específica y bien planteada que aborda el problema de la medición de manera directa. Los universos paralelos del enfoque everettiano quedan eliminados por un conjunto de colapsos impredecibles; nos queda, así, un mundo que conserva todos los éxitos de la teoría cuántica en el ámbito microscópico y muestra un comportamiento clásico en el macroscópico. Es una descripción perfectamente realista que no apela a borrosas nociones sobre la conciencia para su explicación de los resultados experimentales. La teoría GRW se puede concebir como una mecánica cuántica everettiana más un proceso aleatorio que poda las nuevas ramas de la función de onda a medida que van apareciendo.

Además, se trata de una teoría comprobable experimentalmente. Los dos parámetros que determinan la anchura de las funciones de onda localizadas y la probabilidad de colapso no se escogieron arbitrariamente; si sus valores fueran diferentes, o no servirían para nada (los colapsos serían demasiado escasos o no lo bastante localizados) o ya habrían sido descartados por los experimentos. Imaginemos un fluido de átomos en un estado de temperatura bajísima, de modo que cada átomo se mueva con extrema lentitud, si es que llega a hacerlo. Un colapso espontáneo de la función de onda de cualquier electrón del fluido aportaría a su átomo una ligera sacudida de energía, que los físicos podrían detectar como un pequeño aumento de la temperatura del fluido. Se están llevando a cabo experimentos de este tipo con el objetivo final de confirmar la teoría GRW o, en su defecto, de refutarla por completo.

Ahora bien, por lo que respecta a estos experimentos, es mucho más fácil explicarlos que hacerlos, pues la energía de la que estamos hablando es pequeñísima. Aun así, la GRW es un gran ejemplo que se puede mostrar cuando tus amigos se quejan de que la teoría de universos paralelos, u otros enfoques diferentes de la mecánica cuántica, no son comprobables experimentalmente. Las teorías se comprueban en comparación con otras teorías, y estas dos son claramente diferentes en lo que a sus predicciones experimentales respecta.

Entre los inconvenientes de la GRW está el hecho de que, en el fondo, esta nueva regla del colapso espontáneo es una regla totalmente *ad hoc* y en contraste absoluto con todo lo demás que sabemos acerca de la física. Resulta sospechoso que la naturaleza decida violar su ley habitual del movimiento a intervalos aleatorios y, además, hacerlo de manera que aún no hayamos sido capaces de detectarlo empíricamente.

Otro inconveniente, y es uno que ha impedido a la GRW y otras teorías similares ganar terreno entre los físicos teóricos, es que no queda muy claro cómo construir una versión de la teoría que funcione no solo para partículas, sino también para campos. En la física moderna, los ladrillos básicos de la naturaleza son los campos, no las partículas. Vemos partículas cuando observamos campos oscilantes con suficiente detalle, simplemente porque esos campos obedecen a las reglas de la mecánica cuántica. En determinadas condiciones, podemos pensar que la descripción en términos de campos es útil, pero no obligatoria, y podemos imaginar que los campos no son más que una forma de hacer un seguimiento conjunto de muchas partículas a la vez. Pero hay otras situaciones (como el universo primitivo o el interior de protones y neutrones) en las que los campos son imprescindibles. Y la teoría GRW, al menos en su versión simple aquí presentada, ofrece instrucciones para el colapso de la función de onda que hacen referencia específica a la probabilidad por partícula. Esto no tiene por qué ser forzosamente un obstáculo insalvable (partir de modelos simples que no acaban de funcionar y generalizarlos hasta que lo hacen es la marca de la casa de la física teórica), pero es una señal de que estos enfoques no encajan de manera natural con lo que pensamos hoy en día sobre las leyes de la naturaleza.

La teoría GRW traza una frontera entre lo cuántico y lo clásico haciendo que los colapsos sean muy escasos para las partículas individuales pero muy frecuentes para grandes conjuntos de partículas. Un enfoque alternativo sería hacer que los colapsos se produjeran siempre que el sistema llegara a un cierto umbral, como una goma elástica, que se rompe si se estira demasiado. Un ejemplo bien conocido de intento en esta línea fue el planteado por el físico matemático Roger Penrose, más conocido por sus trabajos en relatividad general. La teoría de Penrose hace uso de la gravedad de un modo esencial y sugiere que las funciones de onda colapsan de manera espontánea cuando empiezan a describir superposiciones macroscópicas en las que sus diferentes componentes tienen campos gravitatorios significativamente diferentes. El criterio de «significativamente diferente» resulta difícil de determinar con exactitud; los electrones aislados no colapsarán, por muy esparcidas que estén sus funciones de onda, mientras que un indicador de un dial es lo bastante grande como para provocar el colapso en cuanto empieza a evolucionar a diferentes estados.

La mayoría de los expertos en mecánica cuántica no han recibido con mucho entusiasmo la teoría de Penrose, en parte porque son bastante escépticos ante la posibilidad de que la gravedad tenga algún papel en la formulación básica de la mecánica cuántica. Creen que podemos hablar acerca de la mecánica cuántica y el colapso de la función de onda sin tener que considerar la gravedad para nada (y, de hecho, es lo que llevamos haciendo durante casi toda la historia de la física cuántica).

Es posible que se pueda elaborar una versión exacta del criterio de Penrose, en la cual este se podría considerar como una especie de «decoherencia de incógnito»: podemos pensar en el campo gravitatorio de un objeto como parte de su entorno, y si dos componentes diferentes de la función de onda tienen campos gravitatorios diferentes, pierden la coherencia. La gravedad es una fuerza extremadamente débil y casi siempre se dará el caso en que las interacciones electromagnéticas provocarán decoherencia mucho antes de que lo haga la gravedad, pero lo interesante de la gravedad es que es universal (todo tiene un campo gravitatorio, pero no todo tiene una carga eléctrica neta), de modo que como mínimo sería una garantía de que la función de onda colapsara para cualquier objeto macroscópico. La bifurcación cuando se produce la decoherencia ya forma parte del enfoque de universos paralelos; esta teoría de colapso espontáneo se limita a decir «es como lo de Everett excepto que cuando se crean nuevos mundos, los vamos borrando a mano». Bueno, ¿quién sabe? Podría ser la manera de funcionar de la naturaleza, pero no es un camino que muchos físicos estén dispuestos a recorrer.

Desde el mismísimo inicio de la mecánica cuántica, algo muy evidente de plantear ha sido la idea de que la función de onda no lo es todo, sino que hay otras variables físicas que se deberían añadir a nuestra descripción. Al fin y al cabo, los físicos están muy acostumbrados a pensar en términos de distribuciones de probabilidad a partir de su familiaridad con la mecánica estadística tal como se desarrolló durante el siglo XIX. En ella, no especificamos la posición y velocidad exactas de cada átomo en un contenedor de gas, por ejemplo, sino solo sus propiedades estadísticas globales. De acuerdo con el punto de vista clásico, damos por sentado que existen esas posiciones y velocidades exactas para cada partícula, aunque no las sepamos. Tal vez la mecánica cuántica también funciona así y hay valores bien definidos asociados a los posibles resultados observacionales, pero no sabemos cuáles son, de modo que la función de onda captura parte de la realidad estadística sin explicarnos todos los detalles.

Sabemos que la función de onda no puede ser exactamente igual que una distribución de probabilidad. Una verdadera distribución de probabilidad asigna probabilidades directamente a los resultados, y su valor para cualquier suceso tiene que ser un número real entre cero y uno (ambos incluidos). En cambio, una función de onda asigna una amplitud a cada posible resultado, y las amplitudes son números complejos; tienen una parte real y una parte imaginaria, cada una de las cuales puede ser positiva o negativa. Cuando elevamos al cuadrado estas amplitudes obtenemos una distribución de probabilidad, en efecto, pero si queremos explicar lo que se observa en los experimentos, no podemos usar directamente esta distribución, sino que tenemos que trabajar siempre con la función de onda. El hecho de que las amplitudes puedan ser negativas es lo que permite que haya interferencias, como las que vemos en el experimento de la doble rendija, sin ir más lejos.

Hay una manera sencilla de abordar este problema: considerar que la función de onda es real y existe físicamente, que no es solo una síntesis conveniente de nuestro incompleto conocimiento; pero, además, imaginar también que hay variables adicionales, que acaso representan las posiciones de las partículas. Estas magnitudes extra se denominan *variables ocultas*, aunque a algunos de sus partidarios no les gusta demasiado este nombre, pues son justamente estas variables las que observamos al hacer una medición. Podemos denominarlas *partículas*, sin más, pues suele ser el caso que se baraja más a menudo. En esta situación, la función de onda asume el papel de una *onda piloto*, que guía las partículas y determina su movimiento. Es como si las partículas fueran corchos flotando en el agua y la función de onda describiera las olas y las corrientes que empujan y arrastran esos corchos. La función de onda obedece a la ecuación de Schrödinger, mientras que una nueva «ecuación de guía» determina cómo influye a las partículas. Las partículas son guiadas hacia el punto en que la función de onda es más grande y se alejan de los lugares en que es casi nula.

La primera de este tipo de teorías fue la que presentó Louis de Broglie en el Congreso Solvay de 1927. Tanto Einstein como Schrödinger ya pensaban en esa época en algo parecido, pero las ideas de De Broglie fueron criticadas con dureza durante el congreso, sobre todo por Wolfgang Pauli. A partir de las actas del congreso, parece que las críticas de Pauli no estaban muy bien fundadas, y De Broglie las respondió correctamente, pero este quedó tan desanimado por la hostil recepción de su teoría, que la abandonó por completo.

En un famoso libro de 1932, *Fundamentos matemáticos de la mecánica cuántica*, John von Neumann demostró un teorema acerca de la dificultad de construir teorías de variables ocultas. Von Neumann fue uno de los matemáticos y físicos más brillantes del siglo XX y su nombre era sinónimo de fiabilidad en el mundo de la mecánica cuántica. Se convirtió en una costumbre que, siempre que se sugería que podría haber una manera más precisa de formular la teoría cuántica que la vaguedad inherente en el enfoque de Copenhague, alguien recurriera al nombre de Von Neumann y a la existencia de su demostración, cortando así de cuajo cualquier discusión.

De hecho, lo que Von Neumann había demostrado era algo menos que lo que la mayoría de las personas suponían (a menudo sin haber leído su libro, que no se tradujo al inglés hasta 1955). Un buen teorema matemático establece un resultado que se deriva a partir de supuestos claramente expresados; luego, cuando recurrimos a un teorema para aprender algo del mundo real, tenemos que ser muy cuidadosos para asegurarnos de que esos supuestos también se están cumpliendo en la realidad. Von Neumann hizo unas suposiciones que, al reevaluarlas, no tenemos por qué hacerlas si nuestra tarea es elaborar una teoría que reproduzca las predicciones de la mecánica cuántica. Demostró algo, pero ese algo no es la afirmación «las teorías de variables ocultas no pueden funcionar». Este aspecto fue subrayado por la matemática y filósofa Grete Hermann, pero su trabajo fue, en gran parte, ignorado.

En ese momento apareció David Bohm, un personaje fascinante y controvertido en la historia de la mecánica cuántica. Como estudiante de doctorado a principios de los cuarenta, Bohm se interesó por el activismo político de izquierdas. Acabó trabajando en el Proyecto Manhattan, pero fue obligado a hacerlo en Berkeley (California), pues se le negó el permiso necesario para trasladarse a Los Alamos. Después de la guerra fue profesor ayudante en Princeton y publicó un influyente libro sobre mecánica cuántica, en el que se alineaba con prudencia al lado de la interpretación de Copenhague, pero el hecho de reflexionar sobre estos temas le hizo empezar a pensar alternativas.

El interés de Bohm por estas cuestiones fue avivado por una de las pocas personas que tuvo la talla suficiente como para encararse a Bohr y sus colegas: el propio Einstein. Este había leído el libro de Bohm y le llamó a su despacho para discutir sobre los fundamentos de la teoría cuántica. Einstein le explicó sus objeciones principales, que la mecánica cuántica no podía considerarse una descripción completa de la realidad, y le animó a pensar más a fondo sobre la cuestión de las variables ocultas, cosa que Bohm hizo de inmediato.

Todo esto iba pasando con Bohm sumido en una densa niebla de sospechas políticas, en una época en que las simpatías comunistas podían arruinar la carrera de una persona. En 1949, Bohm había declarado ante el Comité de Actividades Antiamericanas, donde se negó a implicar a ninguno de sus antiguos colegas. En 1950, fue detenido en su despacho de Princeton por desacato al Congreso. Aunque fue exculpado de todos sus cargos, el rector de la universidad le prohibió entrar en el campus y presionó al departamento de física para que no le renovara el contrato. En 1951, con el apoyo de Einstein y Oppenheimer, Bohm pudo obtener un puesto en la Universidad de Sao Paulo y se trasladó a Brasil. Es por esta razón por lo que el primer seminario en Princeton para explicar las ideas de Bohm lo tuvo que impartir otra persona.

A pesar de todos estos dramáticos sucesos, Bohm siguió reflexionando provechosamente sobre la mecánica cuántica. Animado por Einstein, elaboró una teoría similar a la de De Broglie, en la que las partículas son guiadas por un «potencial cuántico» construido a partir de la función de onda. Hoy en día, esta teoría se llama *teoría De Broglie-Bohm* o simplemente *mecánica bohmiana*. La presentación de la teoría por parte de Bohm fue un poco más sustanciosa que en el caso de De Broglie, sobre todo por lo que respecta a la descripción del proceso de medición.

Incluso en la actualidad es posible oír a físicos profesionales afirmando que es imposible construir una teoría de variables ocultas que reproduzca las predicciones de la mecánica cuántica, «a causa del teorema de Bell». Pero esto es justo lo que hizo Bohm, al menos en el caso de partículas no relativistas. John Bell, de hecho, fue uno de los físicos en quedar en verdad impactados por el trabajo de Bohm, que le inspiró a desarrollar su teorema precisamente para comprender cómo se podría conciliar la existencia de la mecánica bohmiana con el supuesto teorema de imposibilidad de variables ocultas de Von Neumann.

Lo que demuestra el teorema de Bell es la imposibilidad de reproducir los resultados de la mecánica cuántica mediante una teoría de variables ocultas *local*. Este es el tipo de teoría que estaba esperando Einstein: un modelo que asignara una realidad independiente a las magnitudes físicas asociadas a puntos específicos del espacio, con efectos entre ellos que se propagaran a la velocidad de la luz o por debajo de ella. La mecánica bohmiana es determinista por completo, pero es clarísimamente *no local*; una partícula puede afectar instantáneamente a otras partículas alejadas.

La mecánica bohmiana postula un conjunto de partículas con posiciones bien definidas (aunque desconocidas para nosotros hasta que las observemos) y una función de onda independiente. Esta función de onda evoluciona siguiendo la ecuación de Schrödinger; no parece afectar a las partículas y tampoco es afectada por ellas. Las partículas, por su parte, se mueven de acuerdo con una ecuación de guía que depende de la función de onda. Sin embargo, el desplazamiento guiado de cualquier partícula no depende solo de la función de onda, sino también de las posiciones de todas las demás partículas que hay en el sistema. He aquí la no localidad; el movimiento de una partícula puede depender, en principio, de las posiciones de partículas arbitrariamente lejanas. Tal como el mismo Bell lo expresó después, en la mecánica bohmiana «la paradoja de Einstein-Podolsky-Rosen se resuelve de la manera que menos hubiera gustado a Einstein».[5]

Esta no localidad tiene un papel crucial para entender cómo es que la mecánica bohmiana reproduce las predicciones de la mecánica cuántica ordinaria. Consideremos el experimento de la doble rendija, que con tanta claridad ilustra la naturaleza ondulatoria y, a la vez, corpuscular de los fenómenos cuánticos (recordemos: vemos patrones de interferencia y vemos también impactos puntuales en la pantalla detectora, y la interferencia desaparece cuando determinamos qué rendija ha atravesado cada partícula). En la mecánica bohmiana esta ambigüedad no es en absoluto misteriosa, pues hay partículas y hay ondas; las partículas es lo que observamos y la función de onda afecta a su movimiento, aunque no tenemos manera de medirla directamente.

Según Bohm, la función de onda evoluciona atravesando ambas rendijas, igual que lo haría en la mecánica cuántica everettiana. En concreto, habrá efectos de interferencia allí donde la función de onda se sume o se reste consigo misma al llegar a la pantalla. Pero en la pantalla no vemos la función de onda; vemos partículas individuales que impactan sobre ella. Las partículas son guiadas por la función de onda, de modo que es más probable que impacten allí donde la función de onda es más grande y menos probable allí donde es pequeña.

La regla de Born nos dice que la probabilidad de observar una partícula en un punto determinado viene dada por el cuadrado de la función de onda. Aparentemente, esto parece difícil de conciliar con la idea de que las posiciones de las partículas son variables completamente independientes que podemos especificar como queramos. Y la mecánica bohmiana es determinista por completo; no hay sucesos aleatorios, como sucede con los colapsos espontáneos de la teoría GRW. Así pues ¿cómo aparece la regla de Born en la mecánica bohmiana?

La respuesta es que, si bien las posiciones de las partículas pueden ser cualesquiera, en la práctica hay una distribución natural de ellas. Imaginemos que tenemos una función de onda y una cierta cantidad de partículas. Para recuperar la regla de Born, todo lo que tenemos que hacer es partir de una distribución de estas partículas que cumpla la regla de Born. Es decir, tenemos que distribuir las posiciones de nuestras partículas de modo que la distribución final parezca que se ha escogido aleatoriamente con una probabilidad dada por el cuadrado de la función de onda: más partículas ahí donde la amplitud es grande y menos donde es pequeña.

Una distribución «de equilibrio» de este tipo tiene la agradable característica de que la regla de Born permanece siempre válida a medida que transcurre el tiempo y el sistema evoluciona. Si partimos de una distribución de probabilidad para nuestras partículas que coincide con lo que esperaríamos de la mecánica cuántica ordinaria, seguirá coincidiendo con ella. Muchos bohmianos creen que una distribución inicial que no esté en equilibrio evolucionará hacia el equilibrio, del mismo modo que un gas de partículas clásicas en un contenedor evoluciona hacia un estado en equilibrio térmico, aunque este resultado aún no está confirmado. Las probabilidades que obtenemos se refieren a nuestro conocimiento del sistema y no a frecuencias probabilísticas objetivas; si, de algún modo, supiéramos con exactitud todas las posiciones de las partículas, y no solo su distribución, podríamos predecir resultados experimentales de manera exacta, sin necesidad de ninguna probabilidad.

Esto sitúa a la mecánica bohmiana en una posición bien interesante como formulación alternativa de la mecánica cuántica. La teoría GRW suele coincidir con las expectativas de la mecánica cuántica tradicional, pero también hace predicciones concretas acerca de nuevos fenómenos, predicciones que pueden comprobarse. Como la GRW, la mecánica bohmiana es, sin duda, una teoría física diferente, no una simple «interpretación». No tiene ninguna obligación de obedecer a la regla de Born si, por alguna razón, las posiciones de nuestras partículas no se hallan en una distribución de equilibrio, pero sí la obedecerán si lo están. Y, en tal caso, las predicciones de la mecánica bohmiana son totalmente indistinguibles de las de la mecánica cuántica ordinaria. En concreto, veremos más impactos de partículas sobre la pantalla detectora allí donde la función de onda es grande y menos donde es pequeña.

Aún nos queda la cuestión de qué sucede cuando observamos para determinar por qué rendija ha pasado la partícula. En la mecánica bohmiana, las funciones de onda no colapsan; como sucede con Everett, siempre obedecen a la ecuación de Schrödinger. Así, ¿cómo se supone que podemos explicar la desaparición del patrón de interferencias en el experimento de la doble rendija?

La respuesta es «tal como lo hacemos en la formulación de universos paralelos». Aunque la función de onda no colapsa, sí que evoluciona. En particular, debemos tener en cuenta la función de onda del aparato de medición, además de la de los electrones que pasan por las rendijas; el mundo bohmiano es cuántico por completo, no se rebaja a establecer una separación artificial entre el reino cuántico y el clásico. Tal como sabemos, tras haber reflexionado sobre la decoherencia, la función de onda del detector quedará entrelazada con la de un electrón que pasa por la rendija, y se producirá una especie de «bifurcación». La diferencia es que las variables que describen el aparato (que no existen en la formulación de universos paralelos) estarán en ubicaciones que corresponden a una de estas ramas, y no en la otra. A todos los efectos, es como si la función de onda hubiera colapsado o, si lo prefieres, como si la decoherencia hubiera bifurcado la función de onda, pero en lugar de dar carta de realidad a cada una de las ramas, las partículas de las que estamos hechos están localizadas solo en una rama concreta.

No debería ser ninguna sorpresa saber que muchos everettianos miran con suspicacia este tipo de descripción. Si la función de onda del universo obedece a la ecuación de Schrödinger, sufrirá decoherencia y bifurcaciones; y ya has aceptado que la función de onda forma parte de la realidad. Las posiciones de las partículas no tienen ninguna influencia, en absoluto, en la evolución de la función de onda; todo lo que hacen, como máximo, es indicar una rama particular de la función de onda y decir «Esta es la real». Por ello, algunos everettianos han afirmado que la mecánica bohmiana, en el fondo, no es muy diferente de la de Everett, y solo añade algunas variables superfluas adicionales que no tienen otra razón de ser que aliviar la angustia que nos provocan las múltiples copias de nosotros mismos. Tal como lo ha expresado Deutsch, «las teorías de onda piloto son teorías de universos paralelos en un estado de negación permanente».

No vamos a dar un veredicto sobre esta disputa. Lo que está claro es que la mecánica bohmiana es una construcción explícita que logra lo que muchos físicos consideraban imposible: elaborar una teoría precisa y determinista que reproduzca todas las predicciones de la mecánica cuántica ordinaria sin recurrir a misteriosos sortilegios sobre el proceso de medición ni a distinciones entre los dominios clásico y cuántico. El precio que pagamos por ello es la no localidad explícita de la dinámica.

Bohm confiaba en que su nueva teoría sería del agrado de los físicos. No fue así. En el lenguaje apasionado que suele acompañar las discusiones sobre la fundamentación de la cuántica, Heisenberg calificó la teoría de Bohm de «superestructura ideológica superflua», mientras que Pauli la consideró «metafísica artificial».[6] Ya nos hemos encontrado antes con la valoración de Oppenheimer, quien había sido tutor y defensor de Bohm. Einstein parece haber apreciado el esfuerzo de Bohm, pero pensaba que la construcción final de su teoría era artificial y poco convincente. Sin embargo, a diferencia de De Broglie, Bohm no cedió a las presiones y continuó desarrollando y defendiendo su teoría. De hecho, su férrea defensa animó al propio De Broglie, que todavía estaba activo (murió en 1987), pues en sus últimos años volvió a interesarse por las teorías de variables ocultas y se dedicó a desarrollar y elaborar en detalle su modelo.

Dejando de lado la presencia explícita de la no localidad y la acusación de que la teoría no es más que la de universos paralelos en un estado de negación, hay otros problemas relevantes en la mecánica bohmiana, sobre todo desde la perspectiva de un físico fundamental actual. La lista de ingredientes de la teoría es, sin duda, más compleja que en el caso de Everett, y el espacio de Hilbert, el conjunto de todas las posibles funciones de onda, es tan grande como siempre. La posibilidad de los universos paralelos no se evita borrando los mundos (como sucede en la teoría GRW), sino negando su realidad. La forma en que funciona la dinámica bohmiana dista mucho de ser elegante. Mucho después de haber superado la mecánica clásica, los físicos siguen aferrándose intuitivamente a algo parecido a la tercera ley de Newton: si una cosa empuja a otra, esta otra empuja a la primera. En consecuencia, resulta extraño que tengamos partículas que son «empujadas» por una función de onda mientras que esta no resulta en absoluto afectada por aquellas. Ahora, está claro que la mecánica cuántica nos obliga a enfrentarnos a cosas raras, de modo que tal vez esta objeción no sea demasiado fundamental.

Lo que sí resulta más importante es que las formulaciones originales de De Broglie y de Bohm se basan en gran medida en la idea de que lo que realmente existe son «partículas». Del mismo modo que pasa con la teoría GRW, esto plantea un problema cuando intentamos comprender los mejores modelos del mundo de que disponemos actualmente, que son las teorías cuánticas de campos. Varios físicos han propuesto maneras de «bohmizar» la teoría cuántica de campos y ha habido algunos éxitos (los físicos pueden ser muy ingeniosos cuando se lo proponen), pero los resultados parecen algo forzados y poco naturales. Esto no significa que tengan que ser incorrectos, pero es un punto en contra de las teorías bohmianas cuando se comparan con la de universos paralelos, en la que la inclusión de los campos o de la gravedad cuántica es directa.

En nuestra discusión de la mecánica bohmiana hemos hecho referencia a la posición de las partículas, pero no a sus cantidades de movimiento. Esto nos retrotrae a Newton, que consideraba que las partículas tenían una posición bien definida en cada momento y una velocidad (y cantidad de movimiento) que se podía derivar a partir de la trayectoria, sin más que calcular el ritmo con el que cambia su posición. Las formulaciones más modernas de la mecánica clásica (de hecho, desde 1833) tratan a la posición y la cantidad de movimiento en pie de igualdad. Cuando pasamos a la mecánica cuántica, este punto de vista queda reflejado en el principio de incertidumbre de Heisenberg, en el cual la posición y la cantidad de movimiento aparecen de la misma forma.

La mecánica bohmiana deshace todo esto y vuelve a considerar la posición como el elemento básico y la cantidad de movimiento como algo que se deriva de aquella. Pero resulta que no puedes medirla exactamente a causa de efectos insoslayables que ejerce la función de onda sobre la partícula en todo momento. Así, en definitiva, el principio de incertidumbre sigue siendo cierto en la mecánica bohmiana como un resultado práctico, pero no surge con naturalidad en las teorías donde la función de onda es el único ente real.

Aquí tenemos en acción un principio más general. La simplicidad de los universos paralelos también hace que la teoría sea muy flexible. La ecuación de Schrödinger parte de la función de onda y determina la rapidez con que evoluciona aplicando el hamiltoniano, que mide las diferentes cantidades de energía que hay en las diversas componentes del estado cuántico. Si me das un hamiltoniano, puedo establecer de inmediato la versión everettiana de su correspondiente teoría cuántica; partículas, espines, campos, supercuerdas... no importa, la teoría de universos paralelos se ajusta automáticamente.

Otros enfoques exigen un trabajo más pormenorizado y, en muchos casos, ni tan siquiera está claro que sea factible. No solo es necesario especificar un hamiltoniano, sino también una manera concreta mediante la cual las funciones de onda colapsan espontáneamente o bien un nuevo conjunto particular de variables ocultas a controlar, y todo esto es más fácil decirlo que hacerlo. El problema se agrava cuando pasamos de la teoría cuántica de campos a la gravedad cuántica (que, si recordamos, fue una de las motivaciones iniciales de Everett). En gravedad cuántica, la propia noción de *ubicación en el espacio* resulta problemática, pues diferentes ramas de la función de onda tendrán distintas geometrías del espacio-tiempo. En el caso de los universos paralelos esto no representa ningún problema, pero para las teorías alternativas, bordea el desastre.

Cuando Bohm y Everett estaban elaborando sus alternativas a la visión de Copenhague, durante la década de los cincuenta, o cuando Bell estaba demostrando sus teoremas en los sesenta, el trabajo sobre la fundamentación de la mecánica cuántica estaba casi proscrito en la comunidad de físicos. Esta situación empezó a cambiar un poco con la aparición de la teoría sobre la decoherencia y la información cuántica durante los setenta y ochenta del pasado siglo; la teoría GRW fue propuesta en 1985. Si bien este campo sigue siendo visto con cierta aprensión por una gran mayoría de físicos (y tiende a atraer a filósofos), desde la década de

1990 se ha hecho una gran cantidad de trabajos importantes e interesantes. Sin embargo, también hay que decir que buena parte del trabajo actual sobre los fundamentos de la cuántica sigue basándose en cúbits y partículas no relativistas; cuando pasamos a los campos cuánticos y a la gravedad cuántica, varias cosas que dábamos por sentadas ya no se pueden utilizar. Del mismo modo que ya va siendo hora de que la física, como campo de conocimiento, se tome en serio la fundamentación de la teoría cuántica, también va siendo hora de que los trabajos sobre fundamentación se tomen en serio la teoría de campos y la gravedad.

Al reflexionar sobre la manera de eliminar los múltiples mundos que implica una versión esencial del formalismo cuántico subyacente, hemos considerado la idea de podar esos mundos mediante sucesos aleatorios (teoría GRW), de establecer un cierto umbral (Penrose) o de seleccionar ciertos mundos como reales añadiendo variables extra (De Broglie-Bohm). ¿Qué nos queda por hacer?

El problema es que la aparición de diversas ramas de la función de onda es un resultado automático una vez que aceptamos las funciones de onda y la ecuación de Schrödinger. Así, las alternativas que hemos barajado hasta el momento o bien eliminan esas ramas o bien postulan algo que selecciona una de ellas como especial. Pero hay una tercera opción que aún no hemos considerado: negar por completo la realidad de la función de onda.

Con esto no quiero decir que se niegue la importancia crucial de la función de onda en mecánica cuántica; no, lo que quiero decir es que podemos usar funciones de onda pero no afirmar que representen nada de la realidad. Son un simple recurso para caracterizar nuestro conocimiento; en concreto, el conocimiento incompleto que tenemos sobre el resultado de mediciones cuánticas futuras. Este punto de vista se conoce como el enfoque *epistémico* de la mecánica cuántica, puesto que considera que las funciones de onda capturan algo sobre lo que sabemos, en contraste con los enfoques *ontológicos* que consideran que las funciones de onda describen la realidad objetiva. Como las funciones de onda suelen simbolizarse mediante la letra griega Ψ (psi mayúscula), los partidarios de los enfoques epistémicos a veces se burlan de los everettianos y otros realistas de la función de onda llamándoles «psiontologistas».

Ya hemos señalado que una estrategia epistémica no puede funcionar bien en su formulación más ingenua y directa. La función de onda no es una distribución de probabilidad; las distribuciones de probabilidad reales nunca son negativas, de manera que nunca pueden dar lugar a fenómenos de interferencia como los que observamos en el experimento de la doble rendija. Sin embargo, en lugar de abandonar, podemos intentar ser un poco más sofisticados en nuestra reflexión sobre la relación entre la función de onda y el mundo real. Podemos imaginar un formalismo que nos permita usar funciones de onda para calcular las probabilidades asociadas con resultados experimentales sin asignarles ningún tipo de realidad subyacente. Esta es la tarea a la que se enfrentan los enfoques epistémicos.

Ha habido muchos intentos de interpretar la función de onda epistémicamente, del mismo modo que hay varios modelos de colapso o teorías de variables ocultas en competición. Uno de los más destacados es el bayesianismo cuántico, elaborado por Christopher Fuchs, Rüdiger Schack, Carlton Caves, N. David Mermin y otros, y hoy en día, denominado habitualmente *qbismo* (hay que admitir que es un nombre maravilloso).*

La inferencia bayesiana sugiere que todos llevamos un conjunto de grados de certeza para determinar la veracidad o la falsedad de diversas proposiciones, y actualizamos esos grados de certeza siempre que recibimos información nueva. Todas las versiones de la mecánica cuántica (y, de hecho, todas las teorías científicas) usan el teorema de Bayes de algún modo u otro, y en muchas aproximaciones que quieren comprender la probabilidad cuántica tiene un papel fundamental. El qbismo se diferencia porque hace que los grados de certeza cuánticos sean personales en lugar de universales. Según el qbismo, la función de onda de un electrón no es una cosa definitiva sobre la que todo el mundo, en principio, podría estar de acuerdo, sino que cada uno tiene su propia idea de lo que es la función de onda del electrón y la utiliza para efectuar predicciones sobre resultados observacionales. Si llevamos a cabo muchos experimentos y hablamos entre nosotros sobre lo que hemos observado, según los qbistas llegaremos a un cierto grado de consenso sobre lo que son nuestras diferentes funciones de onda. Pero en el fondo son medidas de nuestra creencia personal, no rasgos objetivos del mundo. Cuando vemos que un electrón se desvía hacia arriba en un

* Como ya hemos comentado en una nota anterior, el juego de palabras *QBism* procede de la síncopa de *Quantum Bayesianism* que se pronuncia igual que *cubism*, «cubismo» y que podemos adaptar al español como *qbismo*. *(N. del t.)*

campo magnético de Stern-Gerlach, el mundo no cambia, pero nosotros hemos aprendido algo sobre él.

Esta filosofía tiene una ventaja inmediata e indudable: si la función de onda no es nada físico, no hay que preocuparse en absoluto por su «colapso», aun siendo este no local. Si Alicia y Bob tienen dos partículas que están entrelazadas y Alicia hace una medición en su partícula, según las reglas ordinarias de la mecánica cuántica, el estado de la partícula de Bob se modifica instantáneamente. El bayesianismo cuántico nos dice que no tenemos que preocuparnos por este hecho, pues no hay nada que sea realmente «el estado de la partícula de Bob»; lo que se ha modificado es la función de onda que Alicia lleva consigo para hacer predicciones y, en concreto, se ha actualizado mediante una versión cuántica adecuada del teorema de Bayes. La función de onda de Bob no ha cambiado en absoluto. El qbismo plantea unas reglas del juego en las que, cuando Bob se decide a medir su partícula, el resultado estará de acuerdo con la predicción que haríamos basándonos en el resultado de la medición de Alicia, pero no hay ninguna necesidad de suponer que se haya modificado ninguna magnitud física en la ubicación de Bob. Todo lo que se modifica son los estados de conocimiento de diversas personas, estados que, al fin y al cabo, están en sus cabezas, no esparcidos por el espacio.

El análisis de la mecánica cuántica en los términos planteados por el qbismo ha llevado a avances interesantes en la matemática de la probabilidad y ofrece pistas a la teoría de la información cuántica. De todos modos, lo que la mayoría de los físicos aún quieren saber es: en este enfoque, ¿qué se supone que es la realidad? (Abraham Pais recordaba que una vez Einstein le preguntó si realmente creía que la Luna solo existía cuando la miraba).

La respuesta no está clara. Imaginemos que enviamos un electrón para que atraviese un campo magnético de Stern-Gerlach, pero decidimos no observar si se desvía hacia arriba o hacia abajo. Para un everettiano, se ha producido decoherencia y bifurcación y hay una realidad definida sobre qué rama es aquella en la que se halla cualquier copia concreta de nosotros mismos. El qbista afirma algo muy diferente: no existe nada que corresponda al electrón desviado hacia arriba o hacia abajo; todo lo que tenemos es grados de certeza sobre lo que veremos cuando nos decidamos a observar. No hay ninguna cuchara, tal como Neo descubrió en *Matrix*. En este enfoque, inquietarse por la «realidad» de lo que sucede antes de observar es un error que lleva a todo tipo de confusiones.

En general, los qbistas no hablan sobre lo que el mundo es realmente. O, por lo menos, en tanto que programa de investigación en curso, los qbistas han decidido no enfrascarse demasiado en cuestiones relativas a la naturaleza de la realidad, esas cuestiones que nos preocupan tanto a muchos otros. Los ingredientes básicos de la teoría son un conjunto de *agentes*, que tienen *convicciones* y acumulan *experiencias*. La mecánica cuántica, desde este punto de vista, es un modo de que los agentes organicen sus convicciones y las actualicen a la luz de nuevas experiencias. La idea de *agente* es absolutamente crucial, y contrasta con fuerza con las otras formulaciones de la teoría cuántica que hemos discutido, según las cuales los observadores son sistemas físicos como cualquier otro.

A veces los qbistas hablan acerca de la realidad como algo que cobra existencia cuando realizamos observaciones. Mermin ha escrito: «En efecto, hay un mundo externo común además de los diversos mundos externos personales e individuales. Pero ese mundo común debe considerarse, a su nivel fundacional, como una construcción mutua que hemos ensamblado a partir de nuestras diferentes experiencias privadas por medio de la más poderosa invención humana: el lenguaje».[7] La idea no es que no haya ninguna realidad, sino que la realidad es más de lo que puede aprehenderse mediante cualquier perspectiva en tercera persona aparentemente objetiva. Fuchs ha calificado este punto de vista como *realismo participativo*; la realidad es la totalidad emergente de lo que experimentan los diversos observadores.

El qbismo es una aproximación comparativamente reciente a los fundamentos de la mecánica cuántica y aún le queda mucho camino por recorrer. Es posible que se tope con obstáculos insalvables y que decaiga el interés por sus planteamientos. También es posible que las ideas del qbismo se puedan interpretar como una manera, útil de vez en cuando, de hablar de las experiencias de los observadores dentro del marco de otra versión de la mecánica cuántica directamente realista. O también podría ser que el qbismo, o algo parecido a él, sea una verdadera revolución en la manera de representar el mundo, una que sitúa a los agentes como tú o como yo en el centro de la mejor descripción posible de la realidad.

Personalmente, en tanto que alguien que se siente muy a gusto con la versión de universos paralelos (aun sabiendo que quedan temas pendientes), todo esto se me antoja como un esfuerzo enorme para resolver problemas que no son tales. Para ser sinceros, los qbistas sienten una exasperación parecida con Everett; Mermin ha afirmado que «el qbismo considera [la bifurcación en muchos mundos que existen simultáneamente] como la *reductio ad absurdum* de la cosificación del estado cuántico». Así es la mecánica cuántica; lo que para una persona es absurdo, para otra es la respuesta a todas las preguntas de la vida.

La comunidad de científicos dedicados a la fundamentación de la física, en la que no faltan personas inteligentes que han reflexionado a fondo sobre estos temas, no ha llegado a ningún consenso sobre cuál es la mejor aproximación a la mecánica cuántica. Una razón es que estas personas llegan al tema con diferentes antecedentes y, en consecuencia, con preocupaciones diferentes que ocupan su mente. Los investigadores en física fundamental (teoría de partículas, relatividad general, cosmología, gravedad cuántica) tienden a favorecer el enfoque everettiano, si es que se dignan a tomar postura alguna sobre el tema de la fundamentación. Esta preferencia proviene del hecho de que la formulación de universos paralelos es muy robusta respecto a los objetos físicos subyacentes que describe. Si tenemos un conjunto de partículas, campos y lo que sea, y unas reglas que explican cómo interaccionan entre ellos estos elementos, resulta muy directo hacer encajar todo esto en un marco everettiano. Otros enfoques tienden a ser más quisquillosos y exigen empezar de cero para determinar qué es lo que describe la teoría en cada nuevo caso. Si admites que en realidad no sabemos cuál es la teoría subyacente de partículas, campos y espacio-tiempo, este proceso parece agotador, mientras que los universos paralelos se ven como un lugar de reposo natural. Tal como ha expresado David Wallace, «la interpretación de Everett (si es que es filosóficamente aceptable) es la única estrategia interpretativa que, hoy en día, permite dar sentido a la física cuántica tal como la conocemos».[8]

Pero hay otra razón para la preferencia por Everett, que se basa más en el estilo personal. Todo el mundo está de acuerdo en que hay que procurar buscar ideas simples y elegantes para las explicaciones científicas. El hecho de ser simple y elegante no implica que una idea sea correcta (esto lo tienen que determinar los datos), pero cuando hay varias ideas que pugnan por la supremacía y aún no disponemos de datos suficientes para escoger entre ellas, es natural dar un poco más de confianza a las más simples y elegantes.

Pero claro, ¿quién decide qué es simple y elegante? Son términos con diferentes significados. La mecánica cuántica everettiana es simplísima y elegantísima desde cierto punto de vista. Una función de onda que evoluciona de manera continua; nada más. Pero está claro que el resultado de este postulado elegante (un árbol de universos múltiples en ramificación continua) no es muy simple, que digamos.

La mecánica bohmiana, en cambio, está elaborada de una forma algo descuidada. Hay partículas y funciones de onda, que interactúan mediante una ecuación de guía no local y que es cualquier cosa menos elegante. Sin embargo, incluir las partículas y las funciones de onda como ingredientes fundamentales es una estrategia natural, una vez hemos comprobado las exigencias experimentales básicas de la mecánica cuántica. La materia se comporta a veces como ondas y a veces como partículas, de modo que apelamos a ambos conceptos. La teoría GRW, por su parte, añade una peculiar modificación estocástica *ad hoc* a la ecuación de Schrödinger. Pero se puede decir que es la manera más simple y más basta de traducir físicamente el hecho de que las funciones de onda parecen colapsar.

Se puede observar un contraste bastante útil entre la simplicidad de una teoría física y la simplicidad con la que esta se corresponde con la realidad que observamos. Por lo que respecta los ingredientes básicos, no hay duda de que la versión de universos paralelos es de lo más simple; pero la distancia entre lo que afirma la teoría (funciones de onda, ecuación de Schrödinger) y lo que observamos (partículas, campos, espaciotiempo, personas, sillas, estrellas, planetas) se antoja enorme. Otros enfoques tal vez sean más abarrocados en sus principios básicos, pero es bastante más claro cómo describen lo que vemos.

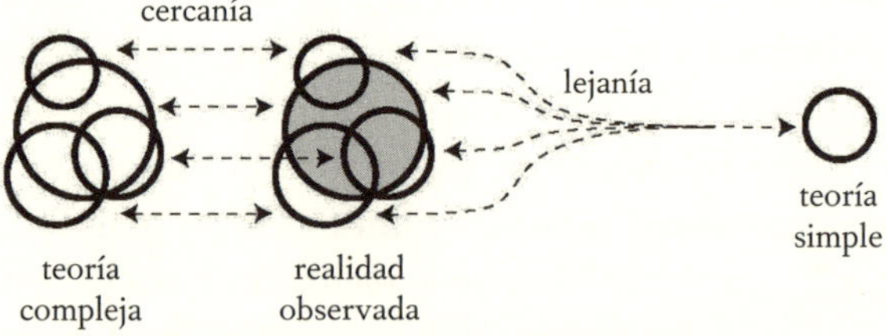

Tanto la simplicidad subyacente como la cercanía a los fenómenos observados son virtudes por derecho propio, pero es difícil saber cómo equilibrarlas entre sí. Y aquí es donde entra en juego el estilo personal de cada uno. Todos los enfoques de la mecánica cuántica que hemos comentado se enfrentan a problemas amenazantes cuando intentamos convertirlos en una base sólida para una adecuada comprensión del mundo físico. En consecuencia, todos tenemos que hacer una valoración personal acerca de cuál de estos problemas se podrá solucionar y cuál de ellos será letal para las diversas formulaciones. Y está bien que así sea; de hecho, es básico que personas diferentes lleguen a estas valoraciones por caminos distintos. Esto nos brinda la oportunidad de mantener con vida diversas ideas, maximizando así la probabilidad de que lleguemos a la solución correcta.

La formulación de universos paralelos ofrece una visión de la mecánica cuántica que es simple y elegante en sus aspectos básicos pero que, además, parece bien adaptada para ajustarse a la búsqueda en curso de una comprensión de la teoría cuántica de campos y de la naturaleza del espacio-tiempo. Esto me basta para convencerme de que tendré que aceptar la incomodidad de esas otras copias de mí que se producen continuamente. Pero si resulta que un enfoque alternativo responde nuestras preguntas más profundas de una manera más efectiva, no tendré ningún problema en cambiar de opinión.

10

EL FACTOR HUMANO

Vivir y pensar en un universo cuántico

A lo largo de la vida, todos nos topamos, de vez en cuando, con alguna decisión difícil que hay que afrontar y decidir en consecuencia. ¿Me caso o sigo soltero? ¿Salgo a hacer un poco de ejercicio o me zampo otro bollo? ¿Hago el doctorado o me aventuro en el mundo real?

¿No sería fantástico poder escoger ambas opciones, en lugar de quedarnos solo con una? La mecánica cuántica sugiere una estrategia: siempre que tengas que tomar una decisión, puedes hacerlo consultando un generador cuántico de números aleatorios. De hecho, hay una *app* para iPhone, llamada Universe Splitter, que se puede usar para este propósito (y como dice Dave Barry, te juro que no me lo estoy inventando).

Digamos que tienes que tomar una decisión: ¿pido una pizza de jamón o una de atún? (y supongamos también que tienes un poco de autocontrol y que no pides una pizza con ambas cosas). Puedes ejecutar el Universe Splitter, donde aparecen dos casillas de texto, en las cuales puedes escribir «jamón» y «atún»; luego pulsas el botón «Split Universe» y tu móvil enviará una señal, por Internet, a un laboratorio de Suiza, donde se emite un fotón hacia un separador de haz (que, básicamente, es un espejo semiplateado que refleja algunos fotones pero deja pasar otros). Según la ecuación de Schrödinger, el separador de haz convierte la función de onda del fotón en dos componentes, una a la izquierda y otra a la derecha, cada una de las cuales se dirige a un detector diferente. Cuando alguno de los dos detectores detecta un fotón, produce una lectura que queda entrelazada con el entorno, lo que rápidamente lleva a decoherencia y bifurca la función de onda en dos. La copia de ti en la rama en que el fotón se dirigió a la izquierda ve un mensaje en su móvil que dice «jamón», mientras que la copia de ti en la rama en que el fotón se fue hacia la derecha recibe el mensaje «atún». Si cada una de tus copias sigue tu plan original de hacer lo que le dice el teléfono, habrá un mundo en que una versión de ti pide una pizza de jamón y otro en el que pide una pizza de atún. Por desgracia, estas dos personas no tienen manera de comunicarse entre ellas y discutir sobre qué pizza es mejor.

Incluso para el físico cuántico más curtido todo esto se antoja bastante ridículo. No obstante, resulta que es la manera más clara y directa de interpretar nuestra mejor comprensión de la mecánica cuántica. En este punto surge de manera natural una pregunta: ¿qué podemos hacer al respecto? Si el mundo real es en verdad tan radicalmente diferente del mundo de nuestra experiencia cotidiana, ¿tiene todo esto alguna consecuencia para la manera en que vivimos nuestras vidas?

Bueno, a grandes rasgos, no. Para cada individuo de alguna rama de la función de onda, la vida sigue adelante como si viviera en un único mundo con sucesos cuánticos realmente estocásticos. Pero vale la pena explorar un poco las posibles consecuencias.

Te invito a descargar todas tus decisiones difíciles y dejarlas en manos de un generador cuántico de números aleatorios, con lo que te aseguras de que, por lo menos, hay una rama de la función de onda en que escoges la mejor alternativa. Pero supongamos que decides no hacerlo. ¿Debería la bifurcación de nuestros yos actuales en múltiples yos futuros afectar a las decisiones que tomamos? De acuerdo con el punto de vista ortodoxo de la mecánica cuántica, hay una probabilidad de que, al observar un sistema cuántico se dé un resultado u otro, mientras que en el punto de vista de universos paralelos se dan todos los posibles resultados, ponderados por el cuadrado de la amplitud de la función de onda. ¿Tiene consecuencias la existencia de todos esos mundos adicionales sobre el modo en que deberíamos actuar, ya sea personal o éticamente?

No es difícil imaginar que pueda ser así, pero con un análisis detallado, resulta que importa mucho menos de lo que podrías suponer. Consideremos el infame experimento del suicidio cuántico, o la idea asociada de la inmortalidad cuántica. Es una idea que se ha planteado desde la aparición de la formulación de universos paralelos (se dice que el propio Hugh Everett creía en una versión de la inmortalidad cuántica), pero ha sido popularizada, sobre todo, por el físico Max Tegmark.

He aquí el planteamiento: imaginemos un aparato letal que se activa a partir de una medición cuántica, como podría ser enviar una solicitud a la *app* Universe Splitter. Imaginemos también que la medición cuántica tiene una probabilidad del 50% de activar una pistola que dispara una bala a quemarropa contra mi cabeza y del 50% de no hacer nada. Según la formulación de universos paralelos, esto implica la existencia de dos ramas de la función de onda, una en la que hay una versión viva de mí y otra que contiene mi cadáver.

Para los propósitos de este experimento imaginario, asumamos que la vida es un fenómeno puramente físico, de modo que podemos dejar de lado toda consideración sobre la vida después de la muerte. Desde mi perspectiva, la rama en la cual la pistola se dispara no es una rama que ninguna versión de mí experimente nunca (pues mi yo descendiente en ese mundo está muerto); en cambio, mi yo descendiente sigue su vida, tranquilamente, en la rama en la cual la pistola no se ha disparado. En cierto sentido, pues, «yo» viviré para siempre, por mucho que repita este macabro experimento una vez y otra. Podríamos llegar a decir que no debería tener problema alguno en someterme a este experimento (dejando de lado los sentimientos que el resto del mundo pueda tener hacia mí, supongo), pues en las ramas en que se dispara la pistola «yo» no existo, mientras que en esa única rama en que la pistola no se ha disparado ninguna vez, estoy sano y salvo (el argumento original de Tegmark era algo menos pomposo: se limitó a señalar que un experimentador que sobreviviera a un gran número de pruebas así tendría buenas razones para aceptar el punto de vista everettiano). Esta conclusión contrasta con fuerza con la formulación estocástica convencional de la mecánica cuántica, donde solo hay un mundo y yo tendría una probabilidad cada vez menor de estar vivo.

Déjame aclarar que no recomiendo en absoluto intentar este experimento en casa. De hecho, el argumento de que no deberías preocuparte por esas ramas en las que acabas muerto está algo cogido por los pelos. Consideremos la vida en nuestra imagen clásica y tradicional de un único universo. Si crees que vives en un universo así, ¿te importaría que alguien se te acercara por la espalda, te pegara un tiro y murieras al instante? (de nuevo, dejemos de lado la posibilidad de cómo pudieran sentirse otras personas). Apuesto a que la mayoría preferiríamos que no pasara algo así. Pero, según el argumento anterior, no debería importarte, pues al fin y al cabo, una vez muerto no hay ningún «tú» que pueda preocuparse de lo que ha pasado.

Lo que a estos analistas les pasa por alto es que la preocupación por estar muertos en el futuro la tenemos ahora, mientras estamos vivos y coleando, sobre todo si ese futuro llega más pronto que tarde. Es un punto de vista bien válido; buena parte de la manera como enfocamos nuestras vidas presentes depende de lo que proyectamos hacia lo que nos queda por vivir, y tenemos todo el derecho a oponernos a cualquier cosa que ampute esa existencia futura, por más que no estemos ahí para preocuparnos cuando suceda. Teniendo esto en cuenta, el suicidio cuántico es tan lúgubre y desalentador como nuestra intuición ya nos sugiere. Está muy bien desear una vida larga y feliz para todas las futuras versiones de mí que acabarán en las diversas ramas de la función de onda, tan bien como esperar una vida larga y feliz si pensara que solo existe un único mundo.

Todo esto nos lleva de vuelta a algo que ya comentamos en el capítulo 7: la importancia de tratar a los individuos de las diferentes ramas de la función de onda como personas distintas, aunque procedan de un mismo individuo en el pasado. En la formulación de universos paralelos, hay una asimetría importante entre cómo pensamos acerca de «nuestro futuro» y cómo lo hacemos acerca de «nuestro pasado», asimetría que en último término puede atribuirse al estado de baja entropía de nuestro universo primitivo. Cualquier individuo puede hacer remontar su vida hasta una única persona, pero al ir hacia el futuro nos ramificamos en múltiples personas. No hay ningún yo futuro que se pueda calificar de «realmente yo», como tampoco hay ninguna persona formada por todos esos individuos futuros. Son personas distintas, al igual que los gemelos son distintos a pesar de descender de un mismo zigoto.

Podemos preocuparnos de lo que les sucede a las versiones de nosotros que viven en otras ramas, pero no es muy sensato pensar en ellas como «nosotros». Imaginemos que estás a punto de llevar a cabo una medición de espín en dirección vertical de un electrón que has preparado previamente en una superposición equitativa de arriba y abajo. Casualmente, a tu laboratorio llega un filántropo que te ofrece la siguiente ganga: si el espín está hacia arriba, te dará un millón de euros; si está hacia abajo, le tendrás que dar un euro. Sobra decir que no deberías dudar en aceptar tal oferta; a todos los efectos es como si te ofrecieran apostar con la misma probabilidad de ganar un millón de euros y de perder solo uno, por mucho que uno de tus yos futuros acabe siendo un euro más pobre.

Pero ahora supongamos que eres un poco más quisquilloso en tu planteamiento experimental y, antes de que llegara el filántropo, has observado un resultado de espín hacia abajo. El filántropo es un negociador agresivo y te explica que se le está dando un millón de euros a la versión de ti que está en la otra rama pero que tienes que darle un euro en esta rama. No hay razón alguna para estar contento (ni para darle el euro), por mucho que la versión de ti en la otra rama pueda estar feliz. No eres tus yos futuros ni ellos son parte de tu yo actual. Después de la bifurcación, eres dos personas diferentes. Ni tus experiencias ni tus recompensas deben considerarse compartidos por las diversas copias tuyas en las diferentes ramas. No juegues a ruletas rusas cuánticas ni aceptes ofertas perdedoras de filántropos agresivos.

Todo esto puede ser una política sensata cuando se trata de tu propio bienestar, pero ¿qué pasa con el de los demás? ¿Cómo afecta a nuestras ideas de moralidad y de conducta ética la existencia de los otros mundos?

La manera adecuada de reflexionar sobre la moralidad ya es, por sí mismo, un tema controvertido en las versiones de la realidad con un solo mundo, pero resulta ilustrativo considerar dos grandes categorías de teoría moral: la *deontología* y el *consecuencialismo*. Los deontologistas sostienen que la conducta moral hace referencia al cumplimiento de las reglas adecuadas; las acciones son inherentemente buenas o malas, sean cuales sean sus eventuales consecuencias. Los consecuencialistas sostienen la perspectiva opuesta: debemos esforzarnos en maximizar las consecuencias beneficiosas de nuestras acciones. Los utilitaristas, que plantean maximizar alguna medida del bienestar global, son el ejemplo paradigmático de consecuencialistas. Hay otras opciones, pero estas dos ilustran la idea básica.

En apariencia, la deontología no se vería afectada por la posible presencia de otros mundos. Si el elemento fundamental de tu teoría se reduce al hecho de que las acciones son intrínsecamente buenas o malas, sean cuales sean sus consecuencias, la existencia de más mundos en que puedan producirse estos resultados no es ningún problema. Una regla deontológica típica es el imperativo categórico de Kant: «Actúa solo según aquella máxima por la cual puedas querer que, al mismo tiempo, se convierta en ley universal». Sería juicioso sustituir aquí «ley universal» por «ley válida en todas las ramas de la función de onda», sin modificar ninguna valoración sustantiva sobre qué tipo de acciones serían aplicables.

El consecuencialismo ve las cosas de modo muy diferente. Imaginemos que eres un consecuencialista sensato, que cree que existe una magnitud llamada *utilidad* que mide la cantidad de bienestar asociada a los seres conscientes y que se pueden sumar todas estas magnitudes de cada ser para obtener una utilidad total; así, el modo correcto de actuar es aquel que maximiza la utilidad total. Imaginemos, además, que presupones que la utilidad total de todo el universo es un número positivo (en caso contrario, serías partidario de intentar destruir el universo de algún modo, lo que sería un magnífico inicio para una historia de supervillanos, pero no creo que tus vecinos te apreciaran mucho).

De todo ello se sigue que, si el universo tiene una utilidad positiva y nuestro objetivo es maximizarla, crear una nueva copia del universo sería una de las acciones más moralmente rectas que podrías tomar. Así, lo correcto sería bifurcar la función de onda del universo cuantas más veces mejor. Podríamos imaginar que construimos un «dispositivo cuántico maximizador de la utilidad» (DCMU), como por ejemplo un aparato que haga pasar continuamente electrones por un dispositivo que primero mida sus espines en dirección vertical y luego en dirección horizontal. Cada vez que un electrón se ve sometido a una medición así, el universo se bifurca en dos, duplicando así la utilidad total de todos los universos. Tras construir y poner en marcha el DCMU, ¡serías la persona más recta y moral del mundo!

Sin embargo, hay algo en todo esto que parece sospechoso. Poner en marcha un DCMU no tiene ningún tipo de impacto en las vidas de las personas de este universo ni de ningún otro. Ni tan solo saben que existe esa máquina. ¿Estamos seguros de que tiene ese loable efecto que le hemos asignado?

Por suerte hay un par de salidas de este embrollo. Una es negar las suposiciones previas: tal vez este tipo de utilitarismo sensato no es la mejor teoría moral. Hay una larga y venerable tradición de personas que inventan cosas que, en principio, harían aumentar la utilidad del universo pero que no coinciden en absoluto con nuestras intuiciones morales (Robert Nozick ideó un «monstruo utilitario», un ser hipotético que sería tan bueno en experimentar placer que lo más moralmente recto que uno podría hacer sería hacer muy feliz al monstruo, independientemente de quién sufriera por ello). El DCMU no es más que otro ejemplo de esta tradición; la simple idea de ir sumando las utilidades de diferentes personas no siempre lleva a los resultados que habíamos imaginado.

La otra salida coincide más con la filosofía de los universos paralelos. Cuando comentamos cómo derivar la regla de Born, discutimos la manera de asignar grados de certeza en una situación de incertidumbre de autolocalización: conoces la función de onda del universo, pero no sabes en qué rama te hallas. La respuesta era que los grados de certeza que asignas deben ser proporcionales al peso de la rama (la amplitud correspondiente elevada al cuadrado). Este peso es un aspecto fundamental de la manera en que reflexionamos sobre el mundo en la imagen everettiana. No es solo la probabilidad la que funciona así; la conservación de la energía también se cumple solamente si multiplicamos la energía de cada rama por su peso asociado.

En consecuencia, parece razonable que hagamos lo mismo con la utilidad. Si tenemos un universo con una cierta utilidad total y observamos que un espín lo bifurca en dos, la utilidad posterior debería ser igual a los pesos de cada rama multiplicados por su utilidad. Así, si nuestra medición de un espín no afecta a la utilidad de nadie de un modo relevante (algo bastante probable), la utilidad total queda inalterada por nuestra medición. Y esto es justo lo que nuestra intuición nos sugiere. También es lo que concluiríamos a partir del enfoque sobre la probabilidad basado en la teoría de la decisión, que comentamos en el capítulo 6; desde este punto de vista, la formulación de universos paralelos no debería modificar de ningún modo significativo nuestras ideas sobre la moralidad de las acciones.

Aun así, es posible ingeniar un sistema en que las diferencias entre las teorías de universos paralelos y de colapso resulten moralmente relevantes. Imaginemos que un cierto experimento cuántico lleva a dos resultados igualmente probables, *A* o *B*, siendo *A* buenísimo y *B* solo un poquito bueno, y estos efectos son válidos para cualquier persona del mundo. En una formulación con un único mundo, un utilitarista (o, de hecho, cualquier persona con un poco de sentido común) estaría a favor de llevar a cabo el experimento, pues tanto el enorme bien de *A* como el bien menor de *B* harían aumentar la utilidad neta del universo. Pero imaginemos que tu código ético está comprometido al cien por cien con la igualdad: te da igual lo que suceda mientras suceda con igualdad para todo el mundo. En la teoría del colapso, no sabes qué resultado se dará, pero en cualquier caso, ambos mantienen la utilidad, de modo que es una buena idea llevar a cabo el experimento; en cambio, en la teoría de universos paralelos, las personas de una rama experimentarán *A*, mientras que las de la otra, experimentarán *B*. Aunque las ramas no puedan comunicarse ni interaccionar entre ellas, esto podría herir tu sensibilidad moral, de modo que estarías en contra de realizar el experimento. Personalmente, no creo que la desigualdad entre personas que viven en mundos diferentes deba importarnos mucho, pero la posibilidad está ahí.

Dejando de lado estas construcciones artificiales, la versión de universos paralelos no parece llevar a demasiadas implicaciones morales. La imagen de la bifurcación creando una copia totalmente nueva del universo es muy potente, pero no del todo correcta. Es mejor pensar que el universo actual se divide en dos rebanadas casi idénticas, cada una de las cuales tiene un peso menor que el original. Si nos ceñimos estrictamente a esta imagen, llegamos a la conclusión de que es correcto considerar nuestro futuro del mismo modo que lo haríamos en un único universo estocástico que sigue la regla de Born. Por muy antiintuitiva que pueda parecer la versión de universos paralelos, en definitiva no altera en absoluto la manera en que debemos llevar nuestras vidas.

Hasta aquí hemos tratado la bifurcación de la función de onda como algo que sucede con independencia de nosotros, que nos dejamos llevar sin más. Vale la pena preguntarse si es un punto de vista adecuado. Cuando tomo una decisión, ¿se crean diferentes mundos en los que tomo una decisión diferente en cada uno? ¿Existen realidades que corresponden a cada conjunto de elecciones alternativas que podría haber escogido? ¿Universos que materializan todas las posibilidades de mi vida?

La idea de «tomar una decisión» no es algo que esté incorporado en las leyes fundamentales de la física. Es una de esas nociones útiles, aproximadas y emergentes a las que resulta conveniente recurrir cuando describimos fenómenos a escala humana. Lo que tú y yo consideramos «tomar una decisión» es un conjunto de procesos neuroquímicos que se producen en nuestro cerebro. No hay problema alguno en hablar de tomar decisiones, pero no es algo que quede aparte de la materia ordinaria que obedece a las leyes de la física.

Así pues, la pregunta es: ¿provocan los procesos que se dan en tu cerebro al tomar una decisión la bifurcación de la función de onda del universo, con decisiones diferentes tomadas en cada rama? Si estoy jugando al póquer y pierdo todas mis fichas al lanzar un farol equivocado, ¿puedo consolarme pensando en que en otra rama he jugado de manera más conservadora?

No, no provocas la bifurcación de la función de onda al tomar una decisión. En buena medida esto es debido a lo que queremos decir (o deberíamos querer decir) con que algo «causa» alguna otra cosa. La bifurcación es el resultado de un proceso microscópico amplificado a escala macroscópica: un sistema en una superposición cuántica queda entrelazado con un sistema más grande que, a su vez, queda entrelazado con el entorno, lo que provoca decoherencia. Una decisión, en cambio, es un fenómeno puramente macroscópico. Los electrones y átomos de tu cerebro no toman decisiones; lo que hacen es obedecer a las leyes de la física.

Las decisiones y las elecciones y sus consecuencias son conceptos útiles cuando hablamos de cosas a escala humana, macroscópica. No hay problema en hablar de elecciones como si existieran realmente y como si tuvieran influencia, siempre que limitemos esta charla al ámbito en que es aplicable. Dicho de otro modo, podemos escoger hablar de una persona como si fuera un conjunto de partículas que obedecen a la ecuación de Schrödinger o podemos decidir hablar de ella como un agente con voluntad propia que toma decisiones que afectan al mundo que le rodea. Pero no podemos usar ambas descripciones a la vez. Tus decisiones no provocan la bifurcación de la función de onda, porque «la bifurcación de la función de onda» es un concepto relevante a la escala de la física fundamental, mientras que «tus decisiones» es un concepto relevante a la escala macroscópica cotidiana.

No hay pues ningún sentido en que tus decisiones puedan causar bifurcaciones. Pese a ello, sí que podemos preguntarnos si hay otras ramas en las que hayas tomado decisiones diferentes. Y sí que puede haberlas, pero la manera correcta de reflexionar sobre la causalidad es «se ha producido algún proceso microscópico que ha provocado la bifurcación y en ramas diferentes has acabado tomando decisiones diferentes», y no tanto «has tomado una decisión, que ha provocado la bifurcación de la función de onda del universo». Sin embargo, la mayoría de las veces que tomas una decisión (incluso alguna que en el momento parezca muy difícil) casi todo el peso estará concentrado en una sola rama, no repartido a partes iguales entre varias alternativas.

Las neuronas de nuestros cerebros son células que están formadas por un cuerpo central y varios apéndices. La mayoría de estos apéndices son las dendritas, que reciben señales de las neuronas cercanas, pero uno de ellos es el axón, una fibra más larga por la que se emiten señales. En la neurona se acumulan moléculas con carga eléctrica neta (iones) hasta que superan un umbral y se activa un impulso electroquímico, que recorre el axón y, a través de las sinapsis, llega a las dendritas de otras neuronas. Si combinamos un gran número de estos sucesos, tenemos el origen de un «pensamiento» (estoy saltándome muchas complicaciones; espero que los neurocientíficos me puedan perdonar).

En su mayoría, podemos considerar que estos procesos son puramente clásicos o, por lo menos, deterministas. La mecánica cuántica tiene una cierta relevancia en cualquier reacción química, pues es la mecánica cuántica la que establece las reglas según las cuales los electrones saltan de un átomo a otro o los enlazan. Pero cuando tenemos suficientes átomos juntos, su comportamiento neto se puede describir sin hacer referencia a conceptos cuánticos como el entrelazamiento o la regla de Born (en caso contrario, no habrías podido hacer química en el instituto sin haber aprendido antes la ecuación de Schrödinger y haberte preocupado del problema de la medición).

Así, la mejor manera de considerar las «decisiones» es como sucesos clásicos, no cuánticos. Aunque puedas no estar muy seguro de qué decisión tomarás finalmente, el resultado está escrito en tu cerebro. No estamos seguros de cuánta verdad hay en esta afirmación, puesto que aún nos falta entender muchas cosas acerca de los procesos físicos implicados en el pensamiento. Es posible que las velocidades a las que se producen reacciones químicas neurológicamente relevantes puedan variar un poco en función del entrelazamiento entre los diversos átomos implicados. Si esto resulta ser correcto, en cierto sentido tu cerebro será también un ordenador cuántico, aunque limitado.

Al mismo tiempo, un everettiano honesto admitirá que siempre existirán ramas de la función de onda en las que los sistemas cuánticos habrán hecho cosas muy improbables. Tal como dijo Alicia en el capítulo 8, habrá ramas en las que me precipito contra una pared y la atravieso en lugar de chocar con ella. Del mismo modo, aunque la aproximación clásica de mi cerebro implica que voy a apostar todas mis fichas, hay una pequeña amplitud para que un montón de neuronas hagan cosas improbables y decida plantarme. Pero no es mi decisión la que ha provocado la bifurcación; es la bifurcación la que yo interpreto que me lleva a tomar una decisión.

Según la descripción más básica y directa de la química del cerebro, la mayoría de nuestro pensamiento no tiene nada que ver con el entrelazamiento ni con la bifurcación de la función de onda. No deberíamos pensar que el hecho de tomar una decisión difícil divide el universo en varias copias, en cada una de las cuales hay un yo que ha escogido una opción diferente. A no ser, claro está, que no quieras asumir responsabilidades y dejes tu proceso de toma de decisiones en manos de un generador cuántico de números aleatorios.

De modo parecido, la mecánica cuántica no tiene nada que ver con el tema del libre albedrío. Resulta natural pensar que podría tenerlo, pues a menudo se contrapone el libre albedrío con el determinismo, la idea de que el futuro queda por completo determinado a partir del estado actual del universo. Al fin y al cabo, si el futuro ya está determinado, ¿qué lugar hay para la toma de decisiones? En la presentación más académica de la mecánica cuántica, los resultados de una medición son aleatorios, de manera que la física no es determinista. ¿Podría ser que esto abriera un resquicio por el que se podría colar el libre albedrío, tras haber sido proscrito por el paradigma mecánico newtoniano de la mecánica clásica?

Hay tantos errores en este razonamiento que es difícil saber por dónde empezar. En primer lugar, la contraposición adecuada no es entre «determinismo» y «libre albedrío»; el determinismo se opone al indeterminismo, y el libre albedrío debería oponerse a la falta de libre albedrío. El concepto de *determinismo* es fácil de definir: dado el estado actual exacto del sistema, las leyes de la física determinan con precisión su estado en cualquier otro momento. La idea de *libre albedrío* es un poco más sutil; muchas veces suele definirse como algo parecido a «la capacidad de haber escogido de otro modo». Esto implica comparar lo que realmente ha sucedido (estábamos en una determinada situación, hemos tomado una decisión y hemos actuado en consecuencia) con un escenario hipotético diferente (regresamos a la situación inicial y nos preguntamos si podíamos haber decidido otra cosa). Al participar en este juego es fundamental especificar con claridad que es lo que se mantiene invariable entre las situaciones real e hipotética; ¿se mantiene todo igual, hasta el más nimio detalle microscópico? ¿O imaginamos que solo se mantiene igual la información macroscópica de la que disponemos, permitiendo así variaciones en los detalles microscópicos?

Supongamos que vamos a por todas y que comparamos lo que ha sucedido en realidad con una repetición hipotética del universo partiendo de la misma situación inicial, hasta el estado exacto de todas y cada una de las partículas elementales. En un universo clásico determinista, el resultado sería exactamente el mismo, de modo que no hay ninguna posibilidad de «tomar una decisión diferente». En cambio, según la mecánica cuántica académica, se introduce un elemento de aleatoriedad de modo que no podemos predecir con exactitud absoluta que se vaya a producir el mismo resultado a partir de las mismas condiciones iniciales.

Pero todo esto nada tiene que ver con el libre albedrío. Un resultado diferente no significa que hayamos mostrado ningún tipo de influencia volitiva personal y suprafísica sobre las leyes de la naturaleza. Solo significa que algunos valores cuánticos aleatorios e impredecibles fueron diferentes. Lo que importa para la tradicional idea «fuerte» de libre albedrío no es si estamos sujetos o no a leyes de la naturaleza deterministas, sino si estamos sujetos a leyes impersonales de algún tipo. El hecho de que no podamos predecir el futuro no es lo mismo que ser libres para ocasionarlo. Incluso en la mecánica cuántica académica, los seres humanos son conjuntos de partículas y campos que obedecen a las leyes de la física. En el fondo, la mecánica cuántica no es necesariamente indeterminista. La versión de universos paralelos es un buen contraejemplo. Evolucionas, de un modo determinista por completo, de una única persona a varias personas en el futuro; no hay ningún tipo de decisión implicada.

Ahora bien, también podemos plantearnos una versión más «débil» del libre albedrío, que se refiera al conocimiento macroscópicamente disponible que tenemos del mundo, en lugar de considerar experimentos mentales basados en un conocimiento microscópico perfecto. En este caso, surge un tipo diferente de impredecibilidad. Para una persona y lo que sabemos de su estado mental presente, en general habrá muchas disposiciones diferentes de átomos y moléculas de su cuerpo y su cerebro que sean compatibles con ese conocimiento que tenemos; algunas de estas disposiciones pueden llevar a procesos neurales lo bastante diferentes como para que esa persona actúe de modo muy distinto, siempre que esas disposiciones sean ciertas. En tal caso, lo mejor que podemos hacer para describir cómo actúan los seres humanos (u otros agentes conscientes) en el mundo real es atribuirles voluntad, atribuirles la capacidad de escoger de modo diferente.

Atribuir voluntad a las personas es lo que todos hacemos continuamente en nuestra vida cotidiana cuando hablamos de nosotros mismos y de los demás. A efectos prácticos, no importa si podemos predecir el futuro a partir de un conocimiento perfecto del presente, porque no tenemos ese conocimiento ni nunca lo tendremos. Esto ha llevado a los filósofos a remontarse a Thomas Hobbes y a proponer el *compatibilismo* entre las leyes deterministas subyacentes y la realidad de la toma de decisiones humana. La mayoría de los filósofos actuales son compatibilistas en lo tocante al libre albedrío (lo que no significa que sea correcto, claro está). El libre albedrío es real, igual que las mesas, la temperatura y las ramas de la función de onda.

Por lo que respecta a la mecánica cuántica, no importa si eres compatibilista o incompatibilista acerca del libre albedrío. La indeterminación cuántica no debería afectar a tu postura en ninguno de los dos casos; incluso aunque no puedas predecir el resultado de una medición cuántica, ese resultado es consecuencia de las leyes de la física, no de ninguna elección personal que hayas hecho. No creamos el mundo con nuestras acciones; nuestras acciones son parte del mundo.

Sería negligente por mi parte hablar del factor humano en la formulación de universos paralelos sin afrontar el tema de la conciencia. Hay una larga tradición de afirmar que la conciencia humana es necesaria para entender la mecánica cuántica, o que esta podría ser necesaria para comprender la conciencia. Buena parte de esta idea se puede atribuir a la impresión de que la mecánica cuántica es misteriosa, y como la conciencia es asimismo misteriosa, tal vez tengan algo en común.

De momento no hemos dicho nada aberrante. Quizá la mecánica cuántica y la conciencia estén relacionadas de algún modo; se trata de una hipótesis que vale la pena tener en cuenta. Pero por todo lo que sabemos hasta el momento, no hay ninguna prueba clara de que sea así.

En primer lugar, analicemos si la mecánica cuántica podría ayudarnos a entender la conciencia. Es concebible (aunque ni mucho menos seguro) que la velocidad a la que se producen diversos procesos neuronales en el cerebro pueda depender, de algún modo, del entrelazamiento cuántico, con lo cual no podría comprenderse solamente mediante un razonamiento clásico. Pero describir la conciencia, tal como la consideramos habitualmente, no es algo que pueda hacerse de manera directa a partir de los procesos neuronales. Los filósofos distinguen entre el «problema fácil» de la conciencia (determinar cómo percibimos las cosas, reaccionamos ante ellas, pensamos sobre ellas, etc.) y el «problema difícil» (nuestra experiencia subjetiva, en primera persona, del mundo, qué significa ser «yo» y no otra persona).

La mecánica cuántica no parece tener nada que ver con el problema difícil, si bien hay varias personas que han intentado buscar una conexión. Roger Penrose, por ejemplo, ha colaborado con el anestesiólogo Stuart Hameroff para elaborar una teoría en que el colapso objetivo de las funciones de onda de los microtúbulos de las neuronas explique por qué experimentamos lo que llamamos *conciencia*. Es una propuesta que no ha recibido muchos apoyos en la comunidad neurocientífica, pero lo más importante es que no queda claro por qué tendría que ser relevante para la conciencia. Es perfectamente concebible que algún sutil proceso cuántico en el cerebro, en el que participen microtúbulos o alguna otra cosa diferente, pueda afectar a la velocidad con que se activan nuestras neuronas, pero esto no ayuda en nada a superar la brecha que hay entre la «activación de las neuronas» y «nuestra experiencia consciente subjetiva». Muchos científicos y filósofos, yo incluido, no tienen ningún inconveniente en afirmar que esta brecha se puede superar algún día, pero un pequeño cambio en la velocidad de tal o cual proceso neuroquímico no parece relevante para lograr este objetivo (y, ya que estamos, no hay ninguna razón por la que este efecto no pudiera reproducirse en ordenadores no humanos).

La mecánica cuántica everettiana no dice nada específico acerca del problema difícil de la conciencia que no comparta también con cualquier otro punto de vista en el que el mundo sea físico por completo. En este caso, los hechos relevantes sobre la conciencia son:

1. La conciencia surge de los cerebros.
2. Los cerebros son sistemas físicos coherentes.

Y ya está (aquí *coherente* significa 'formado por partes en interacción mutua'; dos conjuntos de neuronas en dos ramas no interactuantes de la función de onda son dos cerebros distintos). Si lo prefieres, puedes ampliar *cerebros* a *sistemas nerviosos*, *organismos* o sistemas *de procesamiento de la información*. El punto clave es que no hacemos suposiciones adicionales sobre la conciencia ni la identidad personal para discutir sobre la formulación de universos paralelos de la mecánica cuántica; es una teoría mecanicista por antonomasia, sin ningún papel especial para los observadores o las experiencias. Los observadores conscientes se bifurcan junto con el resto de la función de onda, al igual que las piedras, los ríos y las nubes. El reto de comprender la conciencia es igual de difícil, no más difícil ni tampoco menos, en la formulación de universos paralelos que lo que lo sería sin la mecánica cuántica.

Hay muchos aspectos relevantes de la conciencia que los científicos todavía no entienden. Y esto es justo lo que deberíamos esperar; la mente humana en general, y la conciencia en particular, son fenómenos de extrema complejidad. El hecho de que no los comprendamos en su totalidad no debería impulsarnos a plantear leyes fundamentales de la física completamente nuevas, solo para salir del paso. Comprendemos las leyes de la física (que han sido comprobadas mediante incontables experimentos) muchísimo mejor que el funcionamiento de nuestros cerebros y su relación con la conciencia. Tal vez algún día tengamos que modificar las leyes de la física para poder describir con éxito la conciencia, pero tendría que ser nuestro último recurso.

También podemos dar la vuelta al problema: si la mecánica cuántica no ayuda a describir la conciencia, ¿acaso sería posible que la conciencia tuviera un papel fundamental para explicar la mecánica cuántica?

Hay muchas cosas que podrían ser posibles, pero tenemos que ir un poco más allá. Teniendo en cuenta la preeminencia que se concede al acto de medición en las reglas de la teoría cuántica académica, resulta natural preguntarse si no habrá algo especial en la interacción entre una mente consciente y un sistema cuántico. ¿Podría ser que el colapso de la función de onda estuviera causado por la percepción consciente de determinados aspectos de los objetos físicos?

Según la versión ordinaria, las funciones de onda colapsan cuando se efectúa una medición, pero qué significa exactamente *medición* siempre es algo que queda un poco difuso. La interpretación de Copenhague postula una distinción entre los dominios clásico y cuántico y trata la medición como una interacción entre un observador clásico y un sistema cuántico. Dónde trazar la frontera no es asunto sencillo. Si tenemos un contador Geiger que observa la emisión de una fuente radiactiva, por ejemplo, sería natural tratar al contador como parte del mundo clásico. Pero no es necesario hacerlo así, pues incluso en la interpretación de Copenhague podemos imaginar que los contadores Geiger son sistemas cuánticos que obedecen a la ecuación de Schrödinger. Solo cuando un ser humano percibe el resultado de la medición (según esta interpretación) la función de onda está obligada a colapsar, porque ningún humano ha afirmado nunca estar en una superposición de diferentes resultados de una medición. Así, el último punto en que podemos trazar esa frontera es entre «observadores que pueden testificar si están en superposición o no» y «todo lo demás». Y como la percepción de no estar en superposición es parte de nuestra conciencia, no resulta descabellado preguntarse si será esta la causante del colapso.

Esta idea fue planteada ya en 1939 por Fritz London y Edmond Bauer, y luego fue popularizada por Eugene Wigner, ganador del premio Nobel por sus trabajos sobre simetrías. En palabras de Wigner:

> Todo lo que la mecánica cuántica pretende ofrecer son conexiones probabilísticas entre impresiones (también llamadas *apercepciones*) subsiguientes de la conciencia, y aunque la frontera entre el observador, cuya conciencia resulta afectada, y el objeto físico observado puede desplazarse bastante hacia un extremo u otro, no se puede eliminar. Tal vez sea prematuro creer que la actual filosofía de la mecánica cuántica persistirá como un rasgo permanente de teorías físicas futuras; lo que sí seguirá siendo remarcable, se desarrollen como se desarrollen nuestros conceptos futuros, es que el propio estudio del mundo externo lleva a la conclusión de que el contenido de la conciencia es una realidad definitiva.[1]

Más adelante, Wigner cambió de opinión acerca del papel de la conciencia en la teoría cuántica, pero otros tomaron el relevo. No suele ser algo de lo que se oiga hablar con aprobación en los congresos de física, pero hay varios científicos que siguen tomándoselo en serio.

Si la conciencia tuviera un papel en el proceso de medición cuántico, ¿qué implicaría, exactamente? El enfoque más directo sería plantear una teoría dualista de la conciencia, según la cual mente y materia son dos categorías diferentes que interactúan entre ellas. La idea general sería que nuestros cuerpos físicos están hechos de partículas con una función de onda que obedece a la ecuación de Schrödinger, pero que la conciencia reside en una mente independiente e inmaterial, cuya influencia provoca el colapso de las funciones de onda cuando son percibidas. La popularidad del dualismo ha ido declinando desde su momento álgido en tiempos de Descartes. Su dificultad principal es el «problema de la interacción»: ¿cómo interactúan mente y materia entre ellas? En el contexto presente, ¿cómo puede ser que una mente inmaterial, que no tiene presencia en el espacio ni en el tiempo, provoque el colapso de las funciones de onda?

Hay otra estrategia que parece menos burda y, a la vez, bastante más drástica: el idealismo. En el sentido filosófico del término, no significa 'la búsqueda de ideales elevados', sino la aseveración de que la esencia fundamental de la realidad es mental y no física. El idealismo se contrapone al fisicalismo o materialismo, que sugiere que la realidad está constituida de elementos físicos y que las mentes y la conciencia surgen de esos elementos como fenómeno colectivo. Si el fisicalismo afirma que solo existe el mundo físico y el dualismo que hay un dominio físico y un dominio mental, el idealismo plantea que solo existe el mundo mental (cabe decir que no hay muchos partidarios de la otra posibilidad lógica que queda, a saber: que no existe ni mundo físico ni mundo mental).

Para un idealista, lo primero es la mente, y lo que consideramos *materia* no es más que una reflexión de nuestros pensamientos sobre el mundo. En algunas versiones, la realidad surge del esfuerzo colectivo de todas las mentes individuales, mientras que en otras, hay una única noción de «lo mental» que subyace tanto a las mentes individuales como a la realidad que crean. Diversas tradiciones orientales y filósofos occidentales como Immanuel Kant han acogido con agrado alguna versión del idealismo.

No cuesta mucho ver que la mecánica cuántica y el idealismo podrían parecer una buena pareja. El idealismo afirma que la mente es el fundamento último de la realidad, mientras que la mecánica cuántica (en su formulación más académica) asevera que propiedades como la posición y la cantidad de movimiento no existen hasta que se observan, presuntamente por alguien con una mente.

Todas las variantes del idealismo se enfrentan al hecho de que, dejando de lado la polémica excepción de la medición cuántica, el mundo real parece funcionar muy bien sin ninguna ayuda particular de las mentes conscientes. Nuestras mentes descubren cosas acerca del mundo mediante un proceso de observación y experimentación, y resulta que mentes diferentes acaban descubriendo aspectos del mundo que son totalmente coherentes entre sí. Hemos armado una descripción muy detallada y satisfactoria de los primeros minutos de la historia del universo, una época en que no había mentes conscientes para reflexionar sobre él. Al mismo tiempo, los avances en neurociencia han podido relacionar procesos concretos de pensamiento con sucesos bioquímicos que se producen en la sustancia que forma nuestros cerebros. Si no fuera por la mecánica cuántica y el problema de la medición, toda nuestra experiencia de la realidad sería testimonio de la validez de considerar la materia como el elemento básico de la realidad y la mente como algo surgido de ella, no al revés.

Así pues, ¿es la extrañeza del proceso de medición cuántico tan intratable que deberíamos rechazar el fisicalismo y sustituirlo por una filosofía idealista que considera la mente como el elemento principal de la realidad? ¿Implica por fuerza la mecánica cuántica la centralidad de lo mental?

No. No necesitamos recurrir a ningún papel especial de la conciencia para abordar el problema de la medición cuántica. Hemos visto varios contraejemplos. La formulación de universos paralelos es uno de ellos, que describe el aparente colapso de la función de onda mediante un proceso puramente mecanicista de decoherencia y bifurcación. Podemos plantear la posibilidad de que la conciencia pudiera estar relacionada con el tema de algún modo, pero no hay nada en la teoría que nos obligue a recurrir a ella. Sin duda, hablaremos a menudo de experiencias conscientes en nuestros intentos de hacer corresponder el formalismo cuántico con el mundo que observamos, pero solo cuando lo que estamos intentando explicar son esas mismas experiencias. En cualquier otro caso, las mentes no tienen nada que ver.

En resumen, se trata de cuestiones sutiles y complejas, y no es este el lugar para emitir ningún veredicto justo y pormenorizado en el debate entre idealismo y fisicalismo. El idealismo no es algo fácil de refutar; si alguien está convencido de que es la visión correcta, es difícil hacerle ver algo que pueda hacerle cambiar de parecer, pero lo que los idealistas no pueden hacer es afirmar que la mecánica cuántica nos obliga a aceptar su postura. Tenemos modelos muy claros y convincentes del mundo en los cuales la realidad existe independientemente de nosotros; no hay necesidad de creer que somos nosotros los que creamos la realidad al observarla o pensar sobre ella.

TERCERA PARTE

ESPACIO-TIEMPO

11

¿POR QUÉ EXISTE EL ESPACIO?

Emergencia y localidad

Bueno, por fin estamos listos para empezar a pensar acerca del mundo real.

Ya sé lo que estás pensando... «Un momento, un momento. Pensaba que ya estábamos hablando del mundo real. ¿No se supone que la mecánica cuántica describe el mundo real?».

Sí, sin duda. Pero la mecánica cuántica también describe muchos posibles mundos, a parte del real. La mecánica cuántica no es, en sí misma, una única teoría, en el sentido de ser un modelo de un sistema físico específico; es un marco, tal como lo es la mecánica clásica, dentro del cual podemos hablar sobre muchos sistemas físicos diferentes. Podemos hablar de la teoría cuántica para una única partícula, para el campo electromagnético, para un conjunto de espines o para todo el universo. Ahora ha llegado el momento de centrarnos en ver qué aspecto podría tener la teoría cuántica para nuestro mundo real.

Este objetivo (buscar la teoría cuántica correcta del mundo real) ha sido perseguido por generaciones de físicos desde los inicios del siglo XX. Lo miremos como lo miremos, el éxito logrado ha sido impresionante. Un avance importante fue considerar que los ladrillos básicos de la naturaleza no eran partículas, sino campos que permean todo el espacio, lo que llevó a la creación de la *teoría cuántica de campos*.

En el siglo XIX, los físicos parecían dirigirse hacia una visión del mundo en que tanto campos como partículas tenían un papel: la materia estaba hecha de partículas, y las fuerzas por medio de las cuales interactuaban quedaban descritas por campos. Hoy en día, tenemos una visión más clara; incluso las queridas y venerables partículas no son más que vibraciones de campos que bañan el espacio a nuestro alrededor. Cuando vemos trazas corpusculares en un experimento de física, es una reflexión del hecho de que lo que vemos no es lo que es. En las circunstancias adecuadas, vemos partículas, pero nuestras mejores teorías dicen que los campos son más fundamentales.

La gravedad es una parte de la física que no encaja con comodidad en el paradigma de la teoría cuántica de campos. Tal vez hayas oído más de una vez que «no disponemos de una teoría cuántica de la gravedad», pero es una afirmación un poco exagerada. Tenemos una buenísima teoría clásica de la gravedad: la relatividad general de Einstein, que describe la curvatura del espacio-tiempo. La relatividad general también es una teoría de campos, pues describe un campo que permea todo el espacio, el campo gravitatorio. Y, por otro lado, disponemos de procedimientos bien comprobados para cuantizar una teoría clásica de campos y obtener, así, una teoría cuántica de campos. Si aplicamos estos procedimientos a los campos que conocemos de la física fundamental, obtenemos lo que podríamos llamar la *Teoría Central.* La Teoría Central describe con exactitud no solo la física de partículas, sino también la gravedad, siempre y cuando el campo gravitatorio no sea demasiado intenso. Basta para describir cualquier fenómeno de nuestra experiencia cotidiana y bastante más: mesas y sillas, amebas y gatitos, planetas y estrellas.

El problema es que la Teoría Central no cubre una serie de situaciones poco cotidianas, como lugares donde la gravedad llega a valores extremos (los agujeros negros o el Big Bang). Dicho de otro modo, tenemos una teoría cuántica de la gravedad que es suficiente cuando esta es más bien débil, y es perfectamente capaz de describir la caída de manzanas de los árboles y la órbita de la Luna alrededor de la Tierra. Pero su capacidad es limitada; cuando la gravedad es muy intensa o intentamos llevar demasiado lejos nuestros cálculos, el entramado teórico se desmorona. Por lo que sabemos, esto solo sucede con la gravedad; para todas las demás partículas y fuerzas, las teorías cuánticas de campos parecen ser bien capaces de arreglárselas con cualquier situación que podamos imaginar.

Ante la dificultad de cuantizar la relatividad general tal como lo haríamos con cualquier otra teoría de campos, hay diversas estrategias que se podrían intentar. Una es pensar un poco más, tal cual; quizá haya una buena manera de cuantizar directamente la relatividad general, pero implica nuevas técnicas que no hemos necesitado en las otras teorías de campos. Un enfoque diferente es suponer que la relatividad general no es la teoría correcta que hay que cuantizar; quizá deberíamos partir de un precursor clásico diferente, como la teoría de cuerdas, y luego cuantizarlo, con la esperanza de construir una teoría cuántica que ya incluya la gravedad, junto con todo lo demás. Los físicos han intentado ambas estrategias durante décadas, con algunos éxitos pero también con muchos misterios pendientes de resolver.

Aquí vamos a plantear un ataque diferente, uno que aborda la naturaleza cuántica de la realidad desde el principio. Cualquier físico comprende que el mundo es cuántico en su nivel más fundamental, pero cuando hacemos física no podemos evitar estar influidos por nuestra experiencia y nuestras intuiciones, acostumbradas de siempre a los principios clásicos. Hay partículas, hay campos, hacen cosas, los observamos. Incluso cuando pasamos explícitamente a la mecánica cuántica, los físicos suelen partir de una teoría clásica y la cuantizan. Pero la naturaleza no hace tal cosa; la naturaleza es cuántica desde el principio. La física clásica, tal como insistía Everett, es una aproximación útil en las circunstancias adecuadas.

Ahora llegamos a la recompensa que logramos gracias a todo el trabajo de los capítulos anteriores. La formulación de universos paralelos es excepcionalmente adecuada para lanzar por la borda todas nuestras intuiciones clásicas, al ser cuántica de entrada y al determinar cómo surge el mundo aproximadamente clásico que observamos a nuestro alrededor a partir de la función de onda del universo, espaciotiempo incluido.

En las alternativas a los universos paralelos, a menudo se necesitan variables adicionales (como en la mecánica bohmiana) o reglas para el colapso espontáneo de la función de onda (como en la teoría GRW). Estas suelen derivarse a partir de nuestra experiencia con el límite clásico de la teoría que estamos considerando y es el tipo de experiencia que nos ha fallado siempre para la gravedad cuántica. En cambio, la teoría de universos paralelos no se basa en ninguna superestructura adicional. En el fondo, no es ninguna teoría de clases particulares de «cosas», solo estados cuánticos que evolucionan según la ecuación de Schrödinger. Esto nos genera un trabajo adicional en circunstancias ordinarias, puesto que tenemos que explicar por qué observamos un mundo de partículas y campos. Pero en este contexto único de gravedad cuántica, es una ventaja, porque tenemos que hacer ese trabajo de todos modos. La formulación de universos paralelos, con su perspectiva cuántica, es el enfoque adecuado si consideras que no conocemos ninguna teoría clásica que nos pueda servir como punto de partida para elaborar una teoría cuántica de la gravedad.

Antes de enfrascarnos de verdad en la gravedad cuántica, vale la pena establecer unas bases. La relatividad general es una teoría de la dinámica del espacio-tiempo, de modo que en este capítulo nos preguntaremos, de entrada, por qué el concepto de *espacio* es tan importante. La respuesta reside en el concepto de *localidad* (las cosas interactúan entre sí cuando están cerca en el espacio). En el siguiente capítulo veremos que los campos cuánticos que se propagan por el espacio encarnan este principio de localidad y aprenderemos algo sobre la naturaleza del espacio vacío. En el capítulo posterior investigaremos cómo extraer el espacio de la función de onda cuántica y en el capítulo final veremos que cuando la gravedad se hace muy intensa, tendremos que abandonar la localidad como principio central. El misterio de la gravedad cuántica parece estar íntimamente relacionado con las virtudes y las carencias de la noción de *localidad*.

Hay que tener cierto cuidado en el uso del término *localidad*, pues se emplea con dos significados bastante diferentes: lo que podríamos llamar *localidad de medición* y *localidad dinámica*. El experimento imaginario de Einstein, Podolsky y Rosen demuestra que hay algo que parece no local en el proceso de medición cuántico. Alicia mide su espín, y esto afecta de inmediato a lo que Bob mida para su espín correspondiente, aunque él no lo sepa. El teorema de Bell implica que cualquier teoría en la que las mediciones tengan resultados bien definidos (lo que significa, básicamente, cualquier formulación de la mecánica cuántica que no sea la de universos paralelos) presentará este tipo de no localidad de la medición. Si la teoría de universos paralelos es no local en este sentido depende de cómo decidamos definir nuestras ramas de la función de onda; podemos elegir localidad o no localidad, en la que la bifurcación o bien se produce localmente y se va propagando o bien se produce de inmediato en todo el espacio.

La localidad dinámica, en cambio, se refiere a la evolución continua del estado cuántico cuando no hay ninguna medición ni bifurcación. Este es el contexto en el que los físicos esperan que todo sea perfectamente local, de modo que las perturbaciones que se produzcan en un lugar solo afecten de inmediato a las cosas cercanas. Este tipo de localidad queda garantizada por la regla de la relatividad especial de que nada puede ir más rápido que la luz. Y es esta localidad dinámica la que nos debe preocupar ahora que estudiamos la naturaleza y el surgimiento del propio espacio.

Con esto en mente, podemos ponernos manos a la obra y profundizar un poco en la cuestión de cómo surge la realidad que observamos (vivimos en un mundo que tiene el aspecto de un montón de objetos situados en el espacio, que se comportan de forma clásica excepto por ocasionales saltos cuánticos) a partir de la función de onda cuántica. La mecánica cuántica everettiana quiere contarnos una historia sobre muchos de estos mundos, pero en los postulados de la teoría (funciones de onda, evolución continua) no aparece por ningún lado la palabra *mundo* o *universo*. ¿Cómo surgen los mundos? ¿Y cómo es que los mundos tienen un aspecto aproximadamente clásico?

En nuestra discusión sobre la decoherencia, hemos señalado que podemos considerar que un sistema cuántico se bifurca en varias copias independientes en cuanto queda entrelazado con el entorno que lo rodea, y lo que le sucede a cada copia no puede interferir con lo que les sucede a todas las demás. Sin embargo, si queremos ser tiquismiquis, esto equivale a decirnos que *podemos* pensar que la función de onda sin coherencia describe mundos separados, no que *deberíamos* pensar de este modo, y mucho menos que *estemos obligados* a hacerlo. ¿Podemos lograr algo mejor? Lo cierto es que nada nos obliga a pensar que la función de onda describe múltiples mundos, incluso tras la decoherencia. Podríamos hablar simplemente de la función de onda como un todo, pero resulta más sencillo dividirla en mundos.

La formulación de universos paralelos describe el universo mediante un único objeto matemático, la función de onda. Hay muchas maneras de hablar sobre la función de onda que nos dan una idea de lo que está pasando; a veces puede resultar útil hablar en términos de la posición, por ejemplo, y en otros casos, en términos de la cantidad de movimiento. Del mismo modo, a menudo es provechoso hablar acerca de la función de onda tras la decoherencia como si describiera un conjunto de mundos separados; es una manera de hablar plenamente justificada, porque lo que sucede en una rama no afecta para nada a lo que sucede en las demás. En cualquier caso, el uso que hagamos del lenguaje es cuestión de comodidad propia, no algo que la teoría establezca; al fin y al cabo, la teoría solo se preocupa de la función de onda como un todo.

Haciendo uso de una analogía, reflexionemos sobre toda la materia que hay en la habitación en la que estás en estos momentos. Puedes describirla (limitándonos, por el momento, a una aproximación clásica) haciendo una lista de las posiciones y velocidades de todos los átomos de la habitación. Pero sería una locura; ni tienes acceso a toda esta información ni podrías usarla, caso de tenerla, ni es necesaria. En su lugar, lo que haces es agrupar la materia que hay a tu alrededor en un conjunto de conceptos útiles: sillas, mesas, lámparas, baldosas, etc. Es una descripción muchísimo más compacta que una lista de todos los átomos, pero nos sigue ofreciendo una imagen bastante clara de lo que está sucediendo. Del mismo modo, no es necesario caracterizar el estado cuántico en términos de múltiples mundos, pero sí que nos ofrece un punto de agarre utilísimo para poder abordar una situación brutalmente compleja. Tal como insistía Alicia en el capítulo 8, los mundos no son fundamentales, sino que son emergentes.

En este sentido, *emergencia* no se refiere a sucesos que se van produciendo en el tiempo, como cuando un polluelo emerge de su huevo, sino que es una manera de describir el mundo que no es exhaustiva por completo y que divide la realidad en fragmentos más manejables. No vamos a hallar nociones como las de *habitación* o *baldosa* en las leyes fundamentales de la física; son nociones emergentes. Son formas de describir lo que está pasando aun careciendo del conocimiento perfecto de cada átomo y molécula que nos rodea. Decir que algo es emergente es decir que forma parte de una descripción aproximada de la realidad que es válida a una cierta escala (en general, macroscópica) y que habrá que contrastar con «cosas fundamentales» que son parte de una descripción exacta a escala microscópica.

En el experimento imaginario del demonio de Laplace, imaginamos un ser de vastísima inteligencia que conoce todas las leyes de la física y el estado exacto del mundo y, además, tiene una capacidad de cálculo infinita. Este demonio conoce a la perfección todo lo que es, fue y será. Pero ninguno de nosotros es un demonio de Laplace; en realidad, lo máximo que tenemos es una información parcial sobre el estado del mundo y una capacidad de cálculo bastante limitada. Nadie mira una taza de café y ve cada partícula de cada átomo; vemos rasgos macroscópicos gruesos del líquido y de la taza. Pero tal vez esta sea toda la información que necesitamos para una discusión provechosa sobre el café y para predecir su comportamiento en diversas situaciones. Una taza de café es un fenómeno emergente.

Lo mismo podemos decir de los mundos de la mecánica cuántica everettiana. Una versión cuántica del demonio de Laplace, con un conocimiento exacto del estado cuántico del universo, nunca tendrá necesidad de dividir la función de onda en un conjunto de ramas que describen un repertorio de mundos. Sin embargo, es muy útil y cómodo hacerlo así, y no hay inconveniente alguno en aprovechar esta ventaja porque los mundos individuales no interactúan entre sí.

Esto no significa que los mundos no sean «reales». *Fundamental* frente a *emergente* es una distinción, mientras que *real* frente a *irreal* es una distinción totalmente diferente. Las sillas, las mesas y las tazas de café son reales, sin duda, pues describen patrones que existen en el universo, patrones que organizan el mundo de maneras que reflejan la realidad subyacente. Lo mismo sucede con los mundos everettianos. Recurrimos a ellos al dividir la función de onda para nuestra comodidad, pero esta división no es al azar; hay maneras correctas e incorrectas de desmenuzar la función de onda en ramas, y las maneras correctas nos llevan a mundos independientes que obedecen, aproximadamente, a las leyes de la física clásica. Qué maneras son las válidas es algo que, en último término, viene determinado por las leyes fundamentales de la naturaleza, no por los caprichos humanos.

La emergencia no es un rasgo genérico de los sistemas físicos. Se da cuando hay una manera especial de describir el sistema que implica mucha menos información que la que requeriría una descripción completa pero que, aun así, es útil para saber lo que está pasando. Por ello tiene sentido desmenuzar la realidad de la manera en que lo hacemos, hablando de sillas, de mesas y de ramas de la función de onda.

Pensemos en un planeta en órbita alrededor del Sol. Uno como la Tierra contiene unas 10^{50} partículas. Para describir el estado de la Tierra con exactitud, incluso a nivel clásico, necesitaríamos una lista con las posiciones y cantidades de movimiento de cada una de esas partículas, algo que supera con mucho nuestra imaginación más desbocada y, por supuesto, nuestra capacidad de cálculo. Por suerte, si lo que nos interesa es solo la órbita del planeta, la inmensa mayoría de esa información es irrelevante. En su lugar, podemos idealizar la Tierra como un único punto situado en el centro de masas del planeta y con la misma cantidad de movimiento; el estado de este punto idealizado queda determinado por una única posición y una única cantidad de movimiento, y esta pequeñísima cantidad de información (seis números, tres para la posición y tres para la cantidad de movimiento, en lugar de 6×10^{50} números) es todo lo que necesitamos para calcular su trayectoria. He aquí la emergencia: una forma de describir rasgos relevantes de un sistema utilizando mucha menos información que la que requeriría una descripción exhaustiva.*

A menudo hablamos de descripciones emergentes en términos de cuán «convenientes» son para nosotros, pero no hay que pensar que se trata de una conveniencia antropocéntrica. Las mesas, las sillas y los planetas seguirían existiendo aunque no hubiera humanos para hablar de tales cosas. *Conveniencia* es una manera de señalar una propiedad física objetiva: la existencia de un modelo preciso del sistema que solo necesita una pequeñísima parte de la información completa que lo caracteriza.

La emergencia no es automática; es algo especial y valioso que nos proporciona una enorme simplificación cuando se da. Imaginemos que conocemos la posición de todas y cada una de las 10^{50} partículas de la Tierra, pero no sabemos su cantidad de movimiento. Disponemos de una cantidad de información enorme (la mitad de toda la información disponible) pero una capacidad nula para predecir dónde se hallará la Tierra en cualquier instante del futuro. Siendo estrictos, si también supiéramos la cantidad de movimiento de todas las partículas excepto una, tampoco podríamos decir qué haría la Tierra a continuación; podría ser que esta única partícula tuviera la misma cantidad de movimiento que todas las demás.

Esta es la situación más habitual en física. Para predecir con exactitud lo que hará un sistema formado por muchas partes, tenemos que hacer un seguimiento de la información de cada una de todas esas partes. Si perdemos algo de esa información, por poco que sea, no sabemos nada. La emergencia se da cuando es posible lo contrario: desechamos casi toda la información, solo nos quedamos con una pequeña parte (siempre que sepamos identificar cuál es esa pequeña parte que necesitamos) y podemos continuar explicando muchas cosas del sistema y de lo que sucederá en el futuro.

* Por desgracia, hay varias definiciones competidoras del término *emergencia*, algunas de las cuales tienen un significado casi opuesto al que usamos aquí. Nuestra definición a veces se denomina *emergencia débil*, en oposición a la *emergencia fuerte* en que el todo es irreducible a la suma de sus partes.

En el caso del centro de masas de un objeto compuesto por muchas partículas, el tipo de información que hay en la descripción emergente que tenemos es exactamente la misma que el tipo de información del que partíamos (posición y cantidad de movimiento) pero en mucha menos cantidad. Ahora bien, en algunos casos, la emergencia puede ser algo más sutil, con una descripción que es de un tipo muy diferente a la información con la que empezábamos. Como ejemplo, consideremos el aire de la habitación en que estamos e imaginemos que dividimos el espacio en cajitas muy pequeñas, de un milímetro por lado, pongamos por caso. En cada cajita hay un gran número de moléculas, pero en lugar de registrar el estado de cada una de ellas, registramos magnitudes promedio como la densidad, la presión y la temperatura de cada cajita. Resulta que esta es toda la información que necesitamos para hacer predicciones precisas del comportamiento del aire. La teoría emergente describe una cosa diferente, un fluido más que un conjunto de moléculas, pero esta descripción en términos de fluido basta para describir el aire con gran precisión. Tratar el aire como un fluido exige muchos menos datos que si lo tratáramos como un conjunto de partículas; la descripción como fluido es emergente.

Los mundos everettianos son lo mismo. No necesitamos hacer un seguimiento pormenorizado de toda la función de onda para hacer predicciones útiles, solo lo que sucede en un mundo concreto. En buena aproximación, podemos tratar lo que sucede en cada mundo mediante la mecánica clásica, con ocasionales intervenciones cuánticas cuando nos entrelazamos con sistemas microscópicos en superposición. Es por esto por lo que las leyes de Newton de la gravedad y del movimiento bastan para enviar naves a la Luna sin necesidad de conocer el estado cuántico completo de todo el universo; nuestra rama individual de la función de onda describe un mundo emergente cuasiclásico.

Las ramas de la función de onda, que describen mundos independientes, no aparecen en los postulados de la formulación de universos paralelos. Pero tampoco aparecen sillas, mesas o aire en la Teoría Central de las partículas y las fuerzas. Tal como ha expresado el filósofo Daniel Dennett, en términos traducidos a un contexto cuántico por David Wallace, cada mundo es un rasgo emergente que apresa «patrones reales» en la dinámica subyacente. Un patrón real nos ofrece una manera precisa de hablar acerca del mundo, sin tener que recurrir a una descripción microscópica exhaustiva. Esto es lo que convierte a los patrones emergentes en general, y a los mundos everettianos en particular, en algo indudablemente real.

Cuando estás convencido de que las ramas de la función de onda se pueden considerar como mundos emergentes, tal vez te empieces a preguntar por qué este conjunto de mundos en concreto. ¿Por qué acabamos viendo objetos macroscópicos con ubicaciones bastante bien definidas en el espacio, en lugar de verlos en superposiciones de diferentes ubicaciones? ¿Por qué el «espacio» parece ser un concepto tan fundamental, después de todo? Los libros de texto introductorios de mecánica cuántica a menudo nos dan la impresión de que el comportamiento clásico es inevitable cuando los objetos son muy grandes, pero esto son sandeces, puesto que no hay ningún problema en imaginar una función de onda que describa objetos macroscópicos en todo tipo de superposiciones extrañas. La respuesta correcta es mucho más interesante.

Podemos empezar a aprehender la naturaleza especial del espacio comparando nuestra manera de pensar acerca de la posición y acerca de la cantidad de movimiento. Cuando Isaac Newton escribió por primera vez las ecuaciones de la mecánica clásica, la posición ocupaba un lugar privilegiado, mientras que la velocidad y la cantidad de movimiento eran cantidades derivadas de aquella. La posición es «dónde te hallas en el espacio», mientras que la velocidad es «cuán rápido te estás moviendo por el espacio» y la cantidad de movimiento es la velocidad multiplicada por la masa. Parece que el espacio es el elemento fundamental en estas definiciones.

Sin embargo, una reflexión más atenta revela que los conceptos de *posición* y *cantidad de movimiento* están más en pie de igualdad de lo que podría parecer. Quizá no debería sorprendernos, pues al fin y al cabo la posición y la cantidad de movimiento son las dos magnitudes que, conjuntamente, definen el estado de un sistema clásico. De hecho, en la formulación hamiltoniana de la mecánica clásica, la posición y la cantidad de movimiento aparecen de manera explícita en pie de igualdad. ¿Es acaso esto la imagen de alguna simetría subyacente que no resulta obvia a primera vista?

En nuestras vidas cotidianas, la posición y la cantidad de movimiento parecen nociones bastante diferentes. Lo que un matemático denominaría *espacio de todas las posiciones posibles* nosotros lo llamamos *espacio*, sin más; es el mundo tridimensional en el que vivimos. El *espacio de todas las cantidades de movimiento posibles*, o *espacio de momentos*, también es tridimensional, pero es un concepto muchísimo más abstracto; nadie piensa que vivamos ahí. ¿Por qué no?

El rasgo que hace que el espacio sea especial es la localidad. Las interacciones entre objetos diferentes se producen cuando están cercanos en el espacio. Dos bolas de billar chocan y salen rebotadas cuando se acercan y tienen, pues, la misma posición en el espacio. Nada de esto sucede cuando las partículas tienen la misma cantidad de movimiento (o la opuesta); si no tienen la misma posición, si no están en el mismo lugar del espacio, simplemente siguen su camino sin más problema. No es una característica obligatoria de las leyes de la física (podríamos imaginar otros mundos en los que no sucediera tal cosa), pero sí que es una que parece cumplirse bastante bien en nuestro mundo.

Las bolas de billar que chocan son objetos clásicos, pero la misma discusión sería válida en un caso cuántico. El formalismo cuántico básico también trata la posición y la cantidad de movimiento en pie de igualdad. Podemos expresar la función de onda asignando una amplitud compleja a cada posible ubicación en que se puede hallar la partícula, pero también podemos hacerlo asignando un número complejo a cada posible cantidad de movimiento que pueda tener la partícula. Las dos maneras de describir el mismo estado físico son equivalentes y expresan la misma información de modos distintos, tal como vimos al hablar del principio de incertidumbre.

Todo esto es bastante profundo. Hemos dicho que una función de onda con cantidad de movimiento bien definida es una onda sinusoidal; pero este es su aspecto en términos de la posición, que es el lenguaje en el que tendemos a expresarnos. Si hablamos en términos de cantidad de movimiento, ese mismo estado cuántico tendría el aspecto de un pico situado en esa cantidad de movimiento concreta. Un estado con posición bien definida sería una onda sinusoidal esparcida por todas las posibles cantidades de movimiento. Esto sugiere que lo que realmente importa es el concepto abstracto de *estado cuántico*, no su materialización específica como función de onda en términos de la posición o de la cantidad de movimiento.

La simetría también queda rota, una vez más, por el hecho de que en nuestro mundo particular, las interacciones se producen cuando los sistemas están cercanos en el espacio. He aquí la localidad dinámica. Desde el punto de vista de universos paralelos, que trata los estados cuánticos como fundamentales y todo lo demás como emergente, este hecho sugiere que tal vez deberíamos voltear nuestra descripción: las «posiciones en el espacio» son las variables en las que las interacciones parecen locales. El espacio no es fundamental, solo es una manera de organizar lo que está pasando en la función de onda cuántica subyacente.

Este punto de vista nos ayuda a comprender por qué la función de onda everettiana puede dividirse de modo natural en un conjunto de mundos aproximadamente clásicos. Esta cuestión se conoce como el *problema de preferencia de base*. La formulación de universos paralelos se basa en el hecho de que la función de onda del universo describirá, en general, todo tipo de superposiciones, incluyendo estados en los que objetos macroscópicos están en superposiciones de dos ubicaciones muy diferentes. Pero nunca vemos superposiciones de sillas o de bolas de billar; en lo que a nuestra experiencia respecta, siempre parecen estar en ubicaciones bien definidas y su movimiento obedece a las reglas de la mecánica clásica con una muy buena aproximación. ¿Por qué los estados que observamos nunca implican superposiciones macroscópicas? Podemos escribir la función de onda como una combinación de muchos mundos distintos, pero ¿por qué dividirla en tales o cuales mundos en concreto?

La respuesta se esclareció durante los ochenta, gracias a la decoherencia, aunque los investigadores siguen dando vueltas a los detalles. Para entenderla, es útil volver a el venerable experimento imaginario del gato de Schrödinger, en el que tenemos una caja sellada con un gato y un recipiente de gas somnífero. En el escenario inicial de Schrödinger, el recipiente contenía veneno, pero no hay razón para tener que imaginarnos como asesinos de gatos (la hija de Schrödinger, Ruth, dijo una vez: «Creo que a mi padre no le gustaban los gatos»).[1]

Nuestro experimentador ha instalado un resorte en la tapa del recipiente, que permite liberar el gas y adormecer al gato, pero esto solo sucederá cuando un detector, como un Geiger, detecte una partícula de radiación. Al lado del detector hay una fuente radiactiva y sabemos el ritmo al que emite partículas, de modo que podemos calcular la probabilidad de que, después de determinado intervalo de tiempo, el Geiger detecte una partícula y provoque la liberación del gas.

La emisión radiactiva es un proceso cuántico. Lo que describimos de manera informal como la emisión ocasional y aleatoria de una partícula es, en realidad, una evolución continua de la función de onda de los núcleos atómicos que hay en la fuente. Cada núcleo pasa de un estado puro sin desintegración a una superposición de (no desintegración) + (desintegración), y la segunda parte va aumentando a medida que pasa el tiempo. La emisión parece aleatoria porque el detector no mide directamente la función de onda; solo detecta o bien (no desintegración) o bien (desintegración), tal como un imán vertical de Stern-Gerlach solo observa espín hacia arriba o espín hacia abajo.

El propósito del experimento imaginario es partir de una superposición cuántica microscópica y ampliarla a una situación claramente macroscópica, y esto sucede en cuanto el Geiger detecta una emisión. Todo el embrollo del gas somnífero y el gato solo es para que la amplificación de una superposición cuántica al mundo macroscópico sea más vívida (Schrödinger fue el primero en usar el término *entrelazamiento*, o en alemán *Verschränkung*, en la mecánica cuántica, al discutir acerca de su experimento con el gato, tema que surgió carteándose con Einstein).

El experimento del Schrödinger se planteó en el contexto de la versión académica del problema de la medición, en la que las funciones de onda colapsan cuando son observadas. Así pues, sigue Schrödinger, supongamos que mantenemos la caja cerrada, sin observar su interior, hasta que la función de onda evoluciona hasta una superposición equitativa de «por lo menos se ha desintegrado un núcleo» y «no se ha desintegrado ningún núcleo». En este caso, las funciones de onda del detector, el gas y el gato también evolucionarán hasta una superposición equitativa de «el Geiger ha detectado, el gas se ha liberado y el gato se ha dormido» y «el Geiger aún no ha detectado, el gas está en su contenedor y el gato está despierto». Ahora Schrödinger nos pregunta si de verdad creemos que la caja contiene una superposición de un gato dormido y un gato despierto hasta que la abrimos.

Hasta aquí, estaba en lo cierto. Cuando disponemos del punto de vista everettiano de la mecánica cuántica, aceptamos que la función de onda evoluciona de forma continua hacia una superposición equitativa de dos posibilidades, una en la que el gato está dormido y otra en la que está despierto. Pero la decoherencia nos dice que el gato también está entrelazado con su entorno, consistente en todas las moléculas de aire y los fotones que haya en la caja. La bifurcación efectiva en mundos independientes se produce casi en el momento en que el Geiger detecta la emisión. Cuando el experimentador decide abrir la caja, hay dos ramas de la función de onda, cada una de las cuales contiene un único gato y un único experimentador, no ninguna superposición.

Esto elimina la preocupación original de Schrödinger, pero plantea otra. ¿Cómo es que, cuando abrimos la caja, los estados concretos cuánticos que vemos, que han perdido la coherencia, son o bien el de un gato despierto o bien el de un gato dormido? ¿Por qué no vemos alguna superposición de ambos? «Despierto» y «dormido» constituyen tan solo una posible base del sistema «gato», tal como «espín arriba» y «espín abajo» la constituyen para el electrón. ¿Por qué deberíamos preferir esta base antes que cualquier otra?

El proceso físico relevante consiste en cosas en el entorno (gas, moléculas, fotones) interactuando con el sistema físico bajo consideración. Si una partícula concreta interacciona con el gato o no, dependerá de donde se halle este; podría ser, por ejemplo, que un fotón pueda ser absorbido por el gato cuando este está despierto y trasteando por la caja, pero que no choque con él si está dormido en el suelo.

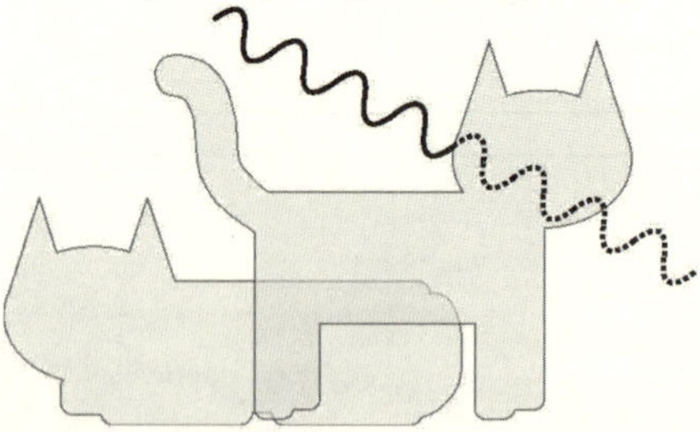

Dicho de otro modo, lo que tiene de especial la base «despierto»/«dormido» es que los estados individuales describen configuraciones bien definidas en el espacio. Y el espacio es la magnitud respecto a la cual las interacciones físicas son locales. Una partícula puede impactar en un gato si la partícula y el gato entran en contacto físico. Las dos partes de la función de onda del gato, «despierto» y «dormido», entran en contacto con partículas diferentes del entorno y, por lo tanto, se bifurcan en mundos diferentes.

Esta es la respuesta básica a la cuestión de por qué observamos los mundos concretos que vemos: los estados correspondientes a la base preferida son aquellos que describen objetos coherentes en el espacio, porque tales objetos interaccionan de modo congruente con sus entornos. A menudo, a estos estados se les denomina *estados indicadores*, pues son los estados para los cuales el indicador o la aguja de un dispositivo de medición macroscópico señalará un valor bien definido en lugar de ser una superposición. La base indicadora es aquella en la que una aproximación clásica con buen comportamiento tiene sentido y, en consecuencia, es el tipo de base que define los mundos emergentes. La decoherencia es el fenómeno que, en última instancia, une la austera simplicidad de la mecánica cuántica everettiana con la embrollada peculiaridad del mundo que observamos.

12

UN MUNDO DE VIBRACIONES

Teoría cuántica de campos

En los debates sobre el entrelazamiento cuántico y el enigma EPR, a menudo aparece el concepto *acción a distancia*, en general acompañado de ese adjetivo aplicado por Einstein: *espeluznante*. Pero la idea es mucho más antigua; se remonta a Isaac Newton y su teoría de la gravitación.

Si Newton no hubiese hecho nada más que montar el armazón básico de la mecánica clásica, ya sería uno de los principales candidatos a obtener el título de mejor físico de la historia, pero lo que remata su reivindicación de la corona es que hizo mucho más, incluyendo menudencias como la invención del análisis matemático. Aun así, cuando la gente ve una imagen de Newton con su magnífica peluca, lo primero en lo que suelen pensar es en la teoría de la gravitación.

La gravedad newtoniana se puede resumir en la famosa ley cuadrática inversa: la fuerza gravitacional entre dos objetos es proporcional a la masa de cada uno de ellos e inversamente proporcional al cuadrado de la distancia que los separa. Así, si desplazáramos la Luna al doble de distancia de la Tierra, la fuerza gravitacional entre estos dos cuerpos celestes sería cuatro veces menor. Con esta regla tan simple, Newton pudo demostrar que los planetas se tienen que mover alrededor del Sol siguiendo elipses y, de este modo, confirmó la relación empírica que había postulado Johannes Kepler años antes.

Pero Newton nunca quedó satisfecho con su teoría, precisamente porque implicaba una acción a distancia. La fuerza que se ejercen entre sí dos objetos depende de la posición de cada uno y cuando uno de ellos se desplaza, se modifica instantáneamente la dirección de su atracción gravitacional en todo el universo; no hay nada que medie este cambio, sucede sin más. Esto fastidiaba a Newton, no porque fuera ilógico o incompatible con lo observado, sino porque no parecía correcto. Espeluznante, podríamos decir.

> Es inconcebible que la materia bruta inanimada pueda, sin la mediación de alguna otra cosa no material, actuar y afectar en otra materia sin mediar contacto mutuo [...] La gravedad tiene que ser causada por un agente en acción constante de acuerdo con determinadas leyes; dejo a la consideración de mis lectores si este agente es material o inmaterial.[1]

De hecho, sí hay un agente que provoca que la gravedad actúe del modo en que lo hace, y se trata de un agente bien material: el campo gravitatorio. Este concepto fue presentado por primera vez por Pierre-Simon Laplace, que consiguió rescribir la teoría de la gravitación de Newton de modo que la fuerza era transmitida por un campo potencial gravitatorio, en lugar de saltar misteriosamente a través de distancias infinitas. Sin embargo, un cambio en la fuerza continuaba sucediendo de manera instantánea en todo el espacio. No fue hasta la relatividad general de Einstein que se demostró que los cambios en el campo gravitatorio, al igual que los cambios en el campo electromagnético, se propagan por el espacio a la velocidad de la luz. La relatividad general sustituye el potencial de Laplace por un campo llamado *métrica*, una forma matemáticamente sofisticada de caracterizar la curvatura del espacio-tiempo; no obstante, la idea general de un campo gravitatorio que permea todo el espacio permanece intacta.

La noción de un campo que transporta, que transmite una fuerza, es seductora a nivel conceptual, porque materializa la idea de localidad. A medida que la Tierra se desplaza, la dirección de su atracción gravitatoria no cambia instantáneamente en todo el espacio, sino que se modifica al momento allí donde está situada la Tierra, luego el campo en ese punto «tira» del campo cercano, que tira del campo situado un poco más lejos y así sucesivamente en una onda que se propaga a la velocidad de la luz.

La física moderna amplía esta idea a todo lo que hay en el universo. La Teoría Central se construye partiendo de un conjunto de campos y luego cuantizándolos. Incluso las partículas, como los electrones y los quarks, son, en realidad, vibraciones de los campos cuánticos. Es una explicación fascinante, pero nuestro objetivo en este capítulo es un poco más modesto: entender el «vacío» en la teoría cuántica de campos, el estado cuántico correspondiente al espacio vacío (he dejado para el anexo una breve explicación acerca de estados con partículas). Más adelante ya abordaremos la emergencia cuántica del propio espacio, pero de momento seremos más bien monótonos y convencionales y pensaremos acerca de la teoría cuántica de campos como aquello que uno obtiene cuando cuantiza una teoría clásica de campos en un espacio preexistente.

Una cosa que aprenderemos es que el entrelazamiento tiene un papel todavía más central en la teoría cuántica de campos que en las teorías cuánticas de partículas. Cuando lo más importante eran las partículas, el entrelazamiento era un efecto que podía ser relevante o no, en función de la situación física. Puedes crear un estado de dos electrones entrelazados, pero hay muchos estados interesantes de dos electrones en que las partículas no están entrelazadas en absoluto. En la teoría de campos, en cambio, casi cualquier estado físicamente interesante presenta una gran cantidad de entrelazamiento; incluso el espacio vacío, que podrías suponer como algo bastante anodino, se describe en la teoría cuántica de campos como un conjunto intricado de vibraciones entrelazadas.

La mecánica cuántica se inició cuando Planck y Einstein plantearon que las ondas electromagnéticas podían presentar propiedades corpusculares; luego, Bohr, De Broglie y Schrödinger sugirieron que las partículas, asimismo, podían mostrar aspectos ondulatorios. Pero debemos remarcar que aquí estamos barajando dos tipos diferentes de «ondulatoriedad» y hay que ser cuidadosos a la hora de distinguirlos. Un tipo de ondulatoriedad aparece cuando pasamos una teoría clásica de las partículas a su versión cuántica y obtenemos la función de onda de un conjunto de partículas. El otro tipo surge cuando disponemos de una teoría clásica de campos, incluso antes de introducir la mecánica cuántica; es el caso, por ejemplo, del electromagnetismo y de la relatividad general, dos teorías de campos (y, por tanto, de ondas) totalmente clásicas.

En la teoría cuántica de campos, partimos de una teoría clásica de campos y construimos una versión cuántica de ella. En lugar de una función de onda que nos dice la probabilidad de observar una partícula en determinada posición, tenemos una función de onda que nos da la probabilidad de observar una determinada configuración de un campo en todo el espacio. Una función de onda de una onda, si queremos expresarlo así.

Hay muchas maneras de cuantizar una teoría clásica, pero la más directa es la vía que ya hemos tomado. Al considerar un conjunto de partículas podemos preguntar «¿Dónde pueden estar las partículas?». La respuesta para cada partícula individual es sencilla: «En cualquier punto del espacio». Si solo hubiera una partícula, la función de onda asignaría una amplitud a cada punto del espacio, pero cuando tenemos varias partículas no hay una función de onda independiente para cada una, sino solo una gran función de onda que asigna una amplitud diferente a cada posible conjunto de ubicaciones en que pueden hallarse todas las partículas en un mismo momento. Así es como puede producirse el entrelazamiento; para cada configuración de las partículas, hay una amplitud que podemos elevar al cuadrado para obtener la probabilidad de observarlas en esas ubicaciones al mismo tiempo.

La función de onda de dos partículas *x* e *y* asigna una amplitud *A* a cada posible configuración de las partículas.

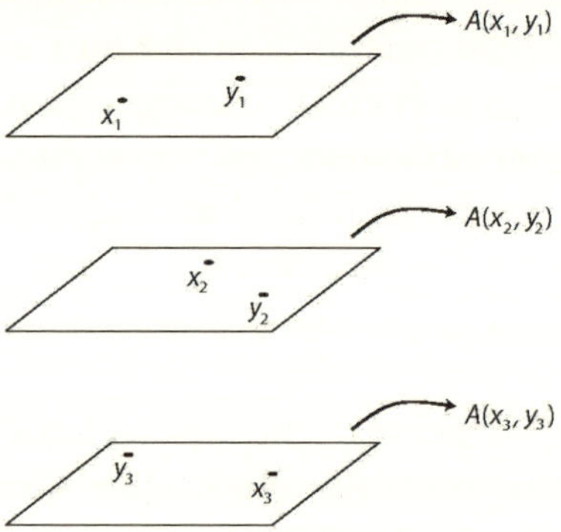

En el caso de los campos sucede lo mismo, basta con sustituir «posible configuración de las partículas» por «posible configuración del campo», donde por *configuración* nos referimos ahora a los valores del campo en cada punto del espacio. Esta función de onda considera cada posible configuración del campo y asigna una amplitud a cada una. Si pudiéramos imaginarnos observando el campo en todas partes de una sola vez, la probabilidad de ver una forma concreta del campo sería igual al cuadrado de la amplitud asignada a esa configuración.

La función de onda de un campo ϕ asigna una amplitud *A* a cada posible configuración del campo.

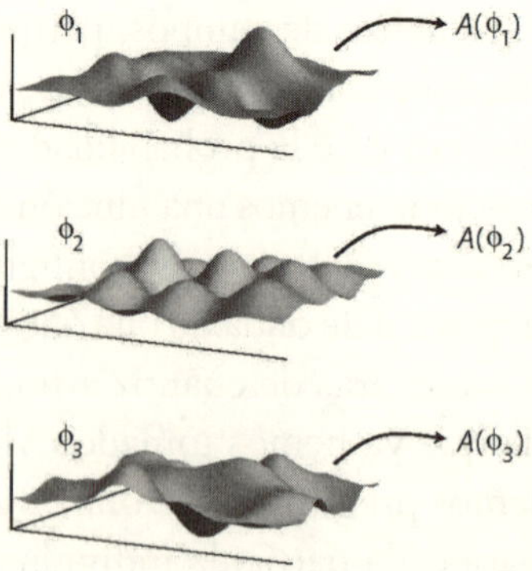

Esta es la diferencia entre un campo clásico y una función de onda cuántica. Un campo clásico es una función del espacio, y una teoría clásica con muchos campos describiría varias funciones del espacio superpuestas entre ellas. La función de onda de la teoría cuántica de campos no es una función del espacio, sino una función del conjunto de todas las configuraciones de todos los campos clásicos (en la Teoría Central esto incluiría el campo gravitatorio, el campo electromagnético, los campos de las diversas partículas subatómicas, etc.). Un monstruo bastante intimidante, sin duda, pero también un monstruo que los físicos han llegado a entender y apreciar.

Todo esto asume implícitamente la versión de universos paralelos de la mecánica cuántica. No hemos hecho referencia alguna a la decoherencia y a las bifurcaciones, pero hemos dado por sentado que todo lo que necesitamos es una función de onda cuántica y una versión adecuada de la ecuación de Schrödinger y que el resto vendrá dado. Y esta situación es exactamente la de Everett (a veces, cuando la gente habla de la ecuación de Schrödinger se refiere específicamente a la versión que escribió Schrödinger, que solo es aplicable a partículas puntuales no relativistas, pero no hay ninguna dificultad en hallar una versión de la ecuación adecuada para campos cuánticos relativistas o, de hecho, para cualquier otro sistema con un hamiltoniano). En otras teorías, a menudo se necesitan variables extra o reglas adicionales acerca de cómo colapsan espontáneamente las funciones de onda; y cuando pasamos a la teoría de campos no es en absoluto evidente qué deberían ser estos ingredientes adicionales.

Si la teoría cuántica de campos describe el mundo como una función de onda de una configuración de campos clásicos, parece que estemos poniendo ondulatoriedad sobre ondulatoriedad. Si nos preguntamos cuánto más ondulatoria se puede poner la cosa, la respuesta podría ser, parafraseando a Nigel Tufnel de Spinal Tap, «no hay nada que pueda ser más ondulatorio».* Y, sin embargo, cuando efectuamos observaciones de campos cuánticos, por ejemplo, en un detector del Gran Co-

* Spinal Tap es una banda ficticia de *heavy metal* creada por unos cuantos músicos estadounidenses en 1979, y protagonista del falso documental *This is Spinal Tap*. Ante la portada de un disco, totalmente negra, se preguntan «¿Cuánto más negra puede ser?» y la respuesta es «No hay nada que pueda ser más negro». *(N. del t.)*

lisionador de Hadrones de Ginebra, lo que vemos son trazas individuales que revelan el recorrido de objetos puntuales, no difusas nubes ondulatorias. De algún modo hemos regresado a las partículas, a pesar de ser todo lo ondulatorias que pueden llegar a ser.

La razón que hay tras todo esto remite a la misma razón por la que vemos niveles de energía discretos para los electrones en los átomos. Un electrón que se desplaza por el espacio puede tener cualquier valor de energía, pero en las cercanías de la fuerza de atracción que ejerce un núcleo atómico, es como si el electrón estuviera atrapado en una caja. La función de onda tiende a cero a medida que nos alejamos del átomo, y podemos imaginar al electrón como si estuviera ligado, como una cuerda fijada por ambos extremos y libre para moverse entremedio. En estas circunstancias, la cuerda fijada solo puede presentar un conjunto discreto de vibraciones; del mismo modo, la función de onda del electrón tiene un conjunto discreto de niveles de energía. Siempre que la función de onda de un sistema quede «ligada» y su valor se haga nulo para configuraciones grandes/lejanas/extremas, presentará un conjunto discreto de niveles de energía.

Volviendo a la teoría de campos, consideremos una configuración de campos muy simple: una onda sinusoidal que abarca todo el espacio. A una configuración así la denominamos *modo* del campo; es una forma muy cómoda de tratar los campos, pues cualquier configuración se puede expresar como una combinación de muchos modos cada uno de los cuales con una longitud de onda diferente. Esa onda sinusoidal contiene energía, y esta energía aumenta rápidamente si consideramos ondas de altura cada vez más grande. Así pues, como la energía del campo aumenta con la altura de la onda, la función de onda tiene que disminuir rápidamente al aumentar la altura de la onda, para no dar una probabilidad excesiva a las ondas de muy alta energía. A todos los efectos, la función de onda tiende a cero para energías muy altas.

Como resultado, del mismo modo que sucede con una cuerda en vibración o un electrón en un átomo, hay un conjunto discreto de niveles de energía para las vibraciones de un campo cuántico. De hecho, cada modo del campo puede hallarse en su estado de menor energía o en el siguiente estado de energía más alta, o en el siguiente, etc. La función de onda de mínima energía total es aquella en la que cada modo individual tiene la energía más baja posible. Es un estado único, que denominamos *vacío*. Cuando los expertos en teoría cuántica de campos hablan del vacío, no se refieren a lo que puedes conseguir con una máquina de envasar «al vacío», ni tan solo a una región del espacio interplanetario sin materia; con *vacío* quieren decir «el estado de menor energía de tu teoría cuántica de campos».

Quizá tengas la impresión de que el vacío debe de ser aburrido y, bueno, pues eso... vacío; pero en realidad es un lugar bastante tempestuoso. Un electrón en un átomo tiene el estado de energía más baja posible en el que puede hallarse, pero si pensamos en él en términos de la función de onda correspondiente a la posición del electrón, esta función puede tener una forma más o menos interesante. Del mismo modo, el estado del vacío en teoría de campos puede tener una estructura interesante si analizamos partes individuales del campo.

El siguiente nivel de energía tiene un poco más de variedad, pues está formado por las siguientes energías de cada modo. Esto nos da una cierta libertad; puede haber estados formados básicamente por modos de longitud de onda corta, estados formados mayoritariamente por modos de longitud de onda larga o cualquier mezcla que imaginemos. Lo que tienen en común todos ellos es que cada modo se halla en su «primer estado excitado», solo con una pizca más de energía que el valor mínimo.

Si juntamos todo esto, la función de onda para el primer estado excitado de una teoría cuántica de campos es exactamente igual que la de una sola partícula, expresada en función de la cantidad de movimiento en lugar de en función de la posición. En general, habrá contribuciones de diversas longitudes de onda, que interpretamos como diferentes cantidades de movimiento en la función de onda de la partícula. Además, y esto es muy importante, este tipo de estado se comporta de forma corpuscular cuando lo observamos: si medimos una cierta cantidad de energía en una ubicación (lo que interpretamos como «he visto ahí una partícula»), es muy probable que detectes esa misma cantidad de energía muy cerca de esa ubicación si observas un poco después, incluso aunque la función de onda, originalmente, esté esparcida. Lo que acabas viendo es una vibración localizada que se propaga en el campo y que deja una traza en un detector, tal como se supone que tiene que hacer una partícula. Si parece una partícula y suena como una partícula, tiene sentido llamarla *partícula*.

¿Podemos tener una función de onda en teoría cuántica de campos que combine algunos modos en sus estados de más baja energía con otros en sus primeros estados excitados? Sin duda; estaríamos hablando de una superposición de un estado sin partículas y de un estado de una partícula, lo que daría un estado sin ningún número bien definido de partículas.

A partir de aquí, tal vez ya te imagines que la siguiente función de onda, en términos de energía, de una teoría cuántica de campos es parecía ser la función de onda de dos partículas. La cosa sigue así, sucesivamente, para estados de campos cuánticos que representan tres partículas, cuatro partículas o las que sean. Del mismo modo que observamos que el gato de Schrödinger está o bien despierto o bien dormido, y no en ninguna superposición de estos dos estados, lo que observamos cuando medimos campos cuánticos en vibración son conjuntos de partículas. En el lenguaje del capítulo anterior, siempre que los campos no fluctúen en exceso, los «estados indicadores» de la teoría cuántica de campos parecen conjuntos de un número bien definido de partículas. Estos son los estados que vemos cuando echamos una mirada al mundo.

La teoría cuántica de campos puede describir las transiciones entre estados con un número diferente de partículas, igual que un electrón puede subir o bajar de energía en un átomo. En la mecánica cuántica ordinaria, basada en las partículas, el número de estas es fijo, pero la teoría cuántica de campos no tiene ningún problema para describir la desintegración, la aniquilación o la creación de partículas durante colisiones. Y esto es muy conveniente, porque es algo que sucede todo el rato.

La teoría cuántica de campos es uno de los mayores hitos de unificación de la historia de la física, al ligar las ideas, aparentemente opuestas, de partículas y ondas. Cuando nos damos cuenta de que la cuantización del campo electromagnético lleva a fotones corpusculares, no debería sorprendernos que, de otros campos cuantizados, también surjan partículas como los electrones y los quarks. Los electrones son vibraciones del campo de electrones, los diversos tipos de quarks son vibraciones de varios tipos de campos de quarks, etc.

En los textos introductorios de mecánica cuántica a veces se contraponen partículas y ondas como si fueran dos caras de una misma moneda, pero en el fondo la lucha entre ambas no es justa. Los campos son más fundamentales; son los campos los que ofrecen la mejor imagen que tenemos en la actualidad de la composición del universo. Las partículas no son más que lo que vemos al observar campos en las circunstancias adecuadas. A veces, las circunstancias no son las correctas; en el interior de un protón o de un neutrón, si bien hablamos de quarks y gluones como si fueran partículas individuales, es más preciso pensar en ellos como campos difusos. Una vez, el físico Paul Davies tituló un artículo con cierta exageración (pero no mucha) como «Las partículas no existen».

Lo que nos interesa, aquí y ahora, es el paradigma básico de la realidad cuántica, no los esquemas específicos de partículas, con sus masas e interacciones. Lo que nos importa es el entrelazamiento y la emergencia y cómo surge el mundo clásico a partir de la función de onda que se va bifurcando. Por suerte para nuestros propósitos, podemos centrarnos en el vacío de la teoría cuántica de campos, en la física del espacio vacuo, sin la molestia de tener que preocuparnos de partículas que van zumbando arriba y abajo.

Para darnos cuenta del interés del vacío cuántico, centrémonos en uno de sus aspectos más evidentes: su energía. Resulta tentador pensar que la energía del vacío es cero, por definición, pero si te fijas ya hemos sido cuidadosos en no afirmar tal cosa, sino que hemos dicho que el vacío es «el estado de energía más baja», no necesariamente «el estado de energía nula». De hecho, puede tener cualquier energía; es una constante de la naturaleza, un parámetro del universo que no queda determinado por ningún otro conjunto de parámetros medibles. Por lo que respecta a la teoría cuántica de campos, la única forma de saber la energía que tiene el vacío es midiéndola.

Y lo cierto es que hemos medido la energía del vacío (o por lo menos, creemos que la hemos medido). No es una tarea fácil, porque no puedes agarrar un pedazo de espacio vacío, ponerlo en una balanza y ver cuánto pesa. Para hacerlo hay que observar la influencia gravitatoria de la energía del vacío. Según la relatividad general, la energía es el origen de la curvatura del espacio-tiempo y, en consecuencia, de la gravedad. La energía del espacio vacío tiene una característica particular: es una cantidad constante en cada centímetro cúbico de espacio, invariable en todo el universo, por más que el espacio-tiempo se expanda o se deforme. Einstein se refería a la energía del vacío como *constante cosmológica* y durante mucho tiempo los cosmólogos han estado debatiendo si era exactamente cero o tenía algún otro valor.

Este debate pareció llegar a su fin en 1998, cuando los astrónomos descubrieron que el universo no solo se está expandiendo, sino que lo hace cada vez más rápido. Si mides la velocidad con que se aleja una galaxia distante, esta velocidad aumenta a medida que pasa el tiempo.

Esto sería un resultado sorprendente si el universo solo contuviera materia ordinaria y radiación, pues ambas cosas tienen un efecto gravitatorio atractivo y frenan el ritmo de expansión del universo. Una energía del vacío superior a cero tiene el efecto opuesto: separar las cosas y acelerar la expansión. Dos equipos de astrónomos midieron las distancias y velocidades de supernovas extragalácticas, con la esperanza de calcular la desaceleración de la expansión del universo, pero lo que encontraron, en cambio, fue una aceleración. La turbación de hallar este inesperado resultado quedó en parte mitigada por la concesión del premio Nobel en 2011 a sus descubridores (al principio del párrafo he dicho que el debate *pareció llegar a su fin* porque aún queda la posibilidad de que la aceleración cósmica esté causada por algo diferente a la energía del vacío; sin embargo, es la explicación más plausible, tanto a partir de consideraciones teóricas como a partir de la observación).

Parece que ya lo tenemos todo, ¿no? El espacio vacío tiene energía y la hemos medido. Listos, ya podemos ir a celebrarlo. Bueno, aún no. Hay otra cosa que deberíamos preguntarnos. ¿Qué energía deberíamos esperar que tuviera el vacío? Es una cuestión entretenida; como solo es una constante de la naturaleza, quizá no deberíamos esperar que tuviera ningún valor particular. Lo que sí podemos hacer es una estimación burda del valor que debería tener. El resultado es aleccionador.

La manera tradicional de estimar la energía del vacío es diferenciar entre el valor que tendría la constante cosmológica clásica y los efectos cuánticos que pueden modificar ese valor. No es una buena manera; a la naturaleza poco le importa que a los humanos les guste empezar clásicamente y luego añadan la mecánica cuántica; la naturaleza es cuántica desde el principio. Sin embargo, como solo queremos una estimación burda, tal vez ya nos baste este procedimiento. Bueno, pues la verdad es que no nos basta. La contribución cuántica a la energía del vacío es infinitamente grande. Es un tipo de problema endémico en teoría cuántica de campos; muchos cálculos que intentamos hacer añadiendo gradualmente efectos cuánticos acaban dándonos valores infinitos, totalmente absurdos.

De todos modos, tampoco deberíamos tomarnos muy en serio todos estos infinitos. La causa última del problema se puede hacer remontar al hecho de que un campo cuántico está formado por una combinación de modos de vibración con diferentes longitudes de onda, de las más largas a las más cortas, hasta llegar al cero. Si suponemos (sin ninguna razón de peso) que la energía mínima clásica de cada modo es nula, la energía del vacío en el mundo real será solo la suma de todas las energías cuánticas adicionales de cada modo. Y sumar las energías cuánticas de todos estos modos es lo que nos da una energía del vacío infinita. El problema es que quizá no sea muy realista en términos físicos; al fin y al cabo, a distancias muy cortas deberíamos esperar que el propio concepto de *espacio-tiempo* dejara de tener sentido, pues es imposible ignorar la gravedad cuántica. Tendría más sentido incluir solo las contribuciones de modos con longitudes de onda superiores a la longitud de Planck, por ejemplo. Lo que hacemos es imponer un límite: utilizamos la teoría cuántica de campos pero solo incluimos modos cuyas longitudes de onda sean superiores a un cierto valor límite.

Por desgracia, esto no acaba de solucionar el problema. Si hacemos una estimación de la contribución cuántica a la energía del vacío imponiendo un límite de modos a la escala de Planck, obtenemos una respuesta finita en lugar de infinita, pero es una respuesta 10^{122} veces más alta que lo que observamos en realidad. Esta disparidad, conocida como *problema de la constante cosmológica*, se suele calificar como la mayor discrepancia entre teoría y observación de toda la física.

En el fondo, el problema de la constante cosmológica no es un conflicto entre teoría y observación en sentido estricto, pues no disponemos de ninguna predicción teórica fiable para la energía del vacío. Nuestra horrenda estimación procede de dos suposiciones bastante dudosas: que la contribución clásica a la energía del vacío es nula y la imposición de un límite a la escala de Planck. Es posible que la contribución clásica con la que tengamos que empezar sea casi igual y opuesta a la contribución cuántica, de modo que cuando las sumamos obtengamos una energía del vacío «física» con un valor comparativamente pequeño. Pero no tenemos ni la más remota idea de por qué tendría que ser así.

El problema no es que la teoría entre en conflicto con la observación, sino que nuestros cálculos más aproximados son alocados, lo que mucha gente considera una indicación de que hay algo misterioso que aún no conocemos. Como la energía que estimamos era un efecto puramente cuántico y medimos su existencia por medio de un efecto gravitatorio, es plausible que no podamos solucionar el problema hasta disponer de una teoría cuántica de la gravedad en verdad operativa.

En las discusiones informales sobre teoría cuántica de campos se suele describir el vacío como repleto de «fluctuaciones cuánticas» o incluso de «partículas que aparecen y desaparecen continuamente». Es una imagen sugerente, pero tiene más de erróneo que de correcto.

En el espacio vacío descrito por el vacío de la teoría cuántica de campos no hay nada que fluctúe; el estado cuántico es estacionario por completo. La imagen de partículas que aparecen y desaparecen no tiene ningún contacto con la realidad, en la que el estado es justo el mismo en un instante y en el siguiente. Sin duda, hay una contribución cuántica intrínseca a la energía del espacio vacío, pero es engañoso decir que la energía procede de «fluctuaciones» cuando en realidad no hay nada que fluctúe. El sistema se halla muy tranquilo en su estado cuántico de mínima energía.

Entonces, ¿por qué los físicos están siempre hablando de fluctuaciones cuánticas? Es el mismo fenómeno que hemos señalado en otros contextos: los seres humanos tendemos irremediablemente a considerar que lo que vemos es lo real, aunque la mecánica cuántica nos insista en que deberíamos pensárnoslo mejor. Las teorías de variables ocultas sucumben a esta ansia y convierten en real algo más que la función de onda que evoluciona de forma continua.

La mecánica cuántica everettiana es muy clara: el espacio vacío se describe mediante un estado cuántico estacionario, invariable, en el que no cambia nada de un momento al siguiente. Pero si observáramos con suficiente detalle, midiendo los valores de un campo cuántico en alguna región pequeña, veríamos lo que parece un embrollo caótico; y si observáramos de nuevo un instante después, veríamos un embrollo caótico algo diferente. La tentación de concluir que hay algo que fluctúa en el espacio vacío, incluso cuando no estamos mirando, es abrumadora; pero no es esto lo que está pasando. Lo que vemos es una manifestación de lo que comentamos en el contexto del principio de incertidumbre: cuando observamos un estado cuántico solemos ver algo bastante diferente a lo que era ese estado antes de que miráramos.

Para centrar la discusión, imaginemos que llevamos a cabo un experimento más factible. En lugar de medir el valor de un campo en cada punto, midamos el número total de partículas en el estado de vacío de una teoría cuántica de campos. En un mundo que se correspondiera con un experimento imaginario, podríamos suponer que hacemos esta medición en todo el espacio al mismo tiempo. Como nos hallamos en el estado de mínima energía (porque así hemos planteado el experimento), no te sorprenderá que, con certeza absoluta, no detectemos partículas en ningún lado. Solo es espacio vacío. Pero en el mundo real estamos limitados a llevar a cabo el experimento en alguna región finita del espacio, como el interior de nuestro laboratorio, y a preguntar cuántas partículas hay ahí. ¿Qué se supone que vamos a ver?

No parece una pregunta muy difícil. Si no hay partículas en ningún sitio, seguro que tampoco veremos partículas en nuestro laboratorio, ¿no? Pues no es así; las teorías cuánticas de campos no funcionan así. Incluso en el estado de vacío, si nuestro alcance experimental está limitado a una región finita, siempre habrá una pequeña probabilidad de observar una o más partículas. En general, esta probabilidad será en verdad muy pequeña (nada de lo que debamos preocuparnos en nuestros experimentos habituales), pero no será cero. La afirmación inversa también se cumple: habrá estados cuánticos de más energía que el estado de vacío en los que, sin embargo, nuestro experimento local nunca observará ninguna partícula.

Tal vez estés tentado de preguntar: ¿Pero hay ahí realmente partículas o no? ¿Cómo puede ser que no haya ninguna partícula en todo el universo pero podamos observar partículas cuando miramos en un lugar determinado? La cuestión es que no estamos manejando una teoría de partículas, sino una teoría de campos. Las partículas son lo que vemos cuando escudriñamos la teoría en ciertas circunstancias. No deberíamos preguntar cuántas partículas hay realmente, sino cuáles son los posibles resultados de una medición cuando observamos un estado cuántico de esta manera particular. Una medición que quiera responder a «¿Cuántas partículas hay en todo el universo?» es fundamentalmente distinta a una que quiera responder a «¿Cuántas partículas hay en esta habitación?». De hecho, son tan diferentes que, tal como sucede con la posición y la cantidad de movimiento, ningún estado cuántico dará respuestas bien definidas para ambas cuestiones al mismo tiempo. El número de partículas que vemos no es una realidad absoluta; depende de cómo observamos el estado.

Estas reflexiones nos llevan directamente a una propiedad importante de la teoría cuántica de campos: el entrelazamiento entre partes de un campo en diferentes regiones del espacio.

Imaginemos que dividimos el universo en dos regiones, trazando un plano imaginario en algún lugar del espacio, y denominemos a estas dos regiones «izquierda» y «derecha» por comodidad. En términos clásicos, como los campos están en todas partes, para construir cualquier configuración particular del campo tendríamos que especificar lo que está haciendo el campo tanto en la región derecha como en la región izquierda. Si hay alguna discordancia en el valor de los campos en la frontera entre ambas, correspondería a una discontinuidad brusca en el perfil del campo global; es concebible, pero al campo le cuesta energía cambiar de un punto a otro, de modo que una discontinuidad súbita implicaría una gran cantidad de energía en ese punto. Es por esto por lo que las configuraciones habituales de los campos tienden a variar de forma continua y suave, y no de manera brusca.

A escala cuántica, la afirmación clásica «El valor del campo tiende a coincidir a ambos lados de la frontera» se convierte en «Los campos en las regiones izquierda y derecha tienden a estar muy entrelazados entre sí». Podemos considerar estados cuánticos en los que las dos regiones no estén entrelazadas, pero esto implicaría una cantidad infinita de energía en la frontera.

Este razonamiento se puede generalizar para dividir todo el espacio en casillas de las mismas dimensiones. En términos clásicos, el campo hará alguna cosa en cada casilla, pero para evitar densidades de energía infinitas, los valores deben coincidir a ambos lados de las fronteras entre casillas. Así pues, en teoría cuántica de campos, lo que sucede en una casilla está muy entrelazado con lo que sucede en las casillas vecinas.

Pero esto no es todo. Si una caja está entrelazada con sus vecinas, y estas, a su vez, con las suyas, parece lógico que los campos de nuestra casilla original no estén entrelazados solo con los de las casillas adyacentes, sino también con los que están a dos casillas de distancia (esto no es una necesidad lógica, pero parece razonable en este caso y, además, un cálculo cuidadoso confirma que es cierto). Habrá bastante menos entrelazamiento con los campos a dos casillas de distancia que con los adyacentes, pero lo habrá. De hecho, este encadenamiento se extiende a todo el espacio: los campos de cualquier casilla están entrelazados con los campos de cualquier otra casilla del universo, aunque la cantidad de entrelazamiento va disminuyendo a medida que las casillas están más y más alejadas.

Esto se puede antojar un poco exagerado, puesto que, al fin y al cabo, en un universo infinitamente grande hay infinitas casillas. ¿De verdad que los campos de una pequeña región de, digamos, un centímetro cúbico, están entrelazados con los campos de cualquier otro centímetro cúbico del universo? La respuesta es que sí, sí que pueden estarlo. En teoría de campos, incluso un único centímetro cúbico (o una casilla de cualquier otra dimensión) contiene una cantidad infinita de grados de libertad. Recuerda que en el capítulo 4 definimos *grado de libertad* como la cantidad de valores necesarios para especificar el estado de un sistema, como por ejemplo la posición o el espín. En teoría de campos, hay una cantidad infinita de grados de libertad en cualquier región finita del espacio, porque en cada punto el valor del campo en ese punto es un grado de libertad independiente. Y en el espacio hay infinitos puntos, incluso en una pequeña región.

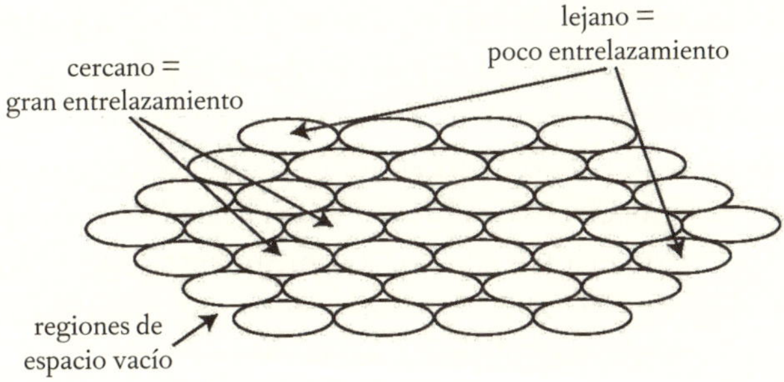

En términos de la mecánica cuántica, el espacio de todas las posibles funciones de onda de un sistema es el espacio de Hilbert de ese sistema. Así, el espacio de Hilbert que describe cualquier región del espacio en teoría cuántica de campos tiene infinitas dimensiones, porque hay una cantidad infinita de grados de libertad. Tal como veremos, esto podría no ser cierto en la teoría correcta de la realidad; hay razones que nos impelen a pensar que la gravedad cuántica presenta solo una cantidad finita de grados de libertad en una región cualquiera del espacio. Pero la teoría cuántica de campos, sin gravedad, permite infinitas posibilidades en cualquier región arbitrariamente pequeña.

Estos grados de libertad presentan un gran entrelazamiento con los grados de libertad de cualquier otro lugar del espacio. Para tener claro cuánto entrelazamiento hay, imaginemos que partimos del estado de vacío, con una de esas casillas de un centímetro cúbico y hurgamos en los campos cuánticos que hay en su interior. Por «hurgar» quiero decir cualquier manera que podamos imaginar de afectar al campo solo en esa región local, midiéndolo o interactuando con él de algún otro modo. Sabemos que al medir un estado cuántico, este cambia a otro estado (de hecho, cambia a diferentes estados en cada rama de la nueva función de onda). ¿Crees que si hurgamos el estado que hay dentro de una casilla cualquiera es posible cambiar inmediatamente el estado en el exterior de esa casilla?

Si sabes algo de relatividad, estarás tentado de responder con un sonoro «no», pues se necesita un cierto tiempo para que los efectos se propaguen hasta regiones alejadas. Pero en este momento puedes recordar el experimento imaginario EPR, en el que la medición de Alicia de un espín puede afectar al estado cuántico del espín de Bob, sin importar cuán alejados estén Bob y Alicia. El ingrediente secreto es el entrelazamiento. Y acabamos de decir que el estado de vacío en teoría cuántica de campos presenta un gran entrelazamiento, de modo que cada casilla está entrelazada con cualquier otra. Poco a poco, te preguntarás si hurgar en el campo de una casilla podría provocar cambios drásticos en el resto del estado, incluso en lugares muy alejados.

Y en efecto, sí puede. Al hurgar en un campo cuántico en una pequeña región del espacio, es posible cambiar el estado cuántico de todo el universo a cualquier otro estado. Técnicamente, este resultado se conoce como *teorema de Reeh-Schlieder*, pero también como *teorema del Taj Mahal*, y recibe este último nombre porque sin salir de mi habitación puedo hacer un experimento y obtener un resultado que implique que ahora, de golpe, haya una copia del Taj Mahal en la Luna (o cualquier otro objeto en cualquier otro lugar del universo).

No nos pongamos nerviosos. No podemos obligar a propósito que se cree el Taj Mahal, ni hacer aparecer cualquier otra cosa así, sin más. En el ejemplo EPR, Alicia puede medir su espín, pero no tiene ninguna garantía de cuál será el resultado de esa medición. El teorema de Reeh-Schlieder implica que si medimos campos cuánticos localmente, hay algún resultado de la medición que podemos obtener que estará asociado con la súbita aparición de un Taj Mahal en la Luna, pero por mucho que lo intentemos, la probabilidad real de obtener ese resultado será minúscula; la mayoría de las veces, una medición local deja inalteradas las partes más alejadas del mundo. Al igual que muchos otros resultados remarcables de la mecánica cuántica, no suele ser algo de lo que debamos preocuparnos a nivel práctico.

En ciertos círculos, una discusión habitual a la hora del café es «¿Debería sorprendernos el teorema de Reeh-Schlieder?». Sin duda, resulta asombroso que podamos hacer una medición en nuestro sótano y que esto convierta el estado del universo en cualquier otra cosa. Por muy sorprendente que sea, ahí está. Algunos argumentan que, cuando entiendes el entrelazamiento y te das cuenta de que hay cosas que pueden ser técnicamente posibles pero que son tan y tan improbables que no debería importarnos en lo más mínimo, la sorpresa desaparece. El potencial para un Taj Mahal en la Luna siempre ha estado ahí, en alguna minúscula parte del estado cuántico. Nuestro experimento solo lo ha extraído del vacío bifurcando la función de onda de un modo adecuado.

Está bien sorprenderse. Pero aún es más importante que apreciemos la riqueza y la complejidad del vacío. En la teoría cuántica de campos incluso el vacío es un lugar apasionante.

13

RESPIRAR EN EL VACÍO

La búsqueda de la gravedad en la mecánica cuántica

La teoría cuántica de campos consigue ofrecer una descripción adecuada de cualquier experimento que hayan hecho los seres humanos. Es la mejor herramienta que tenemos para describir la realidad. En consecuencia, resulta muy tentador imaginar que las futuras teorías físicas se formularán en el amplio paradigma de la teoría cuántica de campos, o en alguna variación de este. Pero la gravedad, al menos cuando se vuelve lo bastante intensa, no parece quedar bien descrita por la teoría cuántica de campos. En este capítulo nos preguntaremos si podemos avanzar abordando el problema desde un ángulo distinto.

Siguiendo a Feynman, a los físicos les gusta recordar que nadie entiende realmente la mecánica cuántica; al mismo tiempo, se lamentan ya desde hace mucho de que nadie entienda la gravedad cuántica. Tal vez estas dos faltas de comprensión estén relacionadas. La gravedad, que describe el estado del espacio-tiempo, presenta unos retos especiales cuando intentamos describirla en términos cuánticos. Si creemos que no entendemos por completo la mecánica cuántica, quizá esto no debería sorprendernos. Es posible que una reflexión acerca de los fundamentos de la teoría cuántica (en particular, el enfoque de universos paralelos en el que el mundo es solo una función de onda y todo lo demás surge a partir de ella) arroje luz sobre la manera como surge un espacio-tiempo curvado a partir de unas bases cuánticas.

Esta tarea se puede equiparar a un trabajo de ingeniería inversa. En lugar de partir de la relatividad general clásica y cuantizarla, intentaremos hallar la gravedad dentro de la mecánica cuántica. Dicho de otro modo, partiremos de los ingredientes básicos de la teoría cuántica (funciones de onda, ecuación de Schrödinger, entrelazamiento) y nos preguntaremos en qué circunstancias podemos obtener ramas emergentes de la función de onda que se parezcan a campos cuánticos propagándose en un espacio-tiempo curvado.

Hasta este momento, casi todo lo que hemos comentado en el libro o bien es doctrina bien comprendida y bien establecida (como los aspectos básicos de la mecánica cuántica) o bien son hipótesis plausibles y respetables (el enfoque de universos paralelos). Ahora hemos llegado al límite de lo que se comprende más o menos bien y nos aventuraremos en territorio inexplorado. Consideraremos ideas especulativas que pueden ser importantes para comprender el espacio-tiempo y la cosmología cuántica; o puede que no lo sean. Solo años o décadas de investigación nos darán la respuesta con algo de confianza. Debemos ver estas ideas como elementos provocadores para aguzar nuestro pensamiento, pero siempre teniendo en cuenta las incertezas intrínsecas que hay al enfrentarse a problemas complejos que están en la frontera de nuestra comprensión actual del mundo.

Una vez, Albert Einstein musitó a un colega: «Gasto más materia gris para la teoría cuántica que para la relatividad».[1] Y, sin embargo, fueron sus contribuciones a la relatividad las que le convirtieron en una superestrella intelectual.

Al igual que *mecánica cuántica*, *relatividad* no se refiere a ninguna teoría física concreta, sino a un marco en el cual se pueden elaborar teorías. Las teorías que son relativistas comparten una imagen de la naturaleza del espacio y el tiempo, una imagen en la que el mundo físico se describe mediante sucesos que se producen en un único espacio-tiempo unificado. Incluso antes de la relatividad, en la física newtoniana, ya se podía hablar de espacio-tiempo: hay un espacio tridimensional y una dimensión temporal, de modo que para ubicar cualquier suceso del universo hay que especificar dónde se produce el suceso en el espacio y cuándo se produce en el tiempo. Pero antes de Einstein no había ninguna motivación relevante para combinarlos en un único concepto cuatridimensional; en cambio, con la relatividad, esto se convirtió en un paso natural.

Bajo el nombre de *teoría de la relatividad* hay dos grandes ideas: la teoría especial y la teoría general. La relatividad especial, publicada en 1905, se basa en la idea de que todo el mundo mide la misma velocidad para la luz en el espacio vacío. Al combinar esto con la afirmación de que no hay ningún marco de referencia absoluto para el movimiento llegamos directamente a la idea de que el tiempo y el espacio son «relativos». El espacio-tiempo es universal, pero la manera en que lo separamos en *espacio* y *tiempo* será diferente para observadores distintos.

La relatividad especial es un marco que incluye diversas teorías físicas específicas, todas con el apelativo *relativista*. El electromagnetismo clásico, elaborado por James Clerk Maxwell en la década de 1860, es una teoría relativista a pesar de que fue inventado antes de la relatividad; de hecho, la necesidad de entender mejor las simetrías del electromagnetismo fue una de las razones por las que se llegó a la relatividad (a veces se usa el adjetivo *clásico* para incluir *no relativista*, pero es mejor reservarlo como sinónimo de *no cuántico*). La mecánica cuántica y la relatividad especial son compatibles al 100%; las teorías cuánticas de campos que se usan en la física de partículas actual son relativistas hasta la médula.

La otra gran idea en relatividad llegó diez años después, cuando Einstein propuso la relatividad general, su teoría de la gravedad y del espacio-tiempo curvado. La idea básica es que el espacio-tiempo cuatridimensional no es solo un telón de fondo estático ante el cual se representa toda la física interesante, sino que tiene vida propia. El espacio-tiempo se puede curvar y distorsionar, y lo hace como respuesta a la presencia de materia y energía. Hemos crecido con la geometría plana de Euclides, en la que dos líneas paralelas siguen siendo paralelas para siempre y los ángulos internos de un triángulo siempre suman 180 grados. Einstein se dio cuenta de que el espacio-tiempo tiene una geometría no euclidiana, en la que las familiares afirmaciones anteriores ya no son ciertas. Dos rayos de luz inicialmente paralelos, por ejemplo, se pueden acercar y juntarse mientras se mueven por el espacio vacío. Los efectos de esta distorsión de la geometría es lo que nosotros identificamos como «gravedad». La relatividad general llegó con abundantes consecuencias desconcertantes, como la expansión del universo y la existencia de agujeros negros, aunque los físicos han tardado bastante tiempo en apreciar plenamente todos esos corolarios.

La relatividad especial es un marco, pero la relatividad general, en cambio, es una teoría específica. Del mismo modo que las leyes de Newton gobiernan la evolución de un sistema clásico o la ecuación de Schrödinger determina la evolución de una función de onda cuántica, Einstein obtuvo unas ecuaciones que determinan la curvatura del espacio-tiempo. Tal como pasa con la ecuación de Schrödinger, es interesante ver escritas las ecuaciones de Einstein, aunque no nos preocupemos de los detalles:

$$R_{\mu\nu} - \frac{1}{2}Rg_{\mu\nu} = 8\pi GT_{\mu\nu}$$

Las matemáticas que esconden estas ecuaciones son formidables, pero la idea básica es sencilla, tal como resumió con extraordinaria brevedad John Wheeler: la materia dice al espacio-tiempo cómo debe curvarse y el espacio-tiempo dice a la materia cómo debe moverse. El miembro de la izquierda de la ecuación anterior mide la curvatura del espacio-tiempo, mientras que el de la derecha caracteriza el contenido de materia y energía, mediante cantidades como la cantidad de movimiento, la presión y la masa.

La relatividad general es una teoría clásica. La geometría del espacio-tiempo es única, evoluciona de manera determinista y, en principio, puede medirse con una precisión arbitraria sin alterarla. Cuando apareció la mecánica cuántica, resultaba bien natural intentar cuantizar la relatividad general para obtener una teoría cuántica de la gravedad. Pero esto resultó más fácil de decir que de hacer. Lo que provoca que la relatividad sea particular es que es una teoría del propio espacio-tiempo y no una teoría de las cosas que hay en el espacio-tiempo. Otras teorías cuánticas describen funciones de onda que asignan probabilidades de observar cosas en ubicaciones concretas y bien definidas en el espacio y en instantes concretos de tiempo. La gravedad cuántica, en cambio, tendrá que ser una teoría cuántica del propio espacio-tiempo; y esto plantea varias dificultades.

Einstein fue uno de los primeros en darse cuenta del problema. En 1936, reflexionó sobre la dificultad incluso de imaginar cómo se podrían aplicar los principios de la mecánica cuántica a la naturaleza del espacio-tiempo:

> Quizá el éxito del método de Heisenberg nos señala un método puramente algebraico de descripción de la naturaleza y, por tanto, una eliminación de las funciones continuas de la física; sin embargo, en este caso, debemos también abandonar el continuo espaciotemporal. No es inimaginable que el ingenio humano halle algún día métodos para avanzar por este camino, pero en el momento presente, un programa así parece un intento de respirar en el vacío.[2]

Aquí, Einstein se refiere al enfoque de Heisenberg de la teoría cuántica que, si recuerdas, ofrecía una descripción en términos de saltos cuánticos explícitos sin intentar completar los detalles sobre los procesos microscópicos que se producían entremedio. Si pasamos a un punto de vista más schrödingeriano con funciones de onda, sigue habiendo problemas similares. En teoría, necesitaríamos una función de onda que asignara amplitudes a diferentes geometrías posibles del espacio-tiempo. Pero si imaginamos, por ejemplo, dos ramas de una función de onda así que describen distintas geometrías, no hay ninguna manera única de especificar que dos sucesos en las dos ramas corresponden al mismo punto del espacio-tiempo. Dicho de otro modo, no hay una correspondencia única entre dos geometrías diferentes.

Consideremos una esfera y un toro bidimensionales; imaginemos que un amigo selecciona un punto sobre la esfera y luego nos pide que identifiquemos ese mismo punto en el toro. Te quedarías bloqueado, y con razón, porque no hay manera de hacerlo.

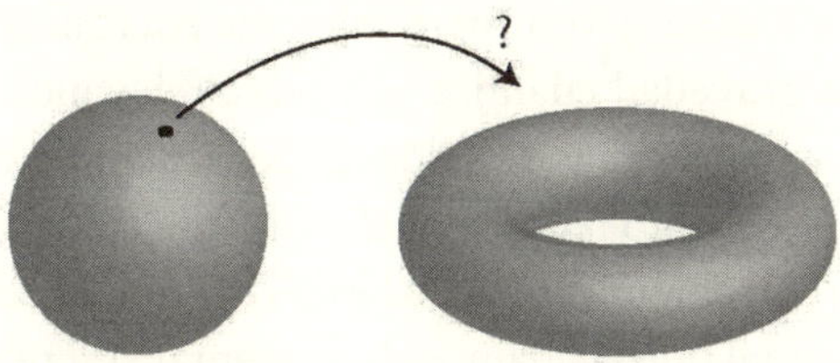

Parece que el espacio-tiempo no puede tener el mismo papel central en la gravedad cuántica que el que tiene en el resto de la física. No hay un solo espacio-tiempo, hay una superposición de muchas geometrías espaciotemporales distintas. No podemos preguntar qué probabilidad hay de encontrar un electrón en un determinado punto del espacio, porque no hay ninguna manera objetiva de especificar de qué punto estamos hablando.

Así pues, la gravedad cuántica se nos presenta con un conjunto de problemas conceptuales que la distinguen de otras teorías mecanicocuánticas. Estos problemas pueden tener ramificaciones importantes para la naturaleza de nuestro universo, como la cuestión de qué sucedió al principio, o si hubo un principio. Incluso podemos preguntarnos si el espacio y el tiempo son en verdad fundamentales o si surgen a partir de algo más profundo.

Tal como sucedió con la fundamentación de la mecánica cuántica, la disciplina de la gravedad cuántica quedó bastante ignorada durante décadas mientras los físicos se concentraban en otras cosas. Pero la gravedad cuántica no quedó relegada del todo; una de las motivaciones que llevaron a Hugh Everett a proponer su formulación de universos paralelos fue reflexionar sobre la teoría cuántica de todo el universo, donde la gravedad tiene un papel relevante, mientras que su tutor, John Wheeler, dio vueltas al asunto durante años. Pero aun dejando de lado los problemas conceptuales, hubo otros problemas que entorpecieron cualquier avance significativo en la cuantización de la gravedad.

Un obstáculo importante es la dificultad de obtener datos experimentales directos. La gravedad es una fuerza muy débil; sin ir más lejos, la repulsión eléctrica entre dos electrones es unas 10^{43} veces más fuerte que su atracción gravitatoria. En cualquier experimento factible con unas pocas partículas, en el que esperamos que sean visibles efectos cuánticos, la fuerza gravitatoria es totalmente despreciable frente a otras influencias. Podríamos construir un acelerador de partículas lo bastante potente como para hacer chocar partículas a la energía de Planck, a una escala a la que la gravedad cuántica se vuelve relevante; por desgracia, con la tecnología actual un acelerador así debería tener un diámetro de varios años luz. No es algo realista en el momento actual.

También hay problemas técnicos con la propia teoría, además del problema conceptual que acabamos de comentar. La relatividad general es una teoría clásica de campos. El campo implicado se denomina *métrica* (corresponde al término $g_{\mu\nu}$ en las ecuaciones de campo que hemos escrito antes, y las demás cantidades dependen de él), una denominación que, en última instancia, procede del griego *metron*, 'algo usado para medir', y esto es justo lo que la métrica nos permite hacer. A partir de una trayectoria en el espacio-tiempo, la métrica nos dice la distancia a lo largo de esa trayectoria. En el fondo, la métrica es una actualización del teorema de Pitágoras, que funciona en una geometría plana euclidiana, pero tiene que generalizarse en un espacio-tiempo curvado. Saber la longitud de cualquier curva basta para determinar la geometría del espacio-tiempo en cada punto.

El espacio-tiempo también tiene una métrica en relatividad especial, e incluso en la física newtoniana, pero se trata de una métrica rígida, constante y plana (es decir, la curvatura del espacio-tiempo es nula en todas partes). El gran avance de la relatividad general fue convertir la métrica en algo dinámico y dependiente de la materia y la energía. Podemos intentar cuantizar este campo tal como haríamos con cualquier otro. Las pequeñas ondulaciones en el campo gravitatorio cuantizado asumen el aspecto de partículas, que llamamos *gravitones*, del mismo modo que las ondulaciones del campo electromagnético corresponden a los fotones. Nadie ha detectado nunca ningún gravitón y es posible que nadie lo consiga nunca, a causa de la extrema debilidad de la fuerza gravitatoria, pero si aceptamos los principios básicos de la relatividad general y de la mecánica cuántica, la existencia del gravitón es inescapable.

Podemos preguntarnos qué sucede cuando los gravitones chocan entre sí o con otras partículas. Por desgracia, lo que predice la teoría son sandeces, si es que llega a predecir algo. Necesitamos una cantidad infinita de parámetros iniciales para calcular cualquier magnitud de interés, de modo que la teoría carece de poder predictivo. Siempre podemos restringirnos a una teoría de campos «efectiva» de la gravedad, en la que, por decreto, limitamos nuestra atención a longitudes de onda largas y energías bajas. Esto nos permite calcular el campo gravitatorio en el sistema solar, por ejemplo, incluso en términos de gravedad cuántica. Pero si queremos una teoría de todo, o por lo menos una teoría de la gravedad que sea válida para todas las energías, estamos encallados. Necesitamos algo drástico.

El enfoque contemporáneo más popular para la gravedad cuántica es la teoría de cuerdas, que sustituye las partículas por pequeños círculos o segmentos de «cuerdas» unidimensionales (no preguntes de qué están hechas estas cuerdas; las cuerdas son de lo que está hecho todo lo demás). Las cuerdas son diminutas, tanto que parecen partículas cuando las observamos desde cierta distancia.

La teoría de cuerdas fue propuesta inicialmente para ayudar a comprender la fuerza nuclear fuerte, pero no funcionó. Uno de los problemas era que la teoría predice la existencia de partículas que parecen y actúan como los gravitones. Al principio, esto se percibió como una molestia, pero los físicos pronto dieron la vuelta al problema: «Vaya, la gravedad existe... quizá la teoría de cuerdas sea una teoría cuántica de la gravedad». Resultó ser verdad y, además, la teoría hace predicciones finitas para todas las magnitudes físicas, sin necesidad de infinitos parámetros iniciales. La popularidad de la teoría de cuerdas se desbocó en 1984, cuando Michael Green y John Schwarz demostraron que la teoría es coherente matemáticamente.

Hoy en día, la teoría de cuerdas es el rumbo más estudiado para explorar la gravedad cuántica, aunque hay otras ideas que están en boga. El segundo enfoque más popular es la gravedad cuántica de bucles, que se inició como una forma de cuantizar directamente la relatividad general empleando una hábil elección de variables. En lugar de fijarnos en la curvatura del espacio-tiempo en cada punto, consideramos cómo rotan los vectores al desplazarse por bucles cerrados en el espacio (si el espacio es plano, no rotan en absoluto, mientras que si es curvado, pueden rotar bastante). La teoría de cuerdas aspira a ser una teoría unificada de todas las fuerzas y la materia; la gravedad cuántica de bucles solo se ocupa de la gravedad. Por desgracia, los obstáculos para recabar datos experimentales relevantes para la gravedad cuántica son igual de tremendos para todas las alternativas, de modo que estamos encallados sin saber qué aproximación va por buen camino, si es que alguna lo hace.

Si bien la teoría de cuerdas ha tenido algunos éxitos al abordar los problemas técnicos de la gravedad cuántica, no ha arrojado mucha luz sobre los problemas conceptuales. Una de las maneras de reflexionar sobre los diferentes enfoques que se barajan en la comunidad de gravedad cuántica es preguntar cómo deberíamos tratar los aspectos conceptuales del tema. Un teórico de cuerdas seguramente creerá que si conseguimos solucionar todos los problemas técnicos, los conceptuales se arreglarán por sí solos. Quien no piense de esta manera, quizá se inclinará más por la gravedad cuántica de bucles o por otro enfoque alternativo. Cuando los datos no nos señalan el camino, las opiniones tienden a enquistarse.

La teoría de cuerdas, la gravedad cuántica de bucles y otras ideas comparten una estructura común: parten de un conjunto de variables clásicas y luego las cuantizan. Desde la perspectiva que hemos estado siguiendo en este libro, esto parece un poco anticuado. La naturaleza es cuántica y está descrita por una función de onda que evoluciona de acuerdo con una versión apropiada de la ecuación de Schrödinger. Conceptos como *espacio*, *campo* y *partícula* son maneras útiles de hablar al tratar la función de onda en su límite clásico. Pero nosotros no queremos partir del espacio o los campos y cuantizarlos; lo que queremos es obtenerlos a partir de una función de onda intrínsecamente cuántica.

¿Cómo podemos hallar el «espacio» en una función de onda? Nos gustaría identificar rasgos de la función de onda que recordaran al espacio tal como lo conocemos y, más en concreto, identificar algo que pudiese corresponder a una métrica que defina distancias. Así pues, reflexionemos un poco acerca de cómo aparecen las distancias en la teoría cuántica de campos ordinaria; además, para simplificar las cosas, de momento pensemos solo en distancias en el espacio, y ya incorporaremos el tiempo más adelante.

Hay un lugar evidente en el que aparecen distancias en teoría cuántica de campos, uno del que hemos hablado largo y tendido en el capítulo anterior: en el espacio vacío, los campos en distintas regiones del espacio están entrelazados entre sí, con las regiones más alejadas menos entrelazadas que las más cercanas. A diferencia del concepto de *espacio*, siempre podemos disponer del de *entrelazamiento* en cualquier función de onda cuántica, y tal vez podamos aferrarnos a este hecho, observando la estructura de entrelazamiento de los estados y usándola para definir distancias. Lo que necesitamos es una medida cuantitativa del entrelazamiento de cualquier subsistema cuántico y, por suerte, esta medida ya existe: es la entropía.

John von Neumann mostró que la mecánica cuántica introduce una noción de entropía que reproduce la definición clásica. Tal como explicó Ludwig Boltzmann, partimos de un conjunto de componentes que se pueden mezclar de diversas maneras, como los átomos y las moléculas de un fluido; a partir de esta situación, la entropía es una forma de contar el número de maneras en que se pueden disponer esos componentes sin modificar el aspecto macroscópico del sistema. La entropía está relacionada con la ignorancia: los estados de alta entropía son aquellos de los que sabemos poco acerca de sus detalles microscópicos solo a partir de sus características observables.

La entropía de Von Neumann, por su parte, es de naturaleza exclusivamente cuántica y surge a partir del entrelazamiento. Consideremos un sistema cuántico dividido en dos partes; pueden ser dos electrones o los campos cuánticos en dos regiones distintas del espacio. El sistema como un todo está descrito por una función de onda, como siempre, y está en algún estado cuántico bien definido, aunque nosotros solo podamos predecir los resultados de las mediciones de modo probabilístico. Mientras las dos partes estén entrelazadas, solo hay una función de onda para todo el conjunto, no una función de onda independiente para cada parte. Es decir, las partes no están ellas mismas en estados cuánticos bien definidos.

Von Neumann demostró que, en muchos casos, el hecho de que los subsistemas entrelazados no tengan funciones de onda definidas propias es análogo a tener una función de onda pero no saber cuál es. Dicho de otro modo, los subsistemas cuánticos recuerdan mucho una situación clásica en la que hay muchos estados posibles que tienen el mismo aspecto macroscópico. Esta incerteza se puede cuantificar mediante lo que llamamos *entropía de entrelazamiento*. Cuanto mayor sea la entropía de un subsistema cuántico, más entrelazado está con el mundo exterior.

Podemos pensar en dos cúbits, uno de Alicia y otro de Bob, y suponer que no están entrelazados, de manera que cada uno tiene su función de onda, que, por ejemplo, es una superposición equitativa de espín hacia arriba y espín hacia abajo. En este caso, la entropía de entrelazamiento de cada cúbit es igual a cero. Aunque solo podamos predecir resultados de medición probabilísticamente, cada subsistema está en un estado cuántico definido.

Pero ahora imaginemos que los dos cúbits están entrelazados, en una superposición equitativa de «ambos cúbits tienen espín hacia arriba» y «ambos cúbits tienen espín hacia abajo». El cúbit de Alicia no tiene su propia función de onda, porque está entrelazado con el de Bob. De hecho, Bob puede efectuar una medición de su espín, bifurcando la función de onda, y así habrá dos copias de Alicia, cada una de las cuales tiene un espín en un estado bien definido. Pero ninguna de las dos copias de Alicia sabe en qué estado se halla; lo mejor que puede hacer es decir que hay una probabilidad del 50% de que su cúbit tenga espín hacia arriba o espín hacia abajo. Fijémonos en la sutil diferencia; el cúbit de Alicia no se halla en una superposición en la que no sabe cuál será el resultado de una medición, sino que se halla en un estado en cada rama que dará un resultado de medición bien definido pero ella no sabe cuál es ese estado. En consecuencia, decimos que su cúbit tiene una entropía no nula. La idea de Von Neumann era que debemos asignar una entropía no nula al cúbit de Alicia incluso antes de que Bob mida el suyo, porque ella ni tan solo sabe si Bob ha efectuado alguna medición. He aquí la entropía de entrelazamiento.

Veamos cómo aparece la entropía de entrelazamiento en la teoría cuántica de campos. Dejando de lado la gravedad por un momento, consideremos una región de espacio en su estado de vacío, delimitada por una frontera que separa el interior de esa región del exterior. El espacio vacío es un lugar muy granuloso, lleno de grados de libertad cuánticos que podemos ver como modos de vibración de los campos. Los modos en el interior de la región estarán entrelazados con los modos del exterior, de modo que la región tiene una entropía asociada, aunque el estado global sea simplemente el estado de vacío.

Podemos calcular esta entropía y la respuesta es: infinita. En la teoría cuántica de campos esto es un engorro bastante familiar, pues muchas preguntas de posible relevancia física tienen respuestas aparentemente infinitas porque hay infinitas maneras en que un modo puede vibrar. Sin embargo, tal como hicimos con la energía del vacío en el capítulo anterior, podemos preguntarnos qué sucede al imponer un valor umbral, de manera que solo admitamos los modos con una longitud de onda superior a un cierto valor. La entropía resultante, entonces, es finita y, además, resulta ser proporcional al área de la frontera de la región. La razón de este resultado no es difícil de comprender: las vibraciones del campo en una parte del espacio están entrelazadas con las regiones en todo el espacio, pero la mayoría del entrelazamiento queda concentrado en las regiones cercanas. La entropía total de una región de espacio vacío depende de la cantidad de entrelazamiento a través de la frontera, que es proporcional a las dimensiones de esa frontera, es decir, a su área.

Es un resultado intrigante de la teoría cuántica de campos. Seleccionamos una región del espacio vacío y la entropía de esa región resulta ser proporcional al área de su frontera. Este resultado asocia una magnitud geométrica (el área de una superficie) con una magnitud «material» (la entropía que contiene). De algún modo, nos puede recordar a las ecuaciones de campo de Einstein, que también conectan la geometría (la curvatura del espacio-tiempo) con una magnitud material (la energía). ¿Habrá alguna relación?

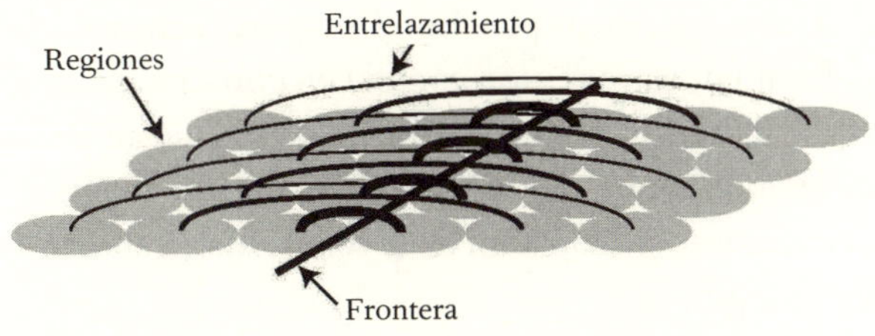

Podría ser, tal como propuso provocadoramente en 1995 un artículo de Ted Jacobson, un incisivo físico de la Universidad de Maryland. En la teoría cuántica de campos ordinaria sin gravedad, la entropía en el estado de vacío es proporcional al área, pero en estados de energía más alta no tiene por qué ser así. Jacobson postuló que la gravedad tiene algo especial: cuando se incluye la gravedad, la entropía de una región siempre es proporcional al área de su frontera, no solo en el estado de vacío. Esto no es lo que uno esperaría en teoría cuántica de campos, pero puede que sea así cuando la gravedad entra en juego. Podemos suponer que, en efecto, así es y ver qué pasa.

Resulta que lo que sucede es algo fantástico; veamos cómo. Jacobson planteó que el área de una superficie es proporcional a la entropía de la región que encierra. El área es una cantidad geométrica; no podemos calcular el área de una superficie sin saber algo acerca de la geometría del espacio del cual forma parte. Jacobson se dio cuenta de que podemos relacionar el área de una superficie muy pequeña con la misma magnitud geométrica que aparece en el miembro de la izquierda de las ecuaciones de campo de Einstein. La entropía, por su parte, nos dice algo sobre la «materia» considerada a grandes rasgos; sobre lo que «habita» en el espacio-tiempo. El concepto de entropía surgió inicialmente en la termodinámica, donde se relaciona con el calor que pierde un sistema; y el calor es una forma de energía. Jacobson también planteó que esta entropía se puede relacionar directamente con el término de energía que aparece en el miembro de la derecha de las ecuaciones de Einstein. A partir de estas consideraciones, logró derivar las ecuaciones de Einstein de la relatividad general en lugar de postularlas directamente, tal como había hecho Einstein.

Podemos expresar lo mismo de un modo más directo. Consideremos una pequeña región del espacio-tiempo plano, que tiene una cierta entropía porque los modos de su interior están entrelazados con los del exterior. Ahora supongamos que cambiamos un poquito el estado cuántico de manera que disminuya el entrelazamiento de esa región y, por tanto, también su entropía. En el planteamiento de Jacobson, el área que delimita nuestra región cambia en consecuencia, reduciéndose un poco. Y Jacobson demuestra que esta respuesta de la geometría del espacio-tiempo a una modificación del estado cuántico es equivalente a las ecuaciones de Einstein de la relatividad general, que asocian curvatura y energía.

Este fue el pistoletazo de salida del interés en lo que hoy se denomina *gravedad entrópica* o *gravedad termodinámica*, un campo al que también han hecho aportaciones relevantes Thanu Padmanabhan (2009) y Erik Verlinde (2010). En este punto de vista, el comportamiento del espacio-tiempo en relatividad general se puede ver como la tendencia natural de los sistemas a desplazarse hacia configuraciones de mayor entropía. Se trata de un cambio de perspectiva bastante radical. Einstein pensaba en términos de energía, una magnitud bien definida asociada a configuraciones concretas de la materia del universo; Jacobson y otros han argumentado que podemos llegar a las mismas conclusiones pensando acerca de la entropía, un fenómeno colectivo que surge de la interacción de multitud de pequeños componentes de un sistema. Este sencillo cambio de punto de vista puede ofrecer una salida a nuestro actual laberinto en la búsqueda de una teoría cuántica de la gravedad.

Jacobson no planteó su teoría como un camino hacia la gravedad cuántica; su objetivo era obtener una nueva manera de derivar las ecuaciones de Einstein de la relatividad general clásica, con los campos cuánticos como origen de la energía. La aparición de términos como *área* y *región del espacio* ya nos debería señalar que en la discusión anterior estábamos tratando el espacio-tiempo como algo tangible y clásico. Pero teniendo en cuenta el papel básico que tiene la entropía de entrelazamiento en su derivación, parece lógico preguntarse si podríamos adaptar las ideas básicas a un enfoque que, de partida, ya sea intrínsecamente cuántico, en el que el espacio surja de la función de onda.

En la formulación de universos paralelos, una función de onda no es más que un vector abstracto que se halla en un espacio de Hilbert de muchísimas dimensiones. En general, construimos las funciones de onda partiendo de algo clásico y cuantizándolo, lo que nos ofrece un asidero muy claro para saber qué es lo que se supone que representa la función de onda y las partes básicas a partir de las cuales se ha construido. Pero en este caso no disponemos de este lujo; todo lo que tenemos es el estado y la ecuación de Schrödinger. Hablamos de manera abstracta acerca de «grados de libertad», pero no son ninguna versión cuantizada de alguna cosa clásica fácilmente identificable, son los fundamentos mecanicocuánticos a partir de los que surge el espacio-tiempo y todo lo demás. John Wheeler solía referirse a esta idea con el aforismo «*It from bit*»,* sugiriendo que el mundo físico había surgido (de

* Aforismo que, si queremos mantener algo del juego de palabras y la rima original, tal vez podríamos traducir muy libremente como 'Existid por el bit'. *(N. del t.)*

alguna manera) de la información; actualmente, cuando la atención se centra en el entrelazamiento de grados de libertad cuántico, hablamos más bien de *it from qubit*.

Si volvemos a la ecuación de Schrödinger, recordaremos que afirma que la velocidad a la que cambia la función de onda a medida que pasa el tiempo viene determinada por el hamiltoniano. También recordaremos que el hamiltoniano es una forma de describir el contenido de energía de un sistema y una manera compacta de resumir toda la dinámica del sistema. Un rasgo de los hamiltonianos en el mundo real es su localidad dinámica (los subsistemas interactúan con otros subsistemas solo cuando están cerca, no si están muy alejados). Las influencias pueden viajar por el espacio, pero solo a velocidades iguales o inferiores a la de la luz, de manera que, en un momento particular, un suceso solo afecta de inmediato a lo que sucede en su ubicación actual.

Con el problema que hemos decidido asumir (cómo surge el espacio a partir de una función de onda cuántica abstracta) no tenemos el lujo de partir de partes individuales y preguntarnos cómo interactúan. Sabemos qué significa *tiempo* en este contexto (está ahí, en la ecuación de Schrödinger, esa *t*), pero no tenemos partículas ni campos, ni tan solo posiciones en un mundo tridimensional. Estamos atrapados intentando respirar en el espacio vacío y desesperados por hallar un poco de oxígeno allí donde podamos encontrarlo.

Por suerte, estamos ante un caso en que la ingeniería inversa funciona muy bien. En lugar de empezar con partes individuales y preguntarnos cómo interactúan, podemos tomar el camino opuesto: dado el sistema como un todo (la función de onda abstracta) y su hamiltoniano, ¿hay alguna manera sensata de dividirlo en subsistemas? Es como si toda tu vida hubieras comprado el pan cortado en rebanadas y, de golpe, te dan una hogaza entera; hay muchas maneras de cortarlo en rebanadas, pero ¿hay alguna forma que sea la mejor?

Resulta que sí, la hay, si creemos que la localidad es un rasgo importante del mundo real. Podemos afrontar el problema pedazo a pedazo, o mejor, cúbit a cúbit.

Un estado cuántico genérico se puede ver como una superposición de un conjunto de estados base con una energía fija bien definida (del mismo modo que un estado genérico de un electrón se puede ver como una superposición de un electrón con espín hacia arriba bien definido y de un electrón con espín hacia abajo bien definido). El hamiltoniano nos dice cuál es la energía real de cada posible estado de energía bien definida. A partir de esta lista de energías posibles, podemos preguntarnos si hay alguna manera particular de dividir la función de onda en subsistemas que implique que tales subsistemas interactúen «localmente». De hecho, para una lista aleatoria de energías, no habrá ninguna manera de dividir la función de onda en subsistemas locales, pero para el hamiltoniano adecuado habrá exactamente una manera. Exigir que la física sea local nos permite descomponer nuestro sistema cuántico en un conjunto de grados de libertad.

Dicho de otro modo, no es necesario empezar con un conjunto de ladrillos fundamentales de la realidad para luego unirlos y formar el mundo. Podemos partir del mundo y determinar si hay alguna manera de verlo como un conjunto de ladrillos fundamentales. Con el hamiltoniano adecuado, lo podremos hacer, y todos los datos y experiencia de que disponemos sugieren que tenemos el hamiltoniano adecuado. Es fácil imaginar mundos posibles donde las leyes de la física no sean locales, pero es difícil imaginar cómo podría ser la vida en un mundo así, o incluso si sería posible; la localidad de las interacciones físicas aporta orden al universo.

Ahora ya podemos empezar a ver cómo surge el espacio a partir de la función de onda. Cuando decimos que hay una única forma de dividir nuestro sistema en grados de libertad que interactúan localmente con sus vecinos, lo que en verdad queremos decir es que cada grado de libertad solo interacciona con un pequeño número de otros grados de libertad. Los conceptos de *local* y de *cercano* no se imponen como elementos de partida, sino que surgen del hecho de que estas interacciones son muy especiales. La forma de verlo no es como «los grados de libertad solo interaccionan entre sí cuando son cercanos», sino más bien como «definimos que dos grados de libertad son *cercanos* cuando interaccionan directamente entre sí y *lejanos* cuando no lo hacen». Tenemos una larga lista de grados de libertad entretejidos en una red, en la cual cada uno está conectado a una pequeña cantidad de otros grados de libertad; esta red forma el esqueleto sobre el cual se construye el espacio.

Para empezar no está mal, pero necesitamos algo más. Cuando alguien nos pregunta cuán alejadas están dos ciudades, seguro que quiere una respuesta un poco más concreta que *cerca* o *lejos*; querrá una distancia real y exacta, y esto es lo que una métrica en el espacio-tiempo nos permite calcular. En nuestra función de onda abstracta dividida en grados de libertad, aún no hemos construido una geometría completa, solo una noción de *cerca* y de *lejos*.

Podemos ir más allá. Recordemos esa intuición acerca de los estados de vacío en teoría cuántica de campos que llevó a Jacobson a derivar las ecuaciones de Einstein de la relatividad general: la entropía de entrelazamiento de una región del espacio es proporcional al área de su frontera. En nuestro contexto actual de un estado cuántico descrito mediante grados de libertad abstractos, no sabemos qué puede significar *área*, pero tenemos entrelazamiento entre los grados de libertad y podemos calcular su entropía para cualquier conjunto de ellos.

Así pues, haciendo uso nuevamente de nuestra filosofía de ingeniería inversa, podemos definir el «área» de un conjunto de grados de libertad como algo proporcional a su entropía de entrelazamiento. De hecho, podemos afirmar tal cosa para cualquier subconjunto posible de grados de libertad, asignando áreas a cada superficie que podamos imaginar en nuestra red. Por suerte, hace mucho tiempo que los matemáticos demostraron que para establecer por completo la geometría de una región basta con saber el área de todas las posibles superficies de esa región; y esto es completamente equivalente a saber la métrica en todas partes. En otras palabras, la combinación de: *a*) saber cuántos grados de libertad están entrelazados, y *b*) postular que la entropía de cualquier conjunto de grados de libertad define un área de la frontera que delimita ese conjunto, basta para determinar por completo la geometría de nuestro espacio emergente.

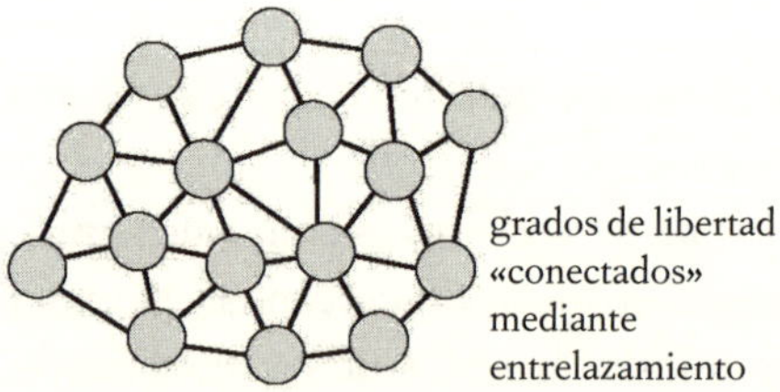

Podemos describir esta construcción en unos términos equivalentes pero algo menos formales. Escojamos dos de los grados de libertad de nuestro espacio-tiempo que, en general, presentarán cierto entrelazamiento entre sí. Si fueran modos de campos cuánticos en vibración en el estado de vacío, sabríamos exactamente la cantidad de ese entrelazamiento: alto si los dos grados de libertad están cerca y bajo si están lejos. Ahora damos la vuelta al argumento: si los grados de libertad presentan mucho entrelazamiento, los definimos como cercanos, y cuanto menos entrelazamiento tengan, más alejados están. Vemos que a partir de la estructura de entrelazamiento del estado cuántico ha surgido una métrica en el espacio.

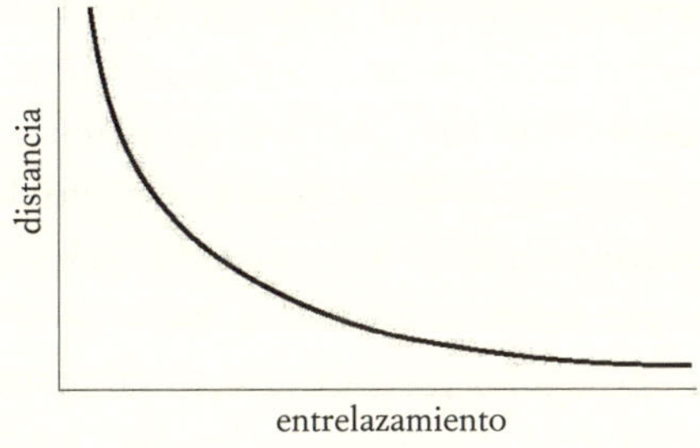

Esta forma de pensar es algo inusual, incluso para los físicos, porque estamos acostumbrados a pensar que las partículas se mueven por el espacio y damos el espacio por sentado. Por lo que sabemos del experimento imaginario de Einstein-Podolsky-Rosen, dos partículas pueden estar totalmente entrelazadas por muy alejadas que estén; no hay ninguna relación necesaria entre el entrelazamiento y la distancia. Ahora, sin embargo, no estamos hablando de partículas, sino de los grados de libertad, los ladrillos fundamentales que conforman el propio espacio; y estos grados de libertad no están entrelazados a la vieja usanza, sino que están ligados en una estructura muy concreta.*

Ahora podemos emplear el truco de Jacobson con la entropía y el área. Sabiendo el área de cada superficie de nuestra red obtenemos una geometría, y sabiendo la entropía de cada región sabemos algo acerca de la energía en esa región. Yo mismo he estado involucrado en esta línea de trabajo, en artículos de 2016 y 2018 con mis colegas ChunJun (Charles) Cao y Spyridon Michalakis. Tom Banks, Willy Fischer, Steve Giddings y otros físicos han analizado ideas parecidas; todos ellos están dispuestos a aceptar la idea de que el espacio-tiempo no es algo fundamental, sino que es algo que surge de la función de onda.

* En 2013, Juan Maldacena y Leonard Susskind sugirieron que deberíamos pensar en las partículas entrelazadas como si estuvieran conectadas mediante un agujero de gusano microscópico (e imposible de atravesar) en el espacio-tiempo. Esta idea se ha bautizado como *conjetura ER-EPR*, a partir de dos famosos artículos de 1935: uno de Einstein y de Nathan Rosen en el que presentaban el concepto de *agujero de gusano* y el otro, evidentemente, el de Einstein, Podolsky y Rosen en el que discutían el entrelazamiento. No está muy claro cuánto hay de plausible en esta conjetura.

Aún no hemos llegado al punto en que podemos afirmar simplemente «Sí, esta geometría emergente en el espacio evoluciona en función del tiempo justo de la manera adecuada para poder describir un espacio-tiempo que sigue las ecuaciones de Einstein de la relatividad general». Este es el objetivo final, pero aún no lo hemos alcanzado. Lo que podemos hacer es especificar una lista de requisitos con los cuales eso es exactamente lo que sucede. Los requisitos parecen razonables (como «a largas distancias, la física tiene el aspecto de una teoría cuántica de campos efectiva») pero muchos de ellos aún no están demostrados y, en el momento presente, solo hay resultados rigurosos en situaciones en las que el campo gravitatorio es comparativamente débil. Aún no disponemos de una manera de describir los agujeros negros o el Big Bang, aunque sí tenemos algunas ideas prometedoras.

Así es la vida para un físico teórico. No tenemos todas las respuestas, pero esto no debe desviarnos de nuestro objetivo global: partir de una función de onda cuántica abstracta y descubrir un mecanismo por el que de ahí pueda surgir el espacio, con una geometría determinada por el entrelazamiento cuántico y que parezca obedecer a las leyes de la relatividad general. Hay tantas suposiciones y precondiciones en esta propuesta que es difícil saber por dónde empezar a enumerarlas. De todos modos, hay perspectivas reales de que el camino hacia una comprensión del universo no esté en la cuantización de la gravedad, sino en hallar la gravedad dentro de la mecánica cuántica.

Tal vez hayas notado un cierto desequilibrio en toda esta discusión. Nos hemos preguntado cómo puede surgir el espacio-tiempo a partir entrelazamiento en la gravedad cuántica. Pero, para ser sinceros, solo nos hemos ocupado de ver cómo surge el espacio; el tiempo lo hemos dado por sentado, como algo que ya viene de serie. Es posible que esta estrategia sea correcta; aunque la relatividad trata el espacio y el tiempo en pie de igualdad, la mecánica cuántica no suele hacerlo. En concreto, la ecuación de Schrödinger trata estos dos conceptos de una manera muy diferente: describe la evolución de un estado cuántico en función del tiempo. El espacio puede formar parte de la ecuación o no, según el sistema que estemos estudiando, pero el tiempo es fundamental. Es posible que la simetría entre espacio y tiempo a la que estamos acostumbrados en relatividad no forme parte intrínseca de la gravedad cuántica, sino que aparezca en una aproximación clásica.

De todos modos, es tentador preguntarse si el tiempo, como el espacio, podría ser algo emergente en lugar de fundamental, y si el entrelazamiento tendría algo que ver. La respuesta es que sí, en ambos casos, aunque los detalles aún son algo incompletos.

Si tomamos la ecuación de Schrödinger al pie de la letra, el tiempo aparece de manera fundamental. De hecho, de ella se sigue que el universo es eterno hacia el pasado y hacia el futuro para casi todos los estados cuánticos. Sin duda, puedes objetar que esto entra en contradicción con el Big Bang como origen de nuestro universo, pero en realidad no sabemos si esta afirmación tan repetida es cierta; se trata de una predicción de la relatividad general clásica, no de la gravedad cuántica. Si la gravedad cuántica actúa de acuerdo con alguna versión de la ecuación de Schrödinger, para casi todos los estados cuánticos el tiempo va de menos infinito en el pasado a más infinito en el futuro. El Big Bang puede no ser más que una fase transitoria, con un universo infinitamente viejo antes que él.

Estamos obligados a decir siempre *casi todos* en las frases anteriores porque hay un resquicio. La ecuación de Schrödinger afirma que la velocidad a la que cambia la función de onda depende de la energía que contiene el sistema cuántico. ¿Qué sucede, pues, si consideramos sistemas cuya energía es igual a cero? En tales casos, lo que la ecuación nos dice es que el sistema no evoluciona en absoluto; el tiempo ha desaparecido de la historia.

Tal vez estés pensando que es muy improbable que el universo tenga una energía total exactamente igual a cero, pero la relatividad general nos avisa de que no es tan improbable. Está claro que hay un montón de cosas que contienen energía a nuestro alrededor: estrellas, planetas, radiación interestelar, materia oscura, energía oscura, etc. Pero cuando nos ponemos a analizar las matemáticas de la relatividad general vemos que también hay una contribución a la energía del universo del propio campo gravitatorio y que, en general, es negativa. En un universo cerrado (uno que se curva sobre sí mismo para formar una geometría compacta, como una esfera o un toro tridimensionales, más que uno elongado hasta el infinito), esta energía gravitatoria anula exactamente la energía positiva de todo lo demás. Un universo cerrado tiene energía igual a cero, independientemente de lo que haya en su interior.

Este resultado es clásico, pero tiene un equivalente cuántico desarrollado por John Wheeler y Bryce DeWitt. La ecuación de Wheeler-DeWitt solo afirma que el estado cuántico del universo no evoluciona en absoluto en función del tiempo.

Esto se antoja una locura o, por lo menos, en contradicción flagrante con nuestra experiencia cotidiana y nuestra experiencia observacional. Sin duda, el universo parece evolucionar. Este enigma ha sido bautizado como el *problema del tiempo* en gravedad cuántica y es el problema para el cual la posibilidad de un tiempo emergente podría aportar una solución. Si el estado cuántico del universo obedece a la ecuación de Wheeler-DeWitt (lo que es plausible, pero en absoluto seguro), el tiempo tiene que ser un concepto emergente y no fundamental.

En 1983, Don Page y William Wootters sugirieron un método para aplicar esta idea. Imaginemos un sistema cuántico formado por dos partes: un reloj, por un lado, y todo lo demás que hay en el universo, por el otro. Imaginemos también que tanto el reloj como el resto del sistema evolucionan en función del tiempo del modo habitual. Ahora tomemos instantáneas del estado cuántico a intervalos regulares, como una por segundo o una por tiempo de Planck. En cualquiera de estas instantáneas, el estado cuántico describe el reloj que marca un tiempo concreto y el resto del sistema en la configuración que tenga en ese momento. Esto nos deja con una colección de estados cuánticos instantáneos del sistema.

Lo fantástico de los estados cuánticos es que podemos sumarlos (superponiéndolos) para crear un nuevo estado. Así pues, hagamos precisamente esto, creemos un nuevo estado cuántico sumando todas nuestras instantáneas. Este nuevo estado no evoluciona en función del tiempo; solo existe, dado que lo hemos construido de forma manual. Tampoco hay ninguna lectura concreta de tiempo en el reloj, puesto que el subsistema del reloj está en una superposición de todos los tiempos en los que tomamos las instantáneas. Sin duda, no tiene un aspecto demasiado parecido a nuestro mundo.

Pero aquí está la clave: en esa superposición de todas las instantáneas, el estado del reloj está entrelazado con el estado del resto del sistema. Si observamos el reloj y vemos que indica un tiempo concreto, el resto del universo estará en el estado en que fue captado nuestro sistema original en evolución en ese preciso instante.

$$\begin{aligned}\Psi = &\ (\text{sistema a } t = 0, \text{reloj} = 0)\\ &+ (\text{sistema a } t = 1, \text{reloj} = 1)\\ &+ (\text{sistema a } t = 2, \text{reloj} = 2)\\ &+ \dots\end{aligned}$$

Dicho de otro modo, no hay ningún tiempo en el estado de superposición, que es estático por completo, pero el entrelazamiento genera una relación entre lo que indica el reloj y lo que está haciendo el resto del universo. Y el estado del resto del universo es precisamente el que sería si estuviera evolucionando tal como lo hacía el original. Hemos sustituido «tiempo» como concepto fundamental por «lo que indica el reloj en esta parte de la superposición cuántica global». De esta manera, el tiempo ha surgido a partir de un estado estático, gracias a la magia del entrelazamiento.

Aún no disponemos de un veredicto definitivo sobre si la energía del universo es realmente igual a cero (y, por tanto, el tiempo es emergente) o tiene cualquier otro valor (y, en consecuencia, el tiempo es fundamental). Por lo que sabemos en estos momentos, lo mejor es permanecer abiertos a cualquiera de las dos opciones e investigarlas a fondo.

14

MÁS ALLÁ DEL ESPACIO Y DEL TIEMPO

Holografía, agujeros negros y los límites de la localidad

Antes de su muerte, en 2018, Stephen Hawking era, con bastante seguridad, el científico vivo más famoso del mundo. Su notoriedad era bien merecida; no solo era un personaje público influyente y carismático, con una historia personal edificante, sino que sus contribuciones científicas fueron de enorme importancia por derecho propio.

El mayor logro de Hawking fue demostrar que, cuando incluimos los efectos de la mecánica cuántica, los agujeros negros no son tan negros. Estos objetos emiten hacia el espacio un flujo constante de partículas, y estas partículas se llevan parte de la energía del agujero negro y provocan que vaya disminuyendo de tamaño, que se vaya «evaporando». Este resultado llevó a descubrimientos relevantes (los agujeros negros tienen entropía) y también a misterios insospechados (¿adónde va a parar la información cuando se forman los agujeros negros y luego se evaporan?).

El hecho de que los agujeros negros radien y las implicaciones que tiene este resultado son la pista más valiosa que tenemos acerca de la naturaleza de la gravedad cuántica. Hawking no elaboró ninguna teoría completa de la gravedad cuántica y luego la usó para mostrar que los agujeros negros radian; lo que hizo fue emplear una aproximación razonable, tratando el espacio-tiempo del modo clásico y añadiéndole campos cuánticos dinámicos. De hecho, tenemos la esperanza de que esto sea una aproximación razonable, porque hay algunos aspectos paradójicos del resultado de Hawking que hacen que no estemos tan seguros. Cuarenta y cinco años después del artículo original de Hawking sobre este tema, comprender la radiación de los agujeros negros aún es uno de los temas más candentes de la física teórica actual.

Aunque queda mucho trabajo por delante, una implicación parece clara: es muy posible que la imagen simple que hemos esbozado en el capítulo anterior, en la que el espacio surge a partir de un conjunto de grados de libertad adyacentes entrelazados, esté incompleta. Es una historia bastante buena, y puede ser un buen punto de partida para elaborar una teoría cuántica de la gravedad, pero se basa en gran parte en la idea de localidad (lo que sucede en un punto del espacio solo tiene efecto inmediato en los puntos adyacentes). Los agujeros negros, por lo que sabemos de ellos, parecen señalar que las cosas son un poco más sutiles. En algunas circunstancias, el mundo parece un conjunto de grados de libertad que interactúan con sus vecinos más cercanos, pero cuando la gravedad se vuelve más intensa, esta imagen simple se desmorona; en lugar de estar distribuidos por todo el espacio, los grados de libertad se apretujan en una superficie y el «espacio» no es más que una proyección holográfica de la información ahí contenida.

Está claro que la localidad tiene un papel relevante en nuestras vidas cotidianas, pero parece que la naturaleza fundamental de la realidad no se puede aprehender mediante un conjunto de cosas que suceden en ubicaciones concretas del espacio. De nuevo, lo que aquí tenemos es una tarea ideal para la formulación de universos paralelos de la mecánica cuántica. Otras formulaciones asumen el espacio como algo ya dado de partida y trabajan en él; la filosofía everettiana de partir de la función de onda nos permite aceptar que el espacio sea diferente según cómo lo tratamos, y eso si es que llega a resultar un concepto útil. Los físicos todavía se enfrentan a las implicaciones de esta idea, pero ya nos ha llevado a algunas conclusiones en verdad interesantes.

En relatividad general, un agujero negro es una región del espaciotiempo tan curvada que nada puede escapar de ella, ni tan solo la luz. El borde de un agujero negro, que delimita el interior del exterior, se denomina *horizonte de sucesos*. Según la relatividad clásica, el área del horizonte de sucesos solo puede aumentar, nunca disminuir; los agujeros negros aumentan de tamaño cuando la materia y la energía caen hacia ellos, pero nunca pueden perder masa hacia el mundo exterior.

Todo el mundo pensaba que estas afirmaciones eran ciertas hasta 1974, cuando Hawking mostró que la mecánica cuántica lo cambia todo. En presencia de campos cuánticos, los agujeros negros emiten partículas hacia su entorno. Estas partículas tienen un espectro de energía correspondiente a un cuerpo negro, de modo que todo agujero negro tiene una temperatura; los más masivos son más fríos, mientras que los muy pequeños son calentísimos. La fórmula para la temperatura de la radiación de un agujero negro está grabada en la lápida de la tumba de Hawking, en la abadía de Westminster.

Las partículas emitidas por un agujero negro se llevan algo de su energía, lo que hace que el agujero negro vaya perdiendo masa y, en último término, acabe por desaparecer completamente. Aunque sería fantástico poder observar la radiación de Hawking por un telescopio, no será posible para cualquiera de los agujeros negros que conocemos. La temperatura de Hawking de un agujero negro que tuviera la misma masa que el Sol sería de unos 0,00000006 kelvins. Una señal tan débil quedaría anegada por las procedentes de otras fuentes, como la radiación de microondas restante del Big Bang, que tiene una temperatura de unos 2,7 kelvins. Incluso si un agujero negro así nunca creciera por acreción de la materia y energía circundantes, tardaría 10^{67} años en evaporarse por completo.

Hay un relato estándar que se narra para explicar por qué los agujeros negros emiten radiación. Yo lo he contado así, Hawking lo contó así, todo el mundo lo cuenta así. La historia es más o menos como sigue: según la teoría cuántica de campos, el vacío es un burbujeante guiso de partículas que aparecen y desaparecen continuamente, en general como parejas de una partícula y su antipartícula. Normalmente no lo notamos, pero en las cercanías del horizonte de sucesos de un agujero negro, una partícula de la pareja puede caer al interior del agujero para no salir nunca, mientras que la otra escapa hacia el mundo exterior. Desde el punto de vista de alguien que observa el proceso desde lejos, la partícula que ha escapado tiene energía positiva, de manera que para equilibrar la situación, la partícula que ha caído debe tener energía negativa y, por lo tanto, el agujero negro ve reducida su masa al absorber una partícula de energía negativa.

Con nuestro punto de vista everettiano, que da primacía a la función de onda, podemos describir lo que está pasando con algo más de precisión. El relato de las partículas que aparecen y desaparecen es una original metáfora que, en muchos casos, aporta una cierta intuición física y este es uno de esos casos. Pero lo que tenemos realmente es una función de onda cuántica de los campos cerca del agujero negro, y esta función de onda no es estática, sino que evoluciona hacia la de un agujero negro más pequeño más algunas partículas que escapan de él en todas direcciones. Esto no es tan diferente del caso de un átomo cuyos electrones tienen un poco de energía adicional y que, en consecuencia, caen a estados de energía más baja emitiendo fotones. La diferencia es que el átomo acaba por alcanzar el estado de energía más baja posible y ahí permanece, mientras que el agujero negro (por lo que sabemos) se evapora por completo, con una última explosión final de partículas de alta energía.

Hawking derivó el proceso de radiación de los agujeros negros y de su evaporación mediante las técnicas de la teoría cuántica de campos convencional, pero en un espacio-tiempo curvado de la relatividad general en lugar de hacerlo en el contexto sin gravedad habitual de los físicos de partículas. No es un resultado genuino de gravedad cuántica; el espacio-tiempo se trata a la manera clásica, no como parte de una función de onda cuántica. Sin embargo, no hay nada en esta situación que parezca exigir un conocimiento profundo de la gravedad cuántica. Cuando sea que desentrañemos la gravedad cuántica, esta tendrá que reproducir el resultado de Hawking.

Esto plantea un problema, un problema que se ha hecho famoso en el campo de la física teórica y se conoce como el *enigma de la información de un agujero negro*. Recordemos que la mecánica cuántica, en su versión de universos paralelos, es una teoría determinista; la aleatoriedad solo es aparente y surge de la incertidumbre de autolocalización cuando la función de onda se bifurca y no sabemos en qué rama estamos. Pero en el cálculo de Hawking, la radiación de un agujero negro no parece ser determinista, sino que es en verdad aleatoria, incluso sin ninguna bifurcación implicada. Si partimos de un estado cuántico exacto que describe materia que colapsa para formar un agujero negro, no tenemos manera de calcular el estado cuántico exacto de la radiación en la que se evapora. La información que especifica el estado original se pierde, aparentemente.

Imaginemos que tenemos un libro (tal vez este que estás leyendo ahora mismo) y lo lanzamos a una hoguera, dejando que se consuma por completo (no te preocupes, siempre podrás comprar otro ejemplar). Podría parecer que la información que contiene el libro se pierde para siempre en las llamas, pero si ponemos en marcha nuestros poderes de físico y recurrimos a nuestro ingenio de experimentadores imaginarios, nos daremos cuenta de que esta pérdida es solo aparente. En principio, si capturamos cada minúsculo fragmento de luz, calor, polvo y ceniza del fuego, podríamos reconstruir a la perfección lo que habíamos arrojado al fuego, incluyendo también todas las palabras impresas en las páginas del libro. En el mundo real nunca sucederá tal cosa, pero la física nos dice que es concebible.

La mayoría de los físicos piensan que los agujeros negros han de funcionar del mismo modo: lancemos un libro al agujero y la información contenida en sus páginas quedará codificada secretamente en la radiación emitida. Sin embargo, según la derivación de Hawking de la radiación de un agujero negro, no es esto lo que sucede, sino que la información se destruye de manera definitiva.

Está claro que esta implicación puede ser correcta y que la información se destruya irrevocablemente, de manera que la evaporación de un agujero negro no pueda compararse en absoluto con un fuego ardiendo. En el fondo, no tenemos ningún resultado experimental que nos indique hacia qué lado decantarnos. De todos modos, la mayoría de los físicos cree que la información se conserva y que se puede extraer de un modo u otro; además, sospechan que el secreto para obtener esa información radica en una mejor comprensión de la gravedad cuántica.

En cualquier caso, es más fácil decirlo que hacerlo. Para empezar, los agujeros negros se consideran «negros» porque para escapar de uno tendrías que desplazarte a mayor velocidad que la luz. La radiación de Hawking evita esta dificultad porque en realidad se origina justo en el exterior del horizonte de sucesos, no en su interior. Pero cualquier libro que arrojemos hacia el agujero sí que se precipita a su interior, con toda su información. Te podrías preguntar si, de algún modo, la información se copia en la radiación emitida cuando el libro atraviesa el horizonte y, así, escapa al exterior. Por desgracia, un proceso así entraría en contradicción con los principios básicos de la mecánica cuántica; un resultado llamado *teorema de ausencia de clonación* afirma que no podemos duplicar información cuántica sin destruir el original.

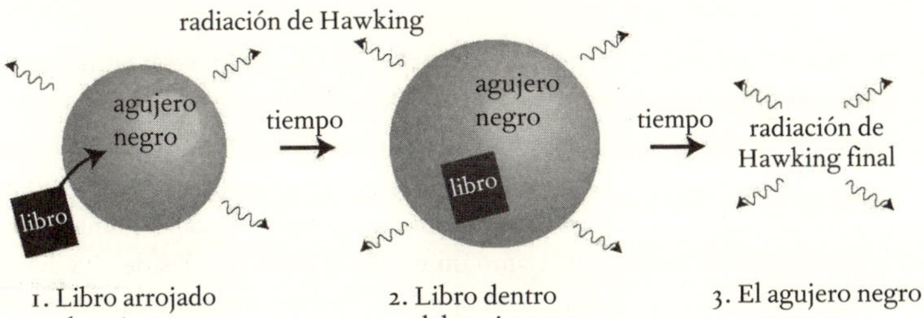

1. Libro arrojado al agujero negro
2. Libro dentro del agujero negro
3. El agujero negro se evapora

Otra posibilidad es que el libro caiga hasta chocar con la singularidad del interior del agujero negro y, en ese momento, su información se transfiera, de algún modo, a la radiación emitida desde el horizonte. Por desgracia, tal proceso parece exigir una comunicación a velocidad superlumínica o, de manera equivalente, una no localidad dinámica (lo que sucede en un punto del espacio-tiempo afecta inmediatamente a lo que sucede a cierta distancia). Este tipo de no localidad es justo lo que no puede suceder de acuerdo con las reglas estándar de la teoría cuántica de campos. He aquí una indicación de que tal vez sea necesario revisar de manera drástica estas reglas en las situaciones en que la gravedad cuántica se hace relevante.*

La propuesta de Hawking de radiación de los agujeros negros no surgió de la nada. El origen fue una respuesta a la sugerencia de Jacob Bekenstein (que en ese momento era otro doctorando de John Wheeler en Princeton) de que los agujeros negros deberían tener entropía.

Una de las motivaciones de la idea de Bekenstein era el hecho de que, según la relatividad general clásica, el área del horizonte de sucesos de un agujero negro nunca puede disminuir. Esta afirmación recuerda demasiado al segundo principio de la termodinámica, según el cual la entropía de un sistema cerrado no puede disminuir nunca. Inspirados por esta similitud, los físicos elaboraron una compleja analogía entre las leyes de la termodinámica y el comportamiento de los agujeros negros, en la cual la masa del agujero equivale a la energía de un sistema termodinámico y el área del horizonte de sucesos corresponde a la entropía.

Bekenstein sugirió que esta equivalencia era más que una mera analogía: el área del horizonte de sucesos no es *como* la entropía del agujero negro, *es* la entropía del agujero negro (o por lo menos es proporcional a ella). Al principio, Hawking y otros se mofaron de tal hipótesis; la razón

* No todo el mundo está de acuerdo en que un objeto que cae en un agujero negro pueda hundirse mucho hacia su interior. En 2012, un grupo de físicos planteó que, para que la información se pueda escapar de un agujero negro que se está evaporando sin violar los principios básicos de la mecánica cuántica, tiene que suceder alguna cosa drástica en el horizonte de sucesos: no puede haber espacio-tiempo vacío y en calma, como se suele presuponer, sino un estallido de partículas de alta energía, que se bautizó como *muro de llamas*. Las opiniones sobre la propuesta del muro de llamas son dispares y los teóricos siguen discutiendo sobre el tema.

era que si los agujeros tenían entropía como los sistemas termodinámicos convencionales, tendrían también una temperatura y, en consecuencia, deberían emitir radiación. Incitado a refutar esta idea ridícula, Hawking acabó demostrando que era cierta. Hoy en día nos referimos a la entropía de un agujero negro como *entropía de Bekenstein-Hawking*.

Una razón por la que este resultado es tan provocador es que, desde el punto de vista clásico, los agujeros negros no parecen ser algo que deba tener entropía; no son más que regiones de espacio vacío. Hay entropía cuando tu sistema está formado por átomos u otros componentes que se pueden disponer de muchas maneras diferentes sin modificar su aspecto macroscópico. ¿Qué serían estos componentes en el caso de un agujero negro? La respuesta nos la tiene que dar la mecánica cuántica.

Es normal suponer que la entropía de Bekenstein-Hawking de un agujero negro es un tipo de entropía de entrelazamiento. Hay grados de libertad en el interior del agujero negro y están entrelazados con el mundo exterior. ¿Qué son esos grados de libertad?

Nuestra primera conjetura podría ser que los grados de libertad no son más que modos de vibración de los campos cuánticos que hay dentro del agujero negro. Pero esta suposición tiene un par de problemas. En primer lugar, la respuesta correcta para la entropía de una región en teoría cuántica de campos era «infinita». Podemos apañárnoslas para reducir esto a un valor finito si decidimos ignorar los modos de longitud de onda muy pequeña, pero eso implica introducir un umbral arbitrario para las energías de las vibraciones del campo bajo consideración. En cambio, la entropía de Bekenstein-Hawking es un número finito, punto. En segundo lugar, la entropía de entrelazamiento en teoría de campos debería depender exactamente de la cantidad de campos implicados (electrones, quarks, neutrinos, etc.), pero la fórmula de la entropía de un agujero negro que obtuvo Hawking no hace ninguna referencia a tales cosas.

Si no podemos atribuir la entropía del agujero negro a los campos cuánticos de su interior, una alternativa es suponer que el propio espacio-tiempo está formado por algunos grados de libertad cuánticos, de manera que la fórmula de Bekenstein-Hawking mida el entrelazamiento de los grados de libertad del interior del agujero con los grados de libertad del exterior. Parece todo un poco impreciso... porque lo es. No estamos muy seguros de qué podrían ser estos grados de libertad ni de cómo interactúan entre sí. No obstante, deben cumplirse los principios generales de la mecánica cuántica. Si hay una entropía y esta entropía procede del entrelazamiento, tiene que haber grados de libertad que puedan entrelazarse con el resto del mundo de muchas maneras diferentes, por mucho que los agujeros negros clásicos sean anodinos.

Si esta descripción es correcta, la cantidad de grados de libertad en un agujero negro no es infinita, pero sí que es muy grande. Nuestra galaxia, la Vía Láctea, contiene en su centro un agujero negro supermasivo, que está asociado a una radiofuente llamada Sagitario A*. A partir de la observación de las órbitas de las estrellas que giran a su alrededor, hemos podido determinar que su masa es igual a cuatro millones de masas solares, valor que corresponde a una entropía de 10^{90}, superior a la entropía de todas las partículas conocidas en el universo observable. El número de grados de libertad en un sistema cuántico tiene que ser, como mínimo, tan grande como su entropía, porque la entropía procede, justamente, del entrelazamiento de esos grados de libertad con el mundo exterior. Así, pues, tiene que haber al menos 10^{90} grados de libertad en el agujero negro.

Aunque tendemos a prestar atención a lo que vemos en el universo (materia, radiación, etc.), casi todos los grados de libertad del universo son invisibles y su cometido es hilvanar el espacio-tiempo. En un volumen de espacio del tamaño aproximado de un ser humano adulto debe de haber, al menos, 10^{70} grados de libertad, resultado que sabemos porque es la entropía que tendría un agujero negro de este mismo volumen. Pero en una persona solo hay unas 10^{28} partículas. Podemos pensar en una partícula como si fuera un grado de libertad «encendido», mientras que todos los demás grados de libertad están tranquilamente «apagados» en el estado de vacío. Por lo que respecta a la teoría cuántica de campos, un ser humano o el núcleo de una estrella no son muy diferentes del espacio vacío.

Quizá, que la entropía de un agujero negro sea proporcional al área de su superficie es justo lo que deberíamos esperar. En teoría cuántica de campos es normal que regiones del espacio tengan una entropía proporcional al área de su frontera, y un agujero también es una región del espacio. Pero hay un problema que acecha bajo la superficie: lo que es normal es que la entropía de una región sea proporcional al área de su frontera *en el estado de vacío*, pero un agujero negro no forma parte del estado de vacío; es un agujero negro, el espacio-tiempo está muy curvado.

Los agujeros negros tienen una propiedad muy especial: representan los estados de mayor entropía que podemos tener en una región cualquiera del espacio. Este resultado, sin duda provocador, fue advertido por primera vez por Bekenstein y luego perfeccionado por Raphael Busso. Si consideras una región en el estado de vacío e intentas aumentar su entropía, también debes incrementar su energía (como partimos del vacío, la energía no tiene más opción que aumentar). A medida que vas añadiendo entropía, la energía también aumenta. Al final, tendrás tanta energía en una región limitada que esta no tendrá más remedio que colapsar para formar un agujero negro. Y aquí nos topamos con el límite; no puedes meter más entropía en una región que la que tendrías si esa región fuera un agujero negro.

Esta conclusión es muy diferente de lo que esperaríamos en la teoría cuántica de campos ordinaria sin gravedad. En ese caso, no hay ningún límite a la entropía que puede albergar una región, resultado que traduce el hecho de que hay infinitos grados de libertad en la teoría cuántica de campos, incluso en una región finita.

La gravedad parece cambiar las cosas. Hay una cantidad máxima de energía y de entropía que puede albergar una región cualquiera, lo que parece implicar que solo hay una cantidad finita de grados de libertad. De algún modo, estos grados de libertad quedan entrelazados de la forma correcta para hilvanarse formando la geometría del espacio-tiempo. No se trata solo de agujeros negros; cada región del espacio-tiempo tiene una entropía máxima que puede albergar (que es la entropía que tendría un agujero negro de ese mismo tamaño) y, en consecuencia, una cantidad finita de grados de libertad. Esto también es válido para el universo en su conjunto; como hay energía del vacío, la aceleración del espacio está aumentando, y esto significa que hay un horizonte a nuestro alrededor que delimita la extensión de la parte observable de nuestro cosmos. Esta parte observable de espacio tiene una entropía máxima finita, de manera que solo se necesitará una cantidad finita de grados de libertad para describir todo lo que vemos o que veremos.

Si todo esto va por buen camino, tiene una consecuencia inmediata y relevante para la formulación de universos paralelos de la mecánica cuántica. Un número finito de grados de libertad comporta un espacio de Hilbert de dimensión finita para el sistema en su conjunto (en este caso, cualquier región concreta del espacio) y esto, a su vez, implica que hay una cantidad finita de ramas de la función de onda, no infinitas. Es por esta razón por la que Alicia, en el capítulo

8, era cautelosa acerca de la infinidad de mundos en la función de onda. En muchos modelos simples de la mecánica cuántica, como el de un conjunto fijo de partículas que se mueven de forma continua por el espacio o cualquier teoría cuántica de campos ordinaria, el espacio de Hilbert tiene infinitas dimensiones y, en consecuencia, puede haber una cantidad infinita de mundos. Pero la gravedad, de nuevo, parece modificar las cosas de forma significativa; impide que existan muchos de estos mundos, porque describirían una región local del espacio con demasiada energía.

Así pues, tal vez en el universo real, donde está claro que existe la gravedad, la mecánica cuántica everettiana solo describe un número finito de mundos. El número que mencionó Alicia para la dimensionalidad del espacio de Hilbert era $2^{10^{122}}$. Ahora podemos revelar de dónde surge esta cifra: de calcular la entropía que tendría nuestro universo observable al llegar a su límite máximo de entropía y luego retraer el cálculo para determinar el tamaño que debería tener un espacio de Hilbert para acomodar toda esa entropía (el tamaño del universo observable queda determinado por la energía del vacío, de manera que el exponente 10^{122} es el cociente entre la escala de Planck y la constante cosmológica, que ya conocemos de lo comentado en el capítulo 12). Nuestra confianza en los principios básicos de la gravedad cuántica no es lo bastante fuerte como para estar completamente seguros de que solo hay un número finito de mundos everettianos, pero parece un resultado razonable y, sin duda, simplifica mucho las cosas.

La naturaleza de máxima entropía de los agujeros negros también tiene una consecuencia importante para la gravedad cuántica. En la relatividad general clásica, la región interior de un agujero negro, entre el horizonte de sucesos y la singularidad, no tiene nada de especial. Hay un campo gravitatorio, pero para un observador que cayera por él, no se diferenciaría en nada del espacio vacío. Según lo que hemos explicado en el último capítulo, la versión cuántica del espacio vacío es algo así como «un conjunto de grados de libertad del espacio-tiempo entrelazados de tal modo que forman una geometría emergente tridimensional». En esta descripción queda implícito que los grados de libertad están distribuidos de manera más o menos uniforme por todo el volumen de espacio que estamos considerando. Si esto fuera cierto, el estado de máxima entropía tendría todos esos grados de libertad entrelazados con el mundo exterior y, en consecuencia, la entropía sería proporcional al volumen de la región, no al área de su frontera. ¿Qué está pasando?

El enigma de la información de los agujeros negros nos aporta una pista. El problema es que no hay forma evidente de transmitir información de un libro que ha caído al agujero negro a la radiación de Hawking emitida desde el horizonte de sucesos (siempre que no consideremos señales a velocidades superlumínicas). Así pues, podemos plantearnos la siguiente idea alocada: quizá podemos considerar que toda la información sobre el estado del agujero negro (el interior y el horizonte) está en el propio horizonte, no enterrada en su interior. En cierto sentido, el estado del agujero negro «habita» una superficie bidimensional en lugar de estar repartido en un volumen tridimensional.

Esta idea fue elaborada por primera vez por Gerard 't Hooft y Leonard Susskind en la década de 1990, a partir de un artículo de Charles Thorn de 1978, y se conoce como *principio holográfico*. En un holograma ordinario, al hacer incidir luz sobre una superficie bidimensional se muestra una imagen aparentemente tridimensional. Según el principio holográfico, la aparente tridimensionalidad del interior de un agujero negro es un reflejo de la información codificada en la superficie bidimensional de su horizonte de sucesos. Si esto es correcto, tal vez no sea tan difícil extraer información del agujero hacia la radiación emitida, porque, de hecho, la información siempre ha estado en el horizonte de sucesos.

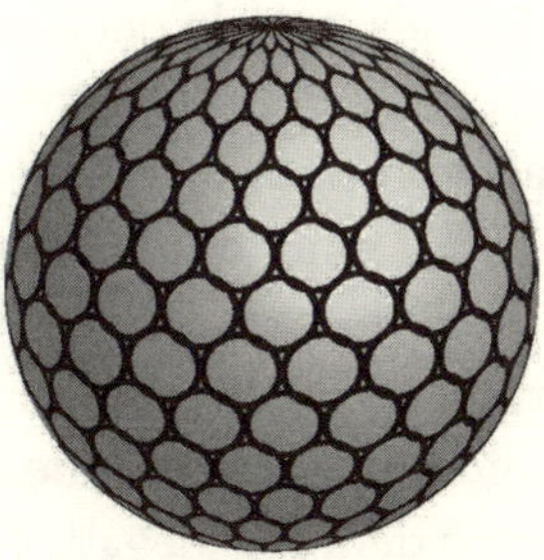

Información de un agujero negro codificada holográficamente en su horizonte de sucesos

Los físicos aún no han llegado a un acuerdo sobre el significado y las implicaciones del principio holográfico en el caso de agujeros negros reales. ¿Es solo una manera de contar grados de libertad, o deberíamos considerar que hay realmente una teoría bidimensional en el horizonte de sucesos que describe la física del agujero negro? No lo sabemos, pero sí que hay un contexto, muy diferente, en que el principio holográfico es muy exacto: la denominada *correspondencia AdS/CFT*, propuesta por Juan Maldacena en 1997. Las siglas AdS corresponden, en inglés, a «espacio anti-de Sitter», un espacio-tiempo hipotético sin fuentes de materia excepto por una energía de vacío negativa (en oposición a la energía de vacío positiva del mundo real); CFT corresponde, en inglés, a «teoría de campos conforme», un tipo concreto de teoría cuántica de campos que se puede definir en una frontera infinitamente alejada del AdS. Según Maldacena, estas dos teorías son, en realidad, equivalentes. Es una afirmación provocativa, por dos razones. En primer lugar, la teoría AdS incluye la gravedad, mientras que la teoría de campos conforme no hace ninguna referencia a la gravedad. En segundo lugar, la frontera de una región del espacio-tiempo tiene siempre una dimensión menos que el propio espacio-tiempo. Así, si consideramos, por ejemplo, un AdS cuatridimensional, la correspondencia AdS/CFT nos dice que es equivalente a una teoría de campos conforme tridimensional. Difícil hallar un ejemplo más explícito de la holografía.

Comentar los detalles de la AdS/CFT nos llevaría otro libro entero, pero vale la pena mencionar que es en este contexto que actualmente se lleva a cabo la mayor parte de la investigación sobre la conexión entre la geometría del espacio-tiempo y el entrelazamiento cuántico. Tal como han señalado Shinsei Ryu, Tadashi Takayanagi, Mark Van Raamsdonk, Brian Swingle y otros a principio de la década de 2000, hay una conexión directa entre el entrelazamiento en la frontera en una CFT y la geometría resultante en el interior del espacio anti-de Sitter. Como la AdS/CFT está comparativamente bien definida, para lo que acostumbran a ser los modelos de gravedad cuántica, comprender esta conexión se ha convertido en el objetivo de un enconado esfuerzo durante los últimos años.

Por desgracia, no se trata del mundo real. Todo lo bueno de la AdS/CFT procede de relacionar las cosas del interior, donde hay gravedad, con las cosas en la frontera, donde no hay gravedad. Pero la existencia de la frontera es algo muy particular de un espacio anti-de Sitter, que se basa en una energía del vacío negativa. En cambio, nuestro universo tiene una energía del vacío positiva, no negativa.

Es posible que te suene un viejo chiste sobre un borracho que está buscando sus llaves bajo la luz de una farola; cuando alguien le pregunta si está seguro de que se le han caído aquí, contesta: «Oh, no... las perdí en otra parte, pero este es el único sitio iluminado». En la partida de la gravedad cuántica, la AdS/CFT es la lámpara más brillante. Analizándola hemos descubierto una gran cantidad de conceptos fascinantes de gran utilidad para la física teórica, pero no hay ninguna manera directa de usar este conocimiento para entender por qué las manzanas caen de los árboles u otros aspectos de la gravedad a nuestro alrededor. Vale la pena proseguir el esfuerzo, pero también es importante no desviarse del objetivo: comprender el mundo en el que vivimos.

Las implicaciones del principio holográfico para los agujeros negros reales son bastante menos claras que para el mundo imaginario de la AdS/CFT. ¿Acaso estamos diciendo que la relatividad general está completamente equivocada afirmando que el interior de un agujero negro está vacío y que, de hecho, un observador que cayera hacia él se daría un tortazo contra una superficie holográfica al llegar al horizonte de sucesos? No (o al menos no es lo que dicen la mayoría de los partidarios del principio holográfico), lo que decimos es que podemos recurrir a una idea relacionada e igualmente sorprendente, la *complementariedad de los agujeros negros*. Es una idea propuesta por Susskind y otros, con una terminología que, con toda la intención, remite a la filosofía de Bohr de la mecánica cuántica.

La versión de la complementariedad para los agujeros negros plantea que las cosas son un poco más sutiles que «el interior de un agujero negro es como el espacio vacío» o «toda la información referente al agujero negro está codificada en su horizonte de sucesos». Ambas afirmaciones son ciertas, pero no podemos emplear ambos lenguajes a la vez, o, tal como los físicos acostumbran a expresarlo, no parecen ser ciertas simultáneamente para un mismo observador. Para un observador que cae y atraviesa el horizonte de sucesos, todo le parece espacio vacío ordinario, mientras que para un observador que mira el agujero negro desde la lejanía, toda la información está repartida en el horizonte de sucesos.

Aunque este comportamiento es mecanicocuántico en esencia, tiene un precursor clásico. Piensa en lo que le sucede a un libro (o una estrella, o lo que sea) cuando lo arrojamos a un agujero negro en relatividad general clásica. Desde el punto de referencia del libro, pasa hacia el interior del agujero, sin más; pero el efecto de la curvatura del espacio-tiempo cerca del horizonte de sucesos es muy intenso, de modo que no es eso lo que vería un observador externo. Cualquier observador externo vería que el libro se enlentece a medida que se acerca al horizonte de sucesos, y su imagen se enrojecería y se debilitaría; ni tan solo vería que llega a atravesar el horizonte. Para un observador alejado, los objetos que se acercan al horizonte de sucesos de un agujero negro parecen quedar congelados en lugar de caer hacia el interior. Esto llevó a los astrofísicos a elaborar una imagen llamada *paradigma de la membrana*, según la cual podemos modelizar las propiedades físicas de un agujero negro suponiendo que hay una membrana física en su horizonte, con determinadas propiedades calculables, como la temperatura y la conductividad eléctrica. El paradigma de la membrana se desarrolló inicialmente como un atajo adecuado para poder simplificar los cálculos relativos a los agujeros negros, pero la complementariedad asevera que los observadores externos realmente ven los agujeros negros como si tuvieran membranas cuánticas en vibración allí donde se hallaría el horizonte de sucesos clásico.

Si tiendes a considerar el espacio-tiempo como algo fundamental, todo esto parece no tener ningún tipo de sentido. El espacio-tiempo tiene una geometría y no hay nada más que hablar. Pero desde el punto de vista de la mecánica cuántica es algo perfectamente plausible. Hay una función de onda del universo y diferentes observaciones pueden revelar distintas cosas sobre ella. No es muy diferente de decir que el número de partículas en un estado depende de cómo lo observemos.

El mundo es un estado cuántico que evoluciona en un espacio de Hilbert y el espacio físico surge de él. No debería ser ninguna sorpresa que un único estado cuántico pueda exhibir distintas nociones de posición y de localidad en función de qué tipo de observación hacemos de él. Según la complementariedad de los agujeros negros, no podemos hacer preguntas como «¿Cuál es la geometría del espacio-tiempo» o «¿Dónde están los grados de libertad?»; o preguntas cuál es el estado cuántico o preguntas qué es lo que ve un observador particular.

Esto es diferente de la imagen que presentamos en el último capítulo anterior, donde los grados de libertad estaban distribuidos en una red que llenaba el espacio y quedaban entrelazados para definir una geometría emergente. Pero es que esa imagen solo estaba pensada para aplicarse cuando la gravedad es débil, y los agujeros negros seguro que no pueden calificarse de gravitacionalmente débiles. En la imagen que hemos planteado en este capítulo, sigue habiendo grados de libertad que se combinan para formar el espacio-tiempo, pero su «ubicación» depende de cómo se observen. El espacio no es fundamental, solo es una manera útil de hablar desde determinados puntos de vista.

Espero que estos últimos capítulos hayan transmitido con éxito la manera en que la formulación de universos paralelos puede tener implicaciones relevantes para el venerable problema de la gravedad cuántica. Para ser sinceros, muchos físicos que trabajan en estos problemas no consideran que estén empleando la versión de universos paralelos, pero implícitamente es lo que están haciendo. Sin duda, no emplean teorías de variables ocultas ni teorías de colapso dinámico ni enfoques epistémicos. Cuando se trata de intentar cuantizar el propio universo, la formulación de universos paralelos parece la ruta más directa y prometedora, a falta de otras opciones.

Esta imagen que he esbozado, en la que el entrelazamiento entre grados de libertad de algún modo logra definir la geometría de nuestro espacio-tiempo aproximadamente clásico, ¿va por buen camino? Nadie lo sabe con seguridad. Lo que sí parece claro, dado el estado actual de nuestro conocimiento, es que tanto el espacio como el tiempo pueden surgir de un estado cuántico abstracto de la manera adecuada. Todos los ingredientes están ahí, y no es descabellado esperar que unos años más de trabajo consigan perfilar mucho mejor toda esta imagen. Si nos esforzamos por descartar nuestros prejuicios clásicos, y asumimos tal cual lo que nos dice la mecánica cuántica, podremos llegar a saber cómo extraer nuestro universo a partir de la función de onda.

Epílogo

TODO ES CUÁNTICO

¿Qué pensaría Einstein de la formulación de universos paralelos de la teoría cuántica? Lo más probable es que le repugnara, por lo menos en un primer contacto. Pero tendría que admitir que hay aspectos de la idea que encajan muy bien con su imagen de cómo debería funcionar la naturaleza.

Einstein murió en Princeton en 1955, justo cuando Everett estaba esforzándose por dar forma a su idea. Era un firmísimo partidario del principio de localidad y estaba muy preocupado por la espeluznante acción a distancia que implicaba el entrelazamiento cuántico. En este sentido, se hubiera horrorizado con los universos paralelos y el principio holográfico, ideas que tratan el espacio como algo emergente y no fundamental. La sugerencia de que la realidad se describe como un vector en un enorme espacio de Hilbert y no en forma de materia y energía en el venerable espacio-tiempo cuatridimensional no sería mucho de su agrado. Pero no sería sorprendente que se alegrara de que Everett haya devuelto nuestra mejor descripción del universo a una evolución bien definida y determinista y de que haya reafirmado el principio de que la realidad es, en última instancia, cognoscible.

Ya mayor, Einstein contó una historia de su niñez:

> Experimenté una sensación de asombro de este tipo cuando tenía cuatro o cinco años y mi padre me mostró una brújula. Que esa aguja se comportara de un modo tan determinado no encajaba en absoluto en el tipo de situaciones que tenían lugar en el mundo inconsciente de los conceptos (efectos producidos por «contacto» directo). Aún puedo recordar, o creo poder recordar, que esta experiencia me causó una impresión profunda y duradera.
>
> Detrás de las cosas tenía que haber algo muy oculto.[1]

Me parece que este impulso es la base de todas las preocupaciones que expresaba Einstein acerca de la mecánica cuántica. Podía inquietarse con vehemencia sobre el indeterminismo y la no localidad, pero lo que realmente le importunaba era su impresión de que la versión de Copenhague de la mecánica cuántica sustituía el nítido rigor de las buenas teorías científicas por un desdibujado paradigma en el que tenía un papel protagonista un mal definido concepto de *medición*. Siempre estaba alerta buscando ese «algo muy oculto» que acechaba bajo la superficie, ese principio que restauraría la inteligibilidad de todo aquello que se había ido precipitando hacia el terreno del misterio. Poco sospechaba que ese algo oculto podían ser otras ramas de la función de onda.

Está claro que, en realidad, poco importa lo que Einstein hubiera pensado; las teorías científicas tienen éxito o fracasan por sus propios méritos, no porque podamos conjurar los espíritus de grandes mentes del pasado para que den su aprobación. De todos modos, resulta útil prestar un poco de atención a esas grandes mentes, aunque solo sea para recordarnos la relación entre los debates del pasado y la investigación en el presente. Los temas que hemos discutido en este libro descienden directamente de las discusiones entre Einstein, Bohr y otros durante la década de 1920. Después del Congreso Solvay, la opinión popular en la comunidad de físicos se decantó hacia las tesis de Bohr y el enfoque de Copenhague se asentó como un dogma establecido. Ha resultado ser un recurso extraordinariamente exitoso para efectuar predicciones de experimentos y para crear nuevas tecnologías; pero como teoría fundamental del mundo se queda irremisiblemente corto.

He planteado los argumentos que respaldan la idea de que el enfoque de universos paralelos de la mecánica cuántica es el más prometedor. No obstante, tengo un enorme respeto por los partidarios de otros enfoques, con quienes mantengo discusiones frecuentes y fructíferas. Lo que me entristece son los físicos profesionales que desprecian el trabajo acerca de los fundamentos de la cuántica y que consideran que no son temas que uno tenga que tomarse muy en serio. Tras leer este libro, tanto si te consideras everettiano como si no, espero que quedes convencido de la importancia de disponer de unos cimientos sólidos para la mecánica cuántica de una vez por todas.

Soy optimista en lo que respecta al progreso de este campo. El estudio actual de los fundamentos de la cuántica no se circunscribe a un puñado de viejas glorias que charlan de ideas fantasiosas al acabar sus jornadas de trabajo, acompañados de un buen whisky. Buena parte de los avances recientes en nuestra comprensión de la teoría cuántica ha sido motivada, de manera directa o indirecta, por innovaciones tecnológicas: informática cuántica, criptografía cuántica e información cuántica en general. Hemos llegado a un punto en que ya no resulta útil trazar una frontera clara entre los dominios clásico y cuántico; todo es cuántico. Esta situación ha obligado a los físicos a tomarse un poco más en serio el tema de la fundamentación de la mecánica cuántica y ha llevado a nuevos progresos que podrían ayudar a explicar la aparición del espacio y el tiempo.

Diría que en los próximos años veremos avances significativos sobre estos complejos problemas. Y me gusta creer que la mayoría de las otras versiones de mí que habitan en otras ramas de la función de onda piensan lo mismo.

Anexo

LA HISTORIA DE LAS PARTÍCULAS VIRTUALES

Nuestra discusión sobre teoría cuántica de campos en el capítulo 12 parecería algo peculiar a la mayoría de los físicos que se dedican a la teoría cuántica de campos. De lo que nos ocupábamos era solo del estado de vacío, la configuración de más baja energía de un conjunto de campos cuánticos que llenan el espacio. Pero esto es solo un estado de entre infinitos estados posibles. De lo que se ocupa la mayoría de los físicos es de todos los otros estados, aquellos que cobran el aspecto de partículas que se mueven y que interactúan con otras partículas.

Del mismo modo que es normal hablar de «la posición de un electrón» cuando en realidad sabemos que deberíamos hablar de la función de onda del electrón, los físicos, que saben a la perfección que el mundo está hecho de campos, tienden a hablar de partículas continuamente. Incluso se hacen llamar *físicos de partículas* sin ninguna vergüenza. Es una tendencia comprensible; las partículas es lo que vemos, sea lo que sea lo que se cuece bajo la superficie.

Lo bueno es que esto no presenta ningún problema, siempre que sepamos lo que estamos haciendo. En muchísimos casos podemos hablar como si lo que existe realmente fuera un conjunto de partículas que se desplazan por el espacio, chocando unas con otras, creándose y aniquilándose y, de vez en cuando, apareciendo de la nada. El comportamiento de los campos cuánticos se puede modelizar, en las circunstancias adecuadas, por medio de una interacción repetida de muchas partículas. Esto parece natural cuando el estado cuántico describe un cierto número fijo de vibraciones corpusculares del campo, alejadas entre sí y desconocedoras unas de la existencia de las otras. Pero si nos ceñimos a las reglas, podemos calcular lo que sucede empleando el lenguaje de las partículas, incluso cuando tenemos un montón de campos vibrando unos encima de otros, justo en la situación en que podrías esperar que su condición de campo sea más relevante.

Esta es la idea básica que nos proporciona Richard Feynman y su conocida herramienta de los *diagramas de Feynman*. Cuando inventó estos diagramas, Feynman tenía la esperanza de estar planteando una alternativa corpuscular a la teoría cuántica de campos, pero resulta que no es así. Lo que son estos diagramas es un recurso metafórico increíblemente vívido y un método de cálculo maravillosamente adecuado dentro del paradigma global de la teoría cuántica de campos.

Un diagrama de Feynman no es más que una especie de monigote esquemático que representa cómo se mueven e interaccionan las partículas entre ellas. En el dibujo, con el tiempo avanzando de izquierda a derecha, llega un conjunto inicial de partículas, se embarullan entre sí y con otras partículas que aparecen y desaparecen, y acaba con otro conjunto de partículas. Los físicos no solo usan estos diagramas para describir los procesos posibles que pueden ocurrir, sino también para calcular con exactitud las probabilidades de que ocurran. Si, por ejemplo, uno quiere saber en qué partículas se puede desintegrar un bosón de Higgs y con qué rapidez, tendrá que hacer un cálculo en que estarán implicados un montón de diagramas de Feynman, cada uno de los cuales representará una determinada contribución a la respuesta final. Y actuará del mismo modo si quiere saber la probabilidad de dispersión entre un electrón y un positrón.

A continuación presentamos un diagrama de Feynman sencillo. La forma de interpretarlo es como sigue: desde la izquierda llegan un electrón y un positrón (líneas rectas), se encuentran y se aniquilan dando como resultado un fotón (línea ondulada), que se desplaza durante un cierto tiempo hasta convertirse de nuevo en un par electrón-positrón. Hay reglas específicas que permiten que los físicos asignen valores precisos a cada diagrama de este tipo, que indican la contribución de este proceso al fenómeno de «dispersión entre un electrón y un positrón».

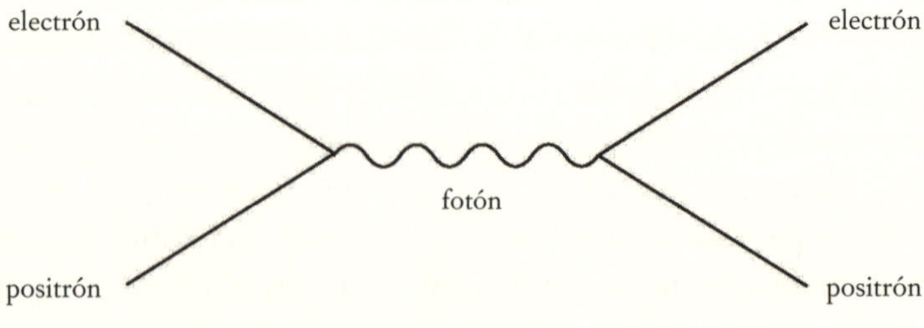

La historia que relatamos a partir de los diagramas de Feynman no es más que eso, una historia. No es literal que un electrón y un positrón se conviertan en un fotón y este, de nuevo, en un electrón y un positrón. Para empezar, los fotones reales se desplazan a la velocidad de la luz, mientras que los pares electrón-positrón (ya sean las partículas individuales o el centro de masas de ambas), no.

Lo que sucede realmente es que tanto el campo electrónico como el campo positrónico están en interacción constante con el campo electromagnético; las oscilaciones en cualquier campo eléctricamente cargado, como el electrónico o el positrónico, vienen acompañadas inevitablemente de pequeñas oscilaciones en el campo electromagnético. Cuando las oscilaciones en dos de estos campos (que nosotros interpretamos como el electrón y el positrón) se acercan o se superponen, todos los campos empujan y estiran y provocan que nuestras partículas originales se dispersen en ciertas direcciones. La gran idea de Feynman es que podemos calcular lo que está pasando en la teoría de campos haciendo ver que hay un montón de partículas que se mueven de determinada manera.

Este método de cálculo es extremadamente conveniente; los físicos de partículas emplean los diagramas de Feynman a diario, e incluso sueñan con ellos de vez en cuando. Sin embargo, para que la cosa funcione, hay que adoptar algunos compromisos conceptuales. Las partículas que aparecen solo en el interior de un diagrama de Feynman, que no llegan desde la izquierda ni salen por la derecha, no cumplen las leyes habituales de las partículas; por ejemplo, no tienen la misma energía ni masa que las partículas regulares. Obedecen a su propio conjunto de reglas.

Esto no debería sorprendernos, pues las «partículas» del interior de los diagramas de Feynman no son partículas en absoluto, no son más que un truco matemático que nos resulta cómodo. Para recordar su estatus, las denominamos *virtuales*. Las partículas virtuales son solo un método para calcular el comportamiento de los campos cuánticos, haciendo ver que las partículas ordinarias se transforman en extrañas partículas con energías imposibles y lanzándolas unas contra otras. Un fotón real tiene masa nula, pero la masa de un fotón virtual puede tener cualquier valor. Con *partículas virtuales* nos referimos a sutiles distorsiones en la función de onda de un conjunto de campos cuánticos. A veces se denominan *fluctuaciones* o simplemente *modos* (en referencia a una vibración en un campo con una longitud de onda concreta), pero todo el mundo las llama *partículas* y se pueden representar perfectamente mediante líneas en los diagramas de Feynman; y así las llamamos.

El diagrama que dibujamos para la dispersión de un electrón y un positrón no es el único que podríamos dibujar; de hecho, solo es uno entre infinitos. Las reglas nos dicen que tenemos que sumar todos los posibles diagramas que haya con las mismas partículas iniciales y finales. Podemos hacer una lista de todos estos diagramas, de complejidad creciente, cada vez con más partículas virtuales:

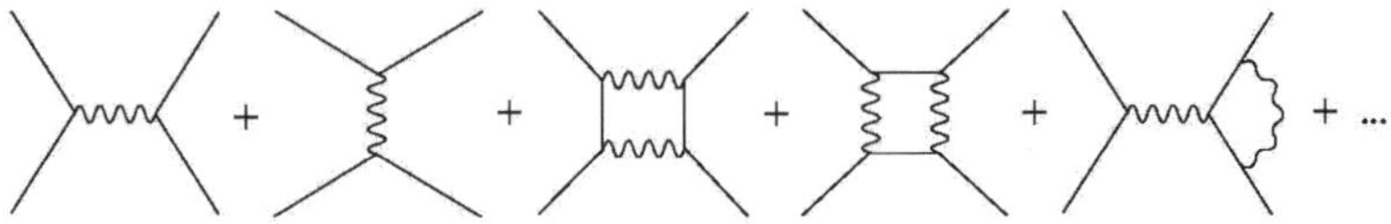

El número final que obtenemos es una amplitud, de modo que la podemos elevar al cuadrado para tener la probabilidad de que suceda este proceso. Con los diagramas de Feynman podemos calcular la probabilidad de dispersión de dos partículas, de la desintegración de una partícula en otras o de la conversión de unas partículas en otras.

Ahora bien, hay un problema que se antoja evidente: si hay una cantidad infinita de diagramas para un mismo proceso, ¿cómo los podemos sumar para obtener un resultado finito razonable? La respuesta es que cuanto más complejo es un diagrama, menos contribuye a la suma total. Aunque hay infinitos diagramas, la suma de todos aquellos muy complejos puede ser un número muy pequeño. A efectos prácticos, es muy habitual que podamos obtener respuestas precisas calculando solo los primeros diagramas.

Aún queda una cuestión algo sutil en este atractivo esquema. Consideremos un diagrama con un bucle (es decir, cuando podemos trazar una línea cerrada a través de unas cuantas partículas). En esta imagen, por ejemplo, tenemos un electrón y un positrón que intercambian dos fotones:

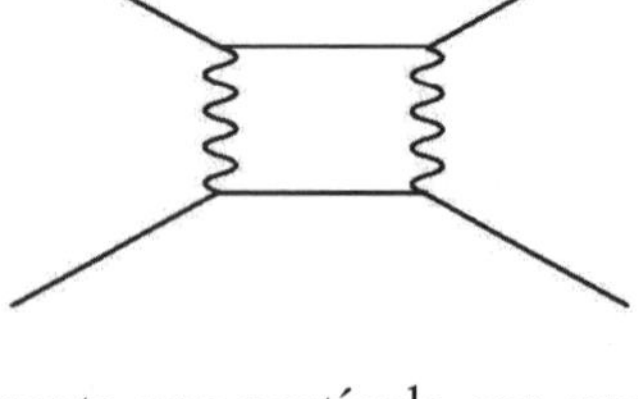

Cada línea representa una partícula con una cierta energía. Esta energía se conserva en los vértices, donde se encuentran las partículas; si, por ejemplo, una partícula se convierte en dos, la suma de energías de estas dos nuevas partículas tiene que ser igual a la energía de la partícula inicial. Sin embargo, la forma en que se reparte la energía es totalmente arbitraria, mientras el total no varíe. De hecho, a causa de la extravagante lógica de las partículas virtuales, la energía de una partícula puede ser negativa, de modo que la otra tenga más energía que la partícula inicial.

Esto implica que, cuando calculamos el proceso descrito por un diagrama de Feynman con un bucle interno cerrado, puede haber una cantidad arbitrariamente grande de energía que se transmite por cualquier línea de un bucle. Y en este caso, cuando calculamos la contribución de este tipo de diagramas a la respuesta final, resulta ser infinita. He aquí el origen de los famosos infinitos que plagan la teoría cuántica de campos. Es evidente que la probabilidad de cualquier interacción puede ser, como máximo, igual a uno, de modo que una respuesta infinita nos dice que, en algún momento, hemos dado un mal paso.

Feynman y otros lograron dar con un método para tratar estos infinitos, conocido como *renormalización*. Cuando tienes un montón de campos cuánticos que interaccionan entre ellos, no puedes tratarlos por separado y luego añadir las interacciones; los campos están influyéndose constantemente. Incluso cuando tenemos una pequeña vibración en el campo electrónico, que podemos estar tentados de identificar con un electrón, la acompañan vibraciones en el campo electromagnético y, de hecho, en todos los otros campos con los que interactúa el electrón. Es como pulsar la tecla de un piano en una tienda con muchos pianos en exposición: los otros instrumentos vibrarán por simpatía con la nota original, produciendo un ligero eco. En el lenguaje de los diagramas de Feynman, esto significa que incluso una partícula aislada que se desplaza por el espacio está acompañada de una nube de partículas virtuales:

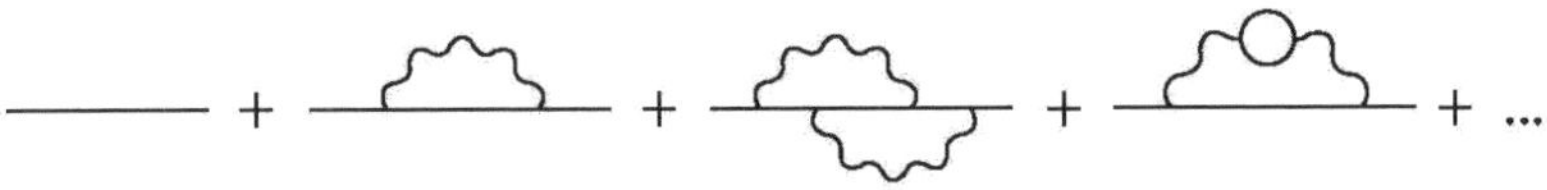

Como resultado, resulta útil diferenciar entre los campos «desnudos» tal como se comportarían en un mundo imaginario en donde se desconectan todas las interacciones, y los campos «físicos» que están acompañados por otros campos con los que interactúan. Los infinitos que obtenemos al darle a la manivela de los diagramas de Feynman, sin reflexionar más, son el resultado de intentar trabajar con campos desnudos, cuando en realidad lo que observamos son los campos físicos. Los ajustes necesarios para pasar de una descripción a la otra a veces se describen de manera informal como «restar infinito para obtener una respuesta finita», pero es una explicación un poco equívoca. No hay magnitudes físicas de valor infinito y nunca las hubo; los infinitos que los pioneros de la teoría cuántica de campos lograron «ocultar» no eran más que un artefacto de la gran diferencia entre campos que interaccionan y campos que no lo hacen (nos enfrentamos justo al mismo problema cuando intentamos determinar la energía del vacío en teoría cuántica de campos).

De todos modos, la renormalización aporta ideas físicas relevantes. Cuando queremos medir alguna propiedad de una partícula, como su masa o su carga, lo hacemos viendo cómo interactúa con otras partículas. La teoría cuántica de campos nos dice que las partículas que vemos no son simples objetos puntuales; cada partícula está rodeada de una nube de otras partículas virtuales o (más exactamente) de otros campos cuánticos con los que interactúa. E interaccionar con una nube es diferente de interaccionar con un punto. Dos partículas que chocan entre sí a gran velocidad penetrarán bastante en la nube de la otra, experimentando vibraciones comparativamente compactas, mientras que dos partículas que se cruzan a poca velocidad se verán una a otra como bolas hinchadas. En consecuencia, la masa o la carga aparentes de una partícula dependerán de la energía con la que la observemos. No se trata de entelequias; es una predicción experimental, que se ha comprobado sin atisbo de duda con los datos experimentales de los físicos de partículas.

La mejor forma de reflexionar acerca de la renormalización no llegó hasta la década de los setenta, con el trabajo del premio Nobel Kenneth Wilson. Wilson se dio cuenta de que todos los infinitos de los cálculos con diagramas de Feynman procedían de partículas virtuales con energías muy altas, correspondientes a procesos a distancias extremadamente cortas. Pero altas energías y distancias cortas es justo la situación en la que deberíamos tener menos confianza en saber lo que está pasando. Los procesos a muy altas energías pueden involucrar campos completamente nuevos, con masas tan altas que todavía no los hemos producido en los experimentos. Por otro lado, podría ser que el espacio-tiempo se desmoronara a distancias muy cortas, como la longitud de Planck.

Así pues, Wilson pensó que quizá deberíamos ser un poco más honestos y admitir que no sabemos lo que pasa a energías arbitrariamente altas. En lugar de trazar bucles en los diagramas de Feynman y permitir que las energías de las partículas virtuales se encaramen hasta el infinito, ¿por qué no introducir un umbral explícito en la teoría, una energía por encima de la cual no pretenderemos saber lo que sucede? En cierto sentido, este umbral es arbitrario, pero parece razonable situarlo en la frontera entre las energías sobre las que tenemos un buen conocimiento experimental y aquellas más altas que aún no hemos conseguido escudriñar. Incluso puede que haya una buena razón física para escoger un determinado umbral, si esperamos que aparezcan nuevas partículas u otros fenómenos a esa escala pero no sabemos exactamente cómo serán.

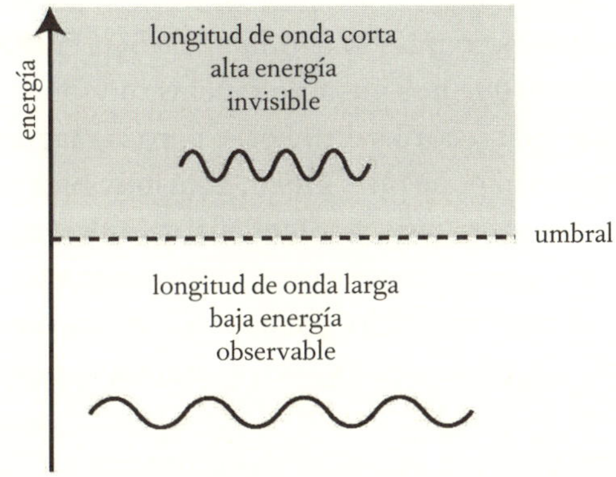

Por supuesto, es muy posible que sucedan cosas muy interesantes a energías más altas, de modo que al imponer un umbral estamos admitiendo que no vamos a obtener una respuesta correcta al cien por cien. Pero Wilson mostró que lo que obtenemos suele ser más que suficiente. Podemos caracterizar con exactitud cómo, y más o menos en qué cantidad, eventuales nuevos fenómenos de alta energía pueden afectar al mundo de baja energía que observamos. Al admitir nuestra ignorancia de esta manera, lo que nos queda es una *teoría de campos efectiva*, una que no pretende ser una descripción exacta y completa de cualquier cosa, sino una que consigue reproducir los datos de los que disponemos. Los actuales investigadores especializados en teoría cuántica de campos reconocen que todos sus mejores modelos son, en el fondo, teorías de campos efectivas.

Esto nos deja con una situación ambivalente. La parte buena es que podemos explicar una gran cantidad de cosas sobre el comportamiento de las partículas a bajas energías, gracias a la magia de la teoría de campos efectiva, a pesar de que no sabemos muchas cosas (o incluso ninguna) de lo que sucede a energías más altas. No necesitamos saber todas las respuestas definitivas para poder afirmar algo fiable y cierto. Esto nos proporciona una gran confianza en que las leyes de la física que rigen las partículas y las fuerzas que forman el mundo que nos rodea, y también a ti y a mí, son perfectamente conocidas; estas leyes asumen la forma de una teoría de campos efectiva. Queda mucho espacio para poder descubrir nuevas partículas y fuerzas, pero o bien son demasiado masivas (sus energías son demasiado altas) y, en consecuencia, todavía no hemos podido producirlas en los experimentos, o bien son tan débiles que no pueden tener ningún efecto relevante sobre las sillas ni las mesas, ni sobre los perros ni los gatos, ni sobre ningún otro elemento de nuestro mundo cotidiano de baja energía.

La parte mala es que nos gustaría muchísimo saber qué demonios sucede a altas energías y cortas distancias, pero la magia de la teoría de campos efectiva nos lo pone muy difícil. Está muy bien poder describir la física de bajas energías, independientemente de lo que esté sucediendo a altas energías, pero también es muy frustrante, porque parece implicar que no podemos inferir lo que pasa ahí arriba sin plantear experimentos que nos permitan observarlo. Es por esta razón por la que los físicos de partículas están encantados de construir aceleradores de partículas de energía cada vez más alta; es la única manera fiable de descubrir cómo funciona el universo a distancias muy, pero que muy, pequeñas.

AGRADECIMIENTOS

Cualquier libro es un trabajo en equipo, y este más que otros. Se pueden decir muchas cosas sobre la mecánica cuántica y siempre estás tentado de decirlo todo. En este caso, hubiera sido muy divertido escribir el libro, pero muy aburrido leerlo. Debo a varios generosos y perspicaces lectores su ayuda para convertir el manuscrito original en algo digerible y en algunas partes divertido, o eso espero; en concreto, debo señalar los valiosos comentarios de Nick Aceves, Dean Buonomano, Joseph Clark, Don Howard, Jens Jäger, Gia Mora, Jason Pollack, Daniel Ranard, Rob Reid, Grant Remmen, Alex Rosenberg, Landon Ross, Chip Sebens, Matt Strassler y David Wallace. Desde pequeños comentarios (mencionando algo en una conversación que luego acaba incorporándose al libro) hasta largas disquisiciones (leyendo todos los capítulos y aportando valiosas ideas) todos estos compañeros me han ayudado a evitar que hiciese un libro que no hubiera sido ni la mitad de bueno.

Quiero dar un agradecimiento especial a Scott Aaronson, el mejor lector que un físico/autor pueda pedir, que leyó todo el texto minuciosamente y me ofreció comentarios valiosísimos tanto sobre el tema como sobre la forma. También quiero dar las gracias a Gia Mora, quien, inexplicablemente, no apareció en los agradecimientos de *El gran cuadro*.

Sobra decir que, a lo largo de los años, he aprendido muchas cosas sobre mecánica cuántica y el espacio-tiempo de personas muy sabias, y su influencia permea este libro, aunque no hayamos hablado específicamente de las cosas tratadas en este libro. Muchas gracias a David Albert, Ning Bao, Jeff Barrett, Charles Bennett, Adam Becker, Kim Boddy, Charles Cao, Aidan Chatwin-Davies, Sidney Coleman, Edward Farhi, Alan Guth, James Hartle, Jenann Ismael, Matthew Leifer, Seth Lloyd, Frank Maloney, Tim Maudlin, Spiros Michalakis, Alyssa Ney, Don Page, Alain Phares, John Preskill, Jess Reidel, Ashmeet Singh, Leonard

Susskind, Lev Vaidman, Robert Wald y Nicholas Warner, además de muchos otros de los que seguro que me estoy olvidando.

Como siempre, gracias a mis alumnos y colaboradores por tolerar mis ocasionales ausencias mientras intentaba acabar este libro. Y gracias también a los estudiantes del 125C, el tercer trimestre del curso de Caltech sobre mecánica cuántica, que aceptaron que les hablara sobre decoherencia y entrelazamiento, en lugar de la rutina habitual de solucionar la ecuación de Schrödinger una y otra vez.

Miles de gracias a mi editor en Dutton, Stephen Morrow, cuya paciencia y ayuda han sido mucho más necesarias en este libro que en cualquier otro. Incluso me dejó incluir un capítulo en forma de diálogo, aunque tal vez aceptó por agotamiento. Ningún autor podría imaginar un editor que se cuidara más de la calidad del producto final, y buena parte de esta calidad es obra de Stephen. También quiero dar las gracias a mis agentes, Katinka Matson y John Brockman, que siempre convierten un proceso que podría ser agobiante en algo tolerable e incluso, quién lo diría, agradable.

Y, por encima de todo, gracias a Jennifer Ouellette, la pareja perfecta en la escritura y en la vida. No solo me ha prestado su apoyo de infinitas maneras en todo este viaje, sino que robó tiempo de su exigente tarea de redacción para leerse todas y cada una de estas páginas con cariño y aportar valiosos comentarios. No he borrado todo lo que ella me sugirió, y seguro que, por esta razón, el libro no es tan bueno, pero aun así es mucho mejor que antes de pasar bajo sus ojos.

Y a Jennifer también tengo que darle las gracias por traer a nuestras vidas a Ariel y Caliban, los mejores gatos que un autor podría pedir. Debo decir que ningún gato fue sometido a experimentos imaginarios durante la redacción de este libro.

NOTAS

Prólogo

1. Feynman, R. P., *The Character of Physical Law*, MIT Press, 1965 (hay trad. esp.: *El carácter de la ley física*, Antoni Bosch Editor, Barcelona, 1983).

2. Una formulación atrevida

1. Mermin, N. D., «Could Feynman Have Said This?», *Physics Today*, 57, 5, p. 10, 2014.

3. ¿A quién se le ocurrió esto?

1. Carroll, L., *Through the Looking Glass and What Alice Found There*, Dover, 1872 (hay trad. esp.: *Alicia a través del espejo*, Alianza, Madrid, 2010).
2. Citado en Von Baeyer, H. C., *Information: The New Language of Science*, Weidenfeld & Nicolson, 2003. De hecho, la frase es atribuida a Demócrito por Sexto Empírico en su obra *Contra los dogmáticos* (véase trad. esp., en: García Peña, I., *Materiales didácticos de historia de la filosofía antigua*, Ediciones Universidad de Salamanca, Salamanca, 2018).
3. Citado en Crease, R. P. y Goldhaber, A. S., *The Quantum Moment: How Planck, Bohr, Einstein, and Heisenberg Taught Us to Love Uncertainty*, W. W. Norton & Company, Nueva York, 2014.
4. Citado en Kragh, H., «Rutherford, Radioactivity, and the Atomic Nucleus», https://arxiv.org/abs/1202.0954, 2012.
5. Citado en Pais, A., *Niels Bohr's Times, in Physics, Philosophy, and Polity*, Clarendon Press, Oxford, 1991.

6. Citado en Bernstein, J., «A Quantum Story», *The Institute Letter*, Institute for Advanced Study, Princeton, 2011.
7. Citado en Gribbin, J., *In Search of Schrödinger's Cat: Quantum Physics and Reality*, Bantam Books, Nueva York, 1984 (hay trad. esp.: *En busca del gato de Schrödinger*, Salvat Editores, Barcelona, 1994).

5. Entrelazado en la tristeza

1. Citado en Isaacson, W., *Einstein: His Life and Universe*, Simon & Schuster, Nueva York, 2007 (hay trad. esp.: *Einstein: su vida y su universo*, Debate, Barcelona, 2008).

6. Un universo bifurcado

1. Citado en Becker, A., *What Is Real?*, Basic Books, Nueva York, 2018.
2. Citado en Byrne, P., *The Many Worlds of Hugh Everett III: Multiple Universes, Mutual Assured Destruction, and the Meltdown of a Nuclear Family*, Oxford University Press, Oxford, 2010.
3. Citado en Byrne, P., *The Many Worlds of Hugh Everett III: Multiple Universes, Mutual Assured Destruction, and the Meltdown of a Nuclear Family*, Oxford University Press, Oxford, 2010.
4. Citado en Byrne, P., *The Many Worlds of Hugh Everett III: Multiple Universes, Mutual Assured Destruction, and the Meltdown of a Nuclear Family*, Oxford University Press, Oxford, 2010.
5. Citado en Becker, A., *What Is Real?*, Basic Books, Nueva York, 2018.
6. Citado en Byrne, P., *The Many Worlds of Hugh Everett III: Multiple Universes, Mutual Assured Destruction, and the Meltdown of a Nuclear Family*, Oxford University Press, Oxford, 2010.
7. Everett, M. O., *Things the Grandchildren Should Know*, Little Brown, 2007 (hay trad. esp.: *Cosas que los nietos deberían saber*, Blackie Books, Barcelona, 2013).

7. Orden y aleatoriedad

1. Citado en Anscombe, G. E. M., *An Introduction to Wittgenstein's Tractatus*, Hutchinson University Library, 1959.
2. Albert, D. Z., *After Physics*, Harvard University Press, 2015.

8. ¿Es obeso este compromiso ontológico?

1. Popper, K., «Quantum Mechanics Without the Observer», en: Bunge, M. (ed.), *Quantum Theory and Reality. Studies in the Foundations Methodology and Philosophy of Science* (vol. 2), Springer, Berlin, 1967.
2. Popper, K., *Quantum Theory and the Schism in Physics*, Routledge, Londres/Nueva York, 1982 (hay trad. esp.: *Teoría cuántica y el cisma en física*, Tecnos, Madrid, 2011).
3. Wallace, D., *The Emergent Multiverse: Quantum Theory According to the Everett Interpretation*, Oxford University Press, Oxford, 2012.
4. Deutsch, D., «Comment on Lockwood», *British Journal for the Philosophy of Science*, 47 (1996), p. 222.

9. Otros caminos

1. Citado en Becker, A., *What Is Real?*, Basic Books, Nueva York, 2018.
2. Citado en Becker, A., *What Is Real?*, Basic Books, Nueva York, 2018.
3. Citado en Becker, A., *What Is Real?*, Basic Books, Nueva York, 2018.
4. Polchinski, P., «Weinberg's Nonlinear Quantum Mechanics and the Einstein-Podolsky-Rosen Paradox», *Physical Review Letters*, 66 (1991), p. 397.
5. Bell, J. S., «On the Problem of Hidden-Variables in Quantum Mechanics», *Reviews of Modern Physics*, 38 (1966), p. 447.
6. Von Baeyer, H. C., *QBism: The Future of Quantum Physics*, Harvard University Press, Cambridge (Massachusetts), 2016.
7. Mermin, N. D., «Making Better Sense of Quantum Mechanics», *Reports on Progress in Physics*, 82 (2018), p. 012002.
8. Wallace, D. «On the Plurality of Quantum Theories: Quantum Theory as a Framework, and Its Implications for the Quantum Measurement Problem», en: French, S. y Saatsi, J. (ed.), *Scientific Realism and the Quantum*, Oxford University Press, Oxford, 2018.

10. El factor humano

1. Wigner, E. P., «Remarks on the Mind-Body Problem», en: Good, I. J., *The Scientist Speculates*, Heinemann, Londres, 1962.

11. ¿Por qué existe el espacio?

1. James Hartle, correspondencia personal, 2016.

12. Un mundo de vibraciones

1. Newton, I., *Newton: Philosophical Writings* (ed. A. Janiak), Cambridge University Press, Cambridge, 2004.

13. Respirar en el vacío

1. Einstein, A., citado por Otto Stern en una entrevista con T. S. Kuhn, Niels Bohr Library & Archives, American Institute of Physics, 1962, https://www.aip.org/history-programs/niels-bohr-library/oral-histories/4904.
2. Einstein, A., «Physics and Reality», 1936, reimpreso en: Einstein, A., *Out of My Later Years*, Citadel Press, 1956.

Epílogo

1. Einstein, A., *Autobiographical Notes*, Open Court Publishing, 1949 (hay trad. esp.: *Notas autobiográficas*, Alianza, Madrid, 2016).

LECTURAS ADICIONALES

Se han escrito muchísimos libros sobre mecánica cuántica. A continuación sugiero unos cuantos que tratan los temas relevantes para este libro:

Albert, D. Z., *Quantum Mechanics and Experience*, Harvard University Press, Cambridge (Massachusetts), 1994.
Una breve introducción a la mecánica cuántica y al problema de la medición desde un punto de vista filosófico.

Becker, A., *What Is Real? The Unfinished Quest for the Meaning of Quantum Physics*, Basic Books, Nueva York, 2018.
Una descripción histórica de los fundamentos de la teoría cuántica, que incluye alternativas a los universos paralelos y comenta los obstáculos a los que se han enfrentado muchos físicos al reflexionar sobre estos temas.

Deutsch, D., *The Fabric of Reality*, Penguin, Londres, 1997 (hay trad. esp.: *La estructura de la realidad*, Anagrama, Barcelona, 2002).
Una introducción a la formulación de universos paralelos y mucho más, desde la informática a los viajes en el tiempo, pasando por la evolución.

Saunders, S., Barrett, J., Kent, A. y Wallace, D., *Many Worlds? Everett, Quantum Theory, and Reality*, Oxford University Press, Oxford, 2010.
Una colección de ensayos a favor y en contra de la formulación de universos paralelos.

Susskind, L. y Friedman, A., *Quantum Mechanics: The Theoretical minimum*, Penguin, Londres, 2015.
Una introducción formal a la mecánica cuántica, tal como se enseña en los cursos universitarios introductorios.

Wallace, D., *The Emergent Multiverse: Quantum Theory According to the Everett Interpretation*, Oxford University Press, Oxford, 2012.
El libro de referencia sobre la formulación de universos paralelos, algo técnico pero ya convertido en clásico.

BIBLIOGRAFÍA

4. Lo que no se puede saber porque no existe

Para obtener más información sobre el experimento de la doble rendija, véase: Ananthaswamy, A., *Through Two Doors at Once: The Elegant Experiment That Captures the Enigma of Our Quantum Reality*, Dutton, Nueva York, 2018.

5. Entrelazado en la tristeza

Einstein, A., Podolsky, B. y Rosen, N., «Can Quantum-Mechanical Description of Reality Be Considered Complete?», *Physical Review*, 47 (1935), p. 777.

Para una explicación general del teorema de Bell y su relación con la paradoja EPR y la mecánica bohmiana, véase: Maudlin, T., «What Bell Did», *Journal of Physics A*, 47 (2014), p. 424010.

Rauch, D. *et al.*, «Cosmic Bell Test Using Random Measurement Settings from High-Redshift Quasars», *Physical Review Letters*, 121 (2018), p. 080403.

6. Un universo bifurcado

Una buena biografía de Hugh Everett es: Byrne, P., *The Many Worlds of Hugh Everett III: Multiple Universes, Mutual Assured Destruction, and the Meltdown of a Nuclear Family*, Oxford University Press, Oxford, 2010. Las citas de este capítulo proceden, en su mayoría, de este libro y de Becker, A., *What Is Real?*, Basic Books, Nueva York, 2018.

En DeWitt, B. S., y Graham, N., *The Many Worlds Interpretation of Quantum Mechanics*, Princeton University Press, Princeton, 1973 se puede encontrar el artículo original de Everett (versiones corta y larga) y varios comentarios.

Zeh, H. D., (1970), «On the Interpretation of Measurements in Quantum Theory», *Foundations of Physics*, 1 (1970), p. 69.

7. Orden y aleatoriedad

Zurek, W. H., (2005), «Probabilities from Entanglement, Born's Rule from Envariance», *Physical Review A*, 71 (2005), p. 052105.

Sebens, C. T. y Carroll, S. M., (2016), «Self- Locating Uncertainty and the Origin of Probability in Everettian Quantum Mechanics», *British Journal for the Philosophy of Science*, 69 (2016), p. 25.

Deutsch, D. (1999), «Quantum Theory of Probability and Decisions», *Proceedings of the Royal Society of London*, A455 (1999), p. 3129.

Para una revisión exhaustiva del enfoque de la teoría de la decisión para la regla de Born, véase: Wallace, D., *The Emergent Multiverse: Quantum Theory According to the Everett Interpretation*, Oxford University Press, Oxford, 2012.

8. ¿Es obeso este compromiso ontológico?

Para obtener más información sobre la entropía y la flecha del tiempo, véase: Carroll, S. M., *From Eternity to Here: The Quest for the Ultimate Theory of Time*, Dutton, Nueva York, 2010 (hay trad. esp.: *Desde la eternidad hasta hoy: en busca de la teoría definitiva del tiempo*, Debate, Barcelona, 2015).

9. Otros caminos

Para obtener más detalles acerca de los modelos de variables ocultas y de colapso dinámico véase: Maudlin, T., *Philosophy of Physics: Quantum Theory*, Princeton University Press, Princeton, 2019.

Penrose, R., *The Emperor's New Mind: Concerning Computers, Minds, and the Laws of Physics*, Oxford University Press, Oxford, 1989 (hay trad. esp.: *La nueva mente del emperador*, Debolsillo, Barcelona, 2006).

Von Baeyer, H. C., *QBism: The Future of Quantum Physics*, Harvard University Press, Cambridge (Massachusetts), 2016.

Fuchs, C. A., «On Participatory Realism», en: Durham, I. y Rickles, D. (ed.), *Information and Interaction*, Springer, 2017.

10. El factor humano

Tegmark, M. (1998), «The Interpretation of Quantum Mechanics: Many Worlds or Many Words?», *Fortschrift Physik*, 46 (1998), p. 855.

Nozick, R., *Anarchy, State, and Utopia*, Basic Books, Nueva York, 1974 (hay trad. esp.: *Anarquía, estado y utopía*, Fondo de Cultura Económica, México, 1988).

11. ¿Por qué existe el espacio?

Explico algunas cosas más sobre la emergencia (y la Teoría Básica) en: Carroll, S. M., *The Big Picture: On the Origins of Life, Meaning, and the Universe Itself*, Dutton, Nueva York, 2016 (hay trad. esp.: *El gran cuadro. Los orígenes de la vida, su sentido y el universo entero*, Pasado & Presente, Barcelona, 2017).

12. Un mundo de vibraciones

Davies, P. C. W., «Particles Do Not Exist», en: DeWitt, B. S. (ed.), *Quantum Theory of Gravity: Essays in Honor of the 60th Birthday of Bryce DeWitt*, Adam Hilger, Bristol, 1984.

13. Respirar en el vacío

Más información sobre las implicaciones y las limitaciones de la localidad en: Musser, G., *Spooky Action at a Distance: The Phenomenon That Reimagines Space and Time— and What It Means for Black Holes, the Big Bang, and Theories of Everything*, Farrar, Straus and Giroux, Nueva York, 2015.

Jacobson, T., «Thermodynamics of Space-Time: The Einstein Equation of State», *Physical Review Letters*, 75 (1995), p. 1260.

Padmanabhan, T., «Thermodynamical Aspects of Gravity: New Insights», *Reports on Progress in Physics*, 73 (2010), p. 046901.

Verlinde, E. P., «On the Origin of Gravity and the Laws of Newton», *Journal of High Energy Physics* 1104 (2011), p. 29.

Cotler, J. S., Penington, G. R., y Ranard, D. H., «Locality from the Spectrum», *Communications in Mathematical Physics*, https://doi.org/10.1007/s00220-019-03376-w (2019).

Maldacena, J. y Susskind, L., «Cool Horizons for Entangled Black Holes», *Fortschritte der Physik*, 61 (2013), p. 781.

Cao, C., Carroll, S. M. y Michalakis, S. (2017), «Space from Hilbert Space: Recovering Geometry from Bulk Entanglement», *Physical Review D*, 95 (2017), p. 024031.

Cao, C. y Carroll, S. M., «Bulk Entanglement Gravity Without a Boundary: Towards Finding Einstein's Equation in Hilbert Space», *Physical Review D*, 97 (2018), p. 086003.

Banks, T. y Fischler, W., «An Holographic Cosmology», https://arxiv.org/abs/hep-th/0111142 (2011).

Giddings, S. B., «Quantum-First Gravity», *Foundations of Physics*, 49 (2018), p. 177.

Page, D. N. y Wootters, W. K., «Evolution Without Evolution: Dynamics Described by Stationary Observables», *Physical Review D*, 27 (1983), p. 2885.

14. Más allá del espacio y del tiempo

La holografía, la complementariedad y la información de los agujeros negros se comentan en: Susskind, L., *The Black Hole War: My Battle with Stephen Hawking to Make the World Safe for Quantum Mechanics*, Back Bay Books, Nueva York, 2008 (hay trad. esp.: *La guerra de los agujeros negros: una controversia científica sobre las leyes últimas de la naturaleza*, Crítica, Barcelona, 2009).

Almheiri, A., Marolf, D., Polchinski, J. y Sully, J., «Black Holes: Complementarity or Firewalls?», *Journal of High Energy Physics*, 1302 (2013), p. 062.

Maldacena, J., «The Large-N Limit of Superconformal Field Theories and Supergravity», *International Journal of Theoretical Physics*, 38 (1997), p. 1113.

Ryu, S. y Takayanagi, T., «Holographic Derivation of Entanglement Entropy from AdS/CFT», *Physical Review Letters*, 96 (2006), p. 181602.

Swingle, B., «Entanglement Renormalization and Holography», *Physical Review D*, 86 (2009), p. 065007.

Van Raamsdonk, M., «Building Up Spacetime with Quantum Entanglement», *General Relativity and Gravitation*, 42 (2010), p. 2323.

Anexo

Se puede hallar mucha más información sobre los diagramas de Feynman en: Feynman, R. P., *QED: The Strange Theory of Light and Matter*, Princeton University Press, Princeton, 1985 (hay trad. esp.: *Electrodinámica cuántica: la extraña teoría de la luz y la materia*, Alianza, Madrid, 2014).

ÍNDICE ALFABÉTICO

ÍNDICE

TERCERA PARTE
ESPACIO-TIEMPO

PASADO & PRESENTE

El título original de esta obra de Sean Carroll es *Something Deeply Hidden. Quantum Worlds and the Emergence of Spacetime*

Su primera edición en lengua inglesa fue publicada por Dutton

Mallorca, 237 bis, principal 1B, 08008 Barcelona
ediciones@pasadopresente.com
www.pasadopresente.com

Esta primera edición de *La zorra y las uvas. Los mundos cuánticos y la realidad oculta del universo* ha sido compuesta en tipos Fournier por La Letra, S.L., y Gonzalo Pontón ha realizado la corrección de pruebas. Se ha impreso sobre papel marfil de 80 g y encuadernado en rústica por Gracel Asociados. El 1 de junio de 2020 fue puesta a la venta a través de la distribuidora UDL.

ISBN: 978-84-121383-1-3
Depósito legal: B 8794-2020